21世纪高等学校规划教材 | 电子信息

单片机原理与应用

（C语言版）

霍晓丽　刘云朋　编著

U0198227

清华大学出版社
北　京

内 容 简 介

本书依据高等院校单片机相关课程教学内容的基本要求和实际需要编写而成。以51系列单片机为主要对象，从系统组成和工程实践角度出发，详细介绍了51系列单片机的结构、指令系统、C语言程序设计及汇编语言，并对应用系统设计、开发、调试做了较深入的讨论。本书主要内容包括单片机基础知识、51单片机的硬件结构、C51程序设计、单片机的中断系统、单片机的定时器/计数器、51单片机串行接口、单片机接口技术、A/D、D/A转换器的接口技术、单片机与外部设备的总线技术、单片机应用系统设计技术、单片机汇编指令系统及编程等11章内容，并结合教学内容给出了相应的实训实例，以便学生自学。

本书可作为高等院校计算机、信息技术、电子、电气及自动化等专业单片机课程的教材，也可作为工程技术人员的参考书。

本书封面贴有清华大学出版社防伪标签，无标签者不得销售。

版权所有，侵权必究。举报：010-62782989，beiqinquan@tup.tsinghua.edu.cn。

图书在版编目(CIP)数据

单片机原理与应用：C语言版/霍晓丽，刘云朋编著. —北京：清华大学出版社，2015(2025.1重印)

(21世纪高等学校规划教材·电子信息)

ISBN 978-7-302-38599-8

Ⅰ. ①单…　Ⅱ. ①霍… ②刘…　Ⅲ. ①单片微型计算机—C语言—程序设计—高等学校—教材

Ⅳ. ①TP368.1 ②TP312

中国版本图书馆 CIP 数据核字(2014)第 276808 号

责任编辑：刘　星
封面设计：傅瑞学
责任校对：焦丽丽
责任印制：沈　露

出版发行：清华大学出版社

　　　　网　　址：https://www.tup.com.cn, https://www.wqxuetang.com

　　　　地　　址：北京清华大学学研大厦 A 座　　　　　　　　邮　　编：100084

　　　　社 总 机：010-83470000　　　　　　　　　　　　　　邮　　购：010-62786544

　　　　投稿与读者服务：010-62776969，c-service@tup.tsinghua.edu.cn

　　　　质量反馈：010-62772015，zhiliang@tup.tsinghua.edu.cn

　　　　课件下载：https://www.tup.com.cn，010-83470236

印 装 者：天津鑫丰华印务有限公司

经　　销：全国新华书店

开　　本：185mm×260mm　　印　　张：22.5　　　　　　字　　数：548千字

版　　次：2015年4月第1版　　　　　　　　　　　　　印　　次：2025年1月第11次印刷

印　　数：8301～8600

定　　价：45.00元

产品编号：061470-01

出 版 说 明

　　随着我国改革开放的进一步深化,高等教育也得到了快速发展,各地高校紧密结合地方经济建设发展需要,科学运用市场调节机制,加大了使用信息科学等现代科学技术提升、改造传统学科专业的投入力度,通过教育改革合理调整和配置了教育资源,优化了传统学科专业,积极为地方经济建设输送人才,为我国经济社会的快速、健康和可持续发展以及高等教育自身的改革发展做出了巨大贡献。但是,高等教育质量还需要进一步提高以适应经济社会发展的需要,不少高校的专业设置和结构不尽合理,教师队伍整体素质亟待提高,人才培养模式、教学内容和方法需要进一步转变,学生的实践能力和创新精神亟待加强。

　　教育部一直十分重视高等教育质量工作。2007年1月,教育部下发了《关于实施高等学校本科教学质量与教学改革工程的意见》,计划实施“高等学校本科教学质量与教学改革工程”(简称“质量工程”),通过专业结构调整、课程教材建设、实践教学改革、教学团队建设等多项内容,进一步深化高等学校教学改革,提高人才培养的能力和水平,更好地满足经济社会发展对高素质人才的需要。在贯彻和落实教育部“质量工程”的过程中,各地高校发挥师资力量强、办学经验丰富、教学资源充裕等优势,对其特色专业及特色课程(群)加以规划、整理和总结,更新教学内容、改革课程体系,建设了一大批内容新、体系新、方法新、手段新的特色课程。在此基础上,经教育部相关教学指导委员会专家的指导和建议,清华大学出版社在多个领域精选各高校的特色课程,分别规划出版系列教材,以配合“质量工程”的实施,满足各高校教学质量和教学改革的需要。

　　为了深入贯彻落实教育部《关于加强高等学校本科教学工作,提高教学质量的若干意见》精神,紧密配合教育部已经启动的“高等学校教学质量与教学改革工程精品课程建设工作”,在有关专家、教授的倡议和有关部门的大力支持下,我们组织并成立了“清华大学出版社教材编审委员会”(以下简称“编委会”),旨在配合教育部制定精品课程教材的出版规划,讨论并实施精品课程教材的编写与出版工作。“编委会”成员皆来自全国各类高等学校教学与科研第一线的骨干教师,其中许多教师为各校相关院、系主管教学的院长或系主任。

　　按照教育部的要求,“编委会”一致认为,精品课程的建设工作从开始就要坚持高标准、严要求,处于一个比较高的起点上。精品课程教材应该能够反映各高校教学改革与课程建设的需要,要有特色风格、有创新性(新体系、新内容、新手段、新思路,教材的内容体系有较高的科学创新、技术创新和理念创新的含量)、先进性(对原有的学科体系有实质性的改革和发展,顺应并符合21世纪教学发展的规律,代表并引领课程发展的趋势和方向)、示范性(教材所体现的课程体系具有较广泛的辐射性和示范性)和一定的前瞻性。教材由个人申报或各校推荐(通过所在高校的“编委会”成员推荐),经“编委会”认真评审,最后由清华大学出版社审定出版。

目前，针对计算机类和电子信息类相关专业成立了两个"编委会"，即"清华大学出版社计算机教材编审委员会"和"清华大学出版社电子信息教材编审委员会"。推出的特色精品教材包括：

（1）21世纪高等学校规划教材·计算机应用——高等学校各类专业，特别是非计算机专业的计算机应用类教材。

（2）21世纪高等学校规划教材·计算机科学与技术——高等学校计算机相关专业的教材。

（3）21世纪高等学校规划教材·电子信息——高等学校电子信息相关专业的教材。

（4）21世纪高等学校规划教材·软件工程——高等学校软件工程相关专业的教材。

（5）21世纪高等学校规划教材·信息管理与信息系统。

（6）21世纪高等学校规划教材·财经管理与应用。

（7）21世纪高等学校规划教材·电子商务。

（8）21世纪高等学校规划教材·物联网。

清华大学出版社经过三十多年的努力，在教材尤其是计算机和电子信息类专业教材出版方面树立了权威品牌，为我国的高等教育事业做出了重要贡献。清华版教材形成了技术准确、内容严谨的独特风格，这种风格将延续并反映在特色精品教材的建设中。

清华大学出版社教材编审委员会
联系人：魏江江
E-mail：weijj@tup. tsinghua. edu. cn

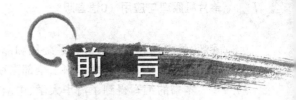
前 言

　　随着电子信息科学技术的进步、大规模及超大规模集成电路技术的飞速发展,单片机技术也得到了迅猛发展。由于单片机具有体积小、成本低、性能稳定等优点,单片机的开发应用已在工业控制、机电一体化、智能仪器仪表、家用电器、航空航天及办公自动化等各个领域中占据了重要的地位,已成为现代电子系统中最重要的智能化核心部件。掌握单片机的应用技术,更具有重要的意义。为了尽快推广单片机应用技术,为科技人员在单片机软件、硬件的开发与应用方面打下良好的基础,我们依据高等学校单片机技术课程教学内容的基本要求,特编写此书作为教材和自学参考书。编写时充分考虑到单片机技术的飞速发展,加强了单片机技术新理论、新技术和新器件及其应用的介绍。本书既有严密完整的理论体系,又具有较强的实用性。本书的编写原则是知识够用、知识点新、应用性强、利于理解和自学。本书为河南省信息技术教育研究项目(ITE12143)、河南省教育科学"十一五"规划课题(2010-JKGHAG-0351)阶段性研究成果。

　　本书以 51 系列单片机为机型,介绍了单片机的基础知识、基本原理、结构、C51 程序设计、I/O 编程、中断系统、定时器/计数器、串行接口、系统设计技术等知识。学生通过学习本书可较全面地掌握单片机的应用技术。

　　本书具有以下特点:

　　(1) 反映了单片机技术的新发展,以 51 单片机为主,并适当介绍 52 子系列单片机;

　　(2) 以 C 语言为主,适当介绍了汇编指令系统及编程;

　　(3) 考虑到单片机产品的资源越来越丰富,删去了存储器及 I/O 口的扩展内容,详细介绍了串行总线技术;

　　(4) 大量的实例简单易懂,适应性强,软硬件齐全,使读者能够在软件和硬件两个方面相结合的基础上更加深入地掌握其技术,以达到举一反三的目的,为掌握 51 单片机软、硬件使用的技巧、单片机的开发和应用以及学习其他单片机打下坚实的基础。

　　(5) 理论与实践紧密结合,相辅相成。对某些理论内容则有意让读者通过实践来掌握,以调节教学节律,利于理解深化及实际技能的提高;

　　(6) 内容编排上,顺序合理,逻辑性强,力求简明扼要、深入浅出、通俗易懂,可读性强,读者更易学习和掌握。

　　本书以编者近年来从事单片机课程教学和应用系统开发的经验与体会为基础,并参阅大量同类书籍编写而成。编写人员及具体工作如下:焦作大学霍晓丽、刘云朋负责本书的组织和编写,并对全书进行统稿和定稿;河南大学王程、河南省科学技术信息研究院蒋洪杰、黄河科技学院工学院李慧、河南经贸职业学院张富宇、河南工业和信息化职业学院袁其帅、焦作大学司国斌担任副主编,负责协助主编进行编写;河南理工大学吴志强、中原工学院武超、中南大学赵珂莉、温县电业局郭亚涛参与了编写工作。本书具体编写分工:第 1 章由袁其帅编写,第 2 章和第 3 章由刘云朋编写,第 4 章由郭亚涛编写,第 5 章由张富宇编写,第 6 章蒋洪杰编写,第 7 章由李慧编写,第 8 章和第 11 章由霍晓丽编写,第 9 章由王程、吴志强、李慧、张富宇编写,第 10 章由司国斌编写,附录由靳孝峰、武超、赵珂莉编写。王程、

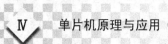

武超、吴志强并对全书进行了统稿和部分内容的修订。焦作大学靳孝峰教授、河南理工大学李泉溪教授认真细致地审阅了全部书稿，并提出了宝贵意见。

本书的编写得到了清华大学、中南大学、河南大学、河南理工大学、中原工学院、黄河科技学院、河南经贸职业学院、河南工业和信息化职业学院等兄弟院校的大力支持和帮助。清华大学出版社工作人员为本书的出版付出了艰辛的劳动。编者在此对为本书成功出版做出贡献的所有人员表示衷心的感谢，同时对本书所用参考文献的作者表示诚挚的谢意。

由于编者水平有限，书中难免还有错漏和不妥之处，敬请读者批评指正，以便不断改进。有兴趣的读者，可以发送邮件到 yunpeng2004@126.com，与作者进一步交流。

编　者
2015 年 2 月

目 录

单片机基础知识

本章要点：

- 了解单片机；
- 熟悉 51 单片机的功能；
- 了解单片机系统的开发过程。

单片机伴随着微电子技术的发展而产生，它是一个将计算机各主要功能部件集成在一块半导体芯片上的完整的数字处理系统，习惯上称为单片微型计算机，简称单片机。随着单片机技术的发展，单片机早已突破了计算机的一般结构体系，但人们仍习惯称作单片机。单片机类型繁多，具有优良的特性，用途极为广泛。

1.1 微型机概述

电子数字计算机俗称电脑，是近代最重大科学成就之一，是人类制造的用于信息处理的机器，它能按人的意志将信息进行存储、分类、整理、判断、计算、决策和处理等操作。自从1946 年第一台电子计算机问世以来，电子数字计算机经历了电子管、晶体管、集成电路和大规模、超大规模集成电路等几个发展阶段，出现了各种档次、各种类型及各种用途的计算机。人们通常按照计算机的体积、性能和应用范围等条件，将计算机分为巨型机、大型机、中型机、小型机和微型机等。

1.1.1 微处理器和微型计算机

微电子技术和超大规模集成电路技术的发展，诞生了以微处理器为核心的微型计算机MC(Micro Computer)。

微处理器(Micro Processing Unit, MPU)就是微型计算机的中央处理器(Central Processing Unit, CPU)，它采用了超大规模集成电路技术，将中央处理器中的各功能部件集成在同一块芯片上，这也是它和其他计算机的主要区别。微处理器包含计算机体系结构中的运算器和控制器，是构成微型计算机的核心部件。随着超大规模集成电路技术的发展和应用，微处理器中所集成的部件越来越多，除运算器、控制器外，还有协处理器、高速缓冲存储器、接口和控制部件等。

以微处理器为核心，再配上存储器、I/O 接口和中断系统等构成的整体，称为微型计算机。微型计算机简称微机，它们可集中装在同一块或数块印刷电路板上，一般不包括外设和软件。

微型计算机的发展是以微处理器的发展为特征的。微处理器自 1970 年问世以来，在短短几十年的时间里以极快的速度发展，初期每隔 2～3 年就要更新一代，现在则不到一年更新一次。但无论怎样更新，从工作原理和基本功能上看，微型计算机与大型、中型和小型计算机没有本质的区别。微型计算机具有其他计算机运算速度快、计算精度高、程序控制、具有"记忆"能力、逻辑判断能力、可自动连续工作等基本特点。此外，微型计算机还具有体积小、重量轻、功耗低、结构灵活、可靠性高和价格便宜等突出特点。

个人计算机，简称 PC(Personal Computer)，是微型计算机中应用最为广泛的一种，也是近年来计算机领域中发展最快的一个分支。由于 PC 在性能和价格方面适合个人用户购买和使用，目前，它已经深入到家庭和社会的各个领域。

1.1.2　微型计算机系统

微型机是计算机的一个重要分支。微型机系统(MicroComputer System, MCS)是指以微型计算机为核心，配上外围设备、电源和软件等，构成能独立工作的完整计算机系统。微型机系统由硬件系统和软件系统两大部分组成，硬件系统由构成微机系统的实体和装置组成，软件系统是微机系统所使用的各种程序的总称。人们通过软件系统对整机进行控制并与微机系统进行信息交换，使微机按照人的意图完成预定的任务。硬件系统和软件系统共同构成完整的微机系统，两者相辅相成，缺一不可。

1. 硬件系统

微型机硬件系统组成示意图如图 1-1 所示。微型机硬件系统通常包括中央处理器、存储器、输入/输出接口电路、总线以及外部设备等 5 大部分。其中，中央处理器 CPU 是微机的核心部件，它主要由运算器和控制器组成，完成计算机的运算和控制功能。CPU 配上存放程序和数据的存储器、输入/输出(Input/Output, I/O)接口电路以及外部设备即构成微机的硬件系统。

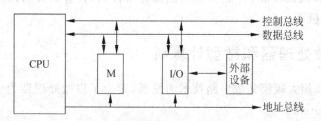

图 1-1　微型计算机的基本组成

下面把组成微型计算机的 5 个基本部件作简单说明。

1) 中央处理器 CPU

CPU 是计算机的核心部件，它主要由运算器和控制器组成，完成计算机的运算和控制功能。运算部分包括算术逻辑单元(Arithmetic Logic Unit, ALU)、累加器(Accumulator, ACC)、状态寄存器(Flag Register, FR)和寄存器组(Register Set, RS)，主要完成对数据的算术运算和逻辑运算。

控制器(Controller)是整个计算机的指挥中心，它负责从内部存储器中取出指令并对指令进行分析、判断,并根据指令发出控制信号,使计算机的有关部件及设备有条不紊地协调工作,保证计算机能自动、连续地运行。控制部分应包括程序计数器(Program Counter,PC)、指令寄存器(Instructional Register,IR)、指令译码器(Instruction Decoder,ID)以及控制信号发生电路等。微型计算机的 CPU 做在一个集成芯片上,被称为微处理器。

2) 存储器

存储器(Memory)是具有记忆功能的部件,用来存储数据和程序。存储器可分为两类:内部存储器和外部存储器。内存储器(简称内存)和 CPU 直接相连,存放当前要运行的程序和数据,故也称主存储器(简称主存)。它的特点是存取速度快,基本上可与 CPU 处理速度相匹配,能存储的信息量较小。外存储器(简称外存)又称辅助存储器,主要用于保存暂时不用但又需长期保留的程序和数据。存放在外存的程序必须调入内存才能运行。外存的存取速度相对较慢,可保存的信息量大。

3) 输入/输出接口

输入/输出(I/O)接口由大规模集成电路组成的 I/O 器件构成,用来连接主机和相应的 I/O 设备(如键盘、鼠标、显示器、打印机等),使得这些设备和主机之间传送的数据、信息在形式上和速度上都能匹配。不同的 I/O 设备必须配置与其相适应的 I/O 接口。

4) 外部设备

通常把外存储器、输入设备和输出设备合在一起称为计算机的外部设备,简称外设。输入设备用于将程序和数据输入到计算机中,如键盘、鼠标等;输出设备用于把计算机计算或处理的结果,以用户需要的形式显示或打印出来,如显示器、打印机等。

5) 总线

总线(BUS)实际上是一组导线,是各种信息线的集合,是计算机各部件之间传送信息的公共通道。图 1-1 中的有向线为微型机总线。微机中有内部总线和外部总线两类。内部总线是 CPU 内部之间的连线。外部总线是指 CPU 与其他部件之间的连线。外部总线有 3 种:数据总线 DB(Data Bus),地址总线 AB(Address Bus)和控制总线 CB(Control Bus)。

数据总线用来传输数据,通常包括 CPU 与内存储器或输入/输出设备之间、内存储器与输入/输出设备或外存储器之间交换数据的双向传输线路。地址总线用来传送地址,它一般是从 CPU 送地址至内存储器、输入/输出设备,或从外存储器传送地址至内存储器等。控制总线用来传送控制信号、时序信号和状态信息等。

2. 软件系统

软件可分为系统软件和应用软件两大类。系统软件包括操作系统、实用程序和语言处理程序,用来对构成微型计算机的各部分硬件,如对 CPU、内存、各种外设进行管理和协调,使它们有条不紊、高效率地工作。系统软件支持应用软件的开发与运行。

应用软件是针对不同应用,实现用户要求的功能软件及有关的文件和资料。例如,Internet 网点上的 Web 页、各部门的 MIS 程序、CIMS 中的应用软件以及生产过程中的监测控制程序等。

1.1.3 计算机中的数据表示

通常意义下的数字、文字、图画、声音和活动图像都可以认为是数据。计算机中的数据是以二进制编码形式出现的，在计算机内部把数据分为数值型数据和非数值型数据。

1. 数值的定点表示和浮点表示

数值型数据是指日常生活中接触到的数字类数据，主要用来表示数量的多少，可以比较大小。计算机中的数都是以二进制形式表示的，计算机中运算的数有整数也有小数，常用的表示方法有定点表示和浮点表示两种。

1）机器数和真值

计算机中运算的数有正数也有负数，数学中用正负号表示数的正负，而计算机不能识别正负号，因此应将正、负符号数字化，以便运算时识别。通常，在数的前面加一位，用作符号位，符号位为 0 表示正数，为 1 表示负数。对于整数，最高位为符号位；对于纯小数，小数点前为符号位。连同符号位一起表示的数称为机器数，机器数的数值称为真值。可见，在机器中数的符号被数字化了，符号和数值都是二进制数码。

例如：用 8 位二进制数（一个字节）来表示 +1001 和 -1001。+1001 和 -1001 的机器数分别为 00001001 和 10001001，其中，最高位为符号位，后 7 位为数值位；+0.1001 和 -0.1001 的机器数分别为 0.1001000 和 1.1001000，其中，小数点前为符号位，后 7 位为数值位。

2）数的定点表示法

规定小数点的位置固定不变，这时的机器数称为定点数。在定点数中，通常把小数点设置在最高位前面。当小数点固定在最高有效位的前面时，定点数为纯小数，定点运算在一般的数控装置和微型计算机中较常使用。

3）数的浮点表示法

浮点表示法就是小数点在数中的位置是浮动的，这时的机器数称为浮点数。很明显，浮点数的表示不是唯一的，可以用多种形式来表示同一数。在同样字长的情况下，浮点数能够表示的数的范围远比定点数大。当计算机中的数值范围很大时，就要采用浮点表示法。

一个二进制浮点数的表示形式为：$2^E \times F$，其中 E 称为阶码，F 叫作尾数。阶码 E 的位数取决于数值的表示范围，一般取一个字节，阶码通常为带符号的整数，而尾数 F 则根据计算所需要的精度，取 2~4 个字节，尾数为带符号的纯小数。阶码和尾数中，有一位专门用来表示数的符号，称为阶符和数符。浮点数就是用阶码和尾数表示的数，这种表示数的方法称为浮点表示法。机器中的定点数和浮点数常用原码和补码表示。

2. 机器数的原码、反码和补码

一个带符号的数在计算机中可以有原码、反码和补码 3 种表示方法。

1）机器中数的原码

当正数的符号位用 0 表示，负数的符号位用 1 表示，数值部分用真值的绝对值来表示的二进制机器数称为原码。例如 +105 和 -105 在计算机中（设机器数的位数是 8）其原码可分别表示为：

$$[(+105)_{10}]_{原} = 01101001B$$

$$[(-105)_{10}]_{原} = 11101001B$$

0 的原码有两种形式，即 $[+0]_{原} = 00000000B$，$[-0]_{原} = 10000000B$，所以数 0 的原码

不唯一。

$[+127]_原=01111111B$，$[-127]_原=11111111B$，8 位（一个字节）二进制原码能表示数值的范围为$-127\sim+127$。

原码的优点是它与真值的转换非常方便，只要将真值中的符号位数字化即可得到原码。而且用原码作乘法运算也是非常方便的，这时乘积的数值就等于两个乘数的数值部分（不包括符号位）相乘，乘积的符号可以按同号相乘为正、异号相乘为负的原则来决定，这在逻辑上是很容易实现的。

但在使用原码作两数相加时，计算机必须对两个数的符号是否相同作出判断。当两数符号相同时，则进行加法运算，否则就要做减法运算。而且对于减法运算要比较出两个数的绝对值大小，然后从绝对值大的数中减去绝对值小的数而得其差值，差值的符号取决于绝对值大的数的符号。为了完成这些操作，计算机的结构，特别是控制电路随之复杂化，而且运算速度也变得较低。为此在单片机中一般不采用原码形式表示数。

2）机器中数的反码和补码

正数的反码表示与原码相同，也就是说正数用符号位与数值凑到一起来表示。对于负数，用相应正数的原码各位取反来表示，包括将符号位取反，取反的含义就是将 0 变为 1，将 1 变为 0。

例如：

$$(+31)_{10}\rightarrow[+31]_原=00011111B\rightarrow[+31]_反=00011111B$$
$$(+127)_{10}\rightarrow[+127]_原=01111111B\rightarrow[+127]_反=01111111B$$

若要写出$(-31)_{10}$、$(-127)_{10}$的反码，则可按下列步骤完成，即：

$$[+31]_原=00011111B\rightarrow[-31]_反=11100000B$$
$$[+127]_原=01111111B\rightarrow[-127]_反=10000000B$$

一个字节所表示的反码数值的范围为$-127\sim+127$。对于正数，它相应的反码的符号位为 0，其余 7 位为数值；而当符号位为 1 时，则代表的是负数，其余 7 位并非为真实数值，而是数值的反码，为求其真值，则必须对反码再求反。例如$[X]_反=10000000B$，由符号位确定它为负数，则应将反码的其余 7 位求反得 $1111111B=(127)_{10}$，即真值为$(-127)_{10}$。反码的作用是用来求补码。

在单片机中，符号数是用补码（对 2 的补码）来表示的。用补码法表示带符号数的规则是：正数的表示方法与原码法和反码法一样；负数的表示方法为该负数的反码加 1。数 0 的补码表示是唯一的。

例如，$(+4)_{10}$的补码表示为$(00000100)_2$，而$(-4)_{10}$用补码表示时，可先求其反码表示$(11111011)_2$，而后再在其最低位加 1，变为$(11111100)_2$，这就是$(-4)_{10}$的补码表示。即

$$[(-4)_{10}]_补=(11111100)_2$$

由补码求取反码非常简单。例如：$[X]_补=11111111B$，则$[X]_反=11111110B$，$[X]_原=10000001B$，即 $X=-1$。

【例 1.1】 写出$+127$，-127，$+0$，-0的原码、反码和补码。

$$[+127]_原=01111111B \qquad [-127]_原=11111111B$$
$$[+127]_反=01111111B \qquad [-127]_反=10000000B$$
$$[+127]_补=01111111B \qquad [-127]_补=10000001B$$

$$[+0]_原 = 00000000B \qquad [-0]_原 = 10000000B$$
$$[+0]_反 = 00000000B \qquad [-0]_反 = 11111111B$$
$$[+0]_补 = 00000000B \qquad [-0]_补 = 00000000B$$

可见，数 0 的补码表示是唯一的。

8 位二进制补码所能表示的数值范围是 −128～+127。对于微型计算机，如果运算结果超过了它所能表示的数值范围，称为溢出。计算机中，设置有溢出判别电路。引入补码可以将减法运算化成加法运算，从而简化机器的控制线路，提高运算速度。在微处理器中，一般都不设置专门的减法电路。遇到两个数相减时，处理器就自动地将减数取补，而后将被减数和减数的补码相加来完成减法运算。

1.1.4　计算机中非数值数据信息的表示

非数值型数据中最常用的数据是字符型数据，它可以方便地表示文字信息，供人们直接阅读和理解。其他的非数值型数据主要用来表示图画、声音和活动图像等。计算机中的非数值数据信息也是以二进制形式表示的，这时的一个二进制组合不代表数值的大小，而是代表一个特定的信息。

1. 西文信息的表示

西文包括拉丁字母、数字、标点符号以及一些特殊符号，它们统称为字符。众所周知，人们在使用计算机时，常常通过键盘与计算机打交道。从键盘上输入的数据和命令是一个个英文字母、标点符号和某些特殊字符。而计算机只能处理二进制代码数字，这就要用二进制数字 0 和 1 对各种字符进行编码。输入的字符由计算机自动编码，以二进制形式存入计算机中。例如在键盘上输入字母 A，存入计算机的 A 的编码为 01000001，它不代表数字值，而是一个文字信息。

目前国际上使用的字母、数字和符号的信息编码系统种类很多。经常采用的是美国国家信息交换标准代码（American Standard Code for Information Interchange，ASCII）。该标准制定于 1963 年，后来，国际标准化组织 ISO 和国际电报电话咨询委员会 CCITT 以它为基础制定了相应的国际标准。目前微型计算机的字符编码都采用 ASCII 码。

ASCII 码是一种 8 位代码，一般用一个字节中的 7 位对字符进行编码，最高位是奇偶校验位，用以判别数码传送是否正确。用 7 位码来代表字符信息，共可表示 128 个字符。它包括 32 个起控制作用的通用控制符号，称为"功能码"；10 个十进制数码 0～9；52 个英文大、小写字母以及 34 个供书写程序和描述命令之用的专用符号 $、+、−、= 等，称为"信息码"。ASCII 码如表 1-1 所示。

表 1-1　ASCII 码表

位 654→ ↓ 3210	000	001	010	011	100	101	110	111
0000	NUL	DLE	SP	0	·	P	、	p
0001	SOH	DC1	!	1	A	Q	a	q
0010	STX	DC2	"	2	B	R	b	r
0011	ETX	DC3	#	3	C	S	c	s

位 654→ ↓3210	000	001	010	011	100	101	110	111
0100	EOT	DC4	$	4	D	T	d	t
0101	ENQ	NAK	％	5	E	U	e	u
0110	ACK	SYN	&	6	F	V	f	v
0111	BEL	ETB	,	7	G	W	g	w
1000	BS	CAN	(	8	H	X	h	x
1001	HT	EM	)	9	I	Y	i	y
1010	LF	SUB	*	:	J	Z	j	z
1011	VT	ESC	+	;	K	[	k	{
1100	FF	FS	,	<	L	\	l	}
1101	CR	GS	—	=	M	]	m	}
1100	SO	RS	.	>	N	^	n	~
1211	SI	US	/	?	O	_	o	DEL

表中 010～111 的 6 列中,共有 94 个可打印(或显示)的字符(不包括 SP 和 DEL),又称为图形字符。这些字符有确定的结构形状,可在显示器或打印机等输出设备上输出。它们在计算机键盘上能找到相应的键,按键后就可将对应字符的二进制编码送入计算机内。这些可打印字符的 ASCII 编码为 20H～7EH,其中数字 0～9 的 ASCII 编码分别为 30H～39H,英文大写字母 A～Z 的 ASCII 编码从 41H 开始依次编至 5AH。

表中第 000 和第 001 列中共 32 个字符,称为控制字符,它们在传输、打印或显示输出时起控制或标志作用,不能被打印出来。这些字符的 ASCII 编码为 00H～1FH,按照它们的功能含义可分成 5 类:

(1) 传输控制类字符。如 SOH(标题开始)、STX(正文开始)、ETX(正文结束)、EOT(传输结束,编码为 04H)、ENQ(询问)、ACK(认可)、DLE(数据链转义)、NAK(否认)、SYN(同步)、ETB(组传输结束)。

(2) 格式控制类字符。如 BS(退格)、HT(横向制表)、LF(换行,编码为 0AH)、VT(纵向制表)、FF(走纸控制)、CR(回车,编码为 0DH)。

(3) 设备控制类字符。如 DC1(设备控制 1)、DC2(设备控制 2)、DC3(设备控制 3)、DC4(设备控制 4)。

(4) 信息分隔类控制字符。如 US(单元分隔)、RS(记录分隔)、GS(群分隔)、FS(文件分隔)。

(5) 其他控制字符。如 NUL(空白)、BEL(告警)、SO(移出)、SI(移入)、CAN(作废)、EM(媒体结束)、SUB(取代)、ESC(转义)。此外,在图形字符集的首尾还有两个字符也可归入控制字符,它们是 SP(空格字符)和 DEL(抹除字符)。

ASCII 码的最高位用于奇偶校验。偶校验的含义是包括校验位在内的 8 位二进制码中 1 的个数为偶数。如字母 A 的编码(1000001B)加偶校验时为 01000001B。而奇校验的含义是包括校验位在内,所有 1 的个数为奇数。因此,具有奇数校验位 A 的 ASCII 码则是 11000001B。

1980 年，我国制定了"信息处理交换器的 7 位编码字符集"，即国家标准 GB1988—80，除用人民币符号"￥"代替美元符号"＄"外，其余含义都和 ASCII 码相同。

2．中文信息的表示

计算机用编码的方式来处理和使用字符，中文的基本组成单位是汉字，汉字也是字符。西文字符集的字符总数不过几百个，在计算机内用一个 ASCII 码（即一个字节）来表示即可。

目前汉字的总数超过 6 万字，且字形复杂，同音字多，异体字多，这就给汉字在计算机内部的表示与处理、传输与交换、输入与输出等带来了一系列的问题。为此，我国于 1981 年公布"国家标准信息交换用汉字编码基本字符集（GB2312—80）"。该标准规定，一个汉字用两个字节（256×256＝65 536 种状态）编码，同时用每个字节的最高位来区分是汉字编码还是 ASCII 字符码，这样每个字节只用低 7 位，这就是所谓的双 7 位汉字编码（128×128＝16 384种状态），称作该汉字的交换码（又称国标码）。其格式如图 1-2 所示。国标码中每个字节的定义域为 21H～7EH。

b₇	b₆	b₅	b₄	b₃	b₂	b₁	b₀	b₇	b₆	b₅	b₄	b₃	b₂	b₁	b₀
○	×	×	×	×	×	×	×	○	×	×	×	×	×	×	×

图 1-2　汉字的交换码格式

目前，许多机器为了在内部能区分汉字与 ASCII 字符，把两个字节汉字国标码的每个字节的最高位置 1，这样就形成了汉字另外一种编码，称作汉字机内码（内码）。若已知国标码，则机内码唯一确定。机内码的每个字节为原国标码每个节字加 80H。内码用于统一不同系统所使用的不同汉字输入码，花样繁多的各种不同汉字输入法进入系统后，一律转换为内码，致使不同系统内汉字信息可以相互转换。

GB2312—80 编码按汉字使用频度把汉字分为高频字（约 100 个）、常用字（约 3000 个）、次常用字（约 4000 个）、罕见字（约 8000 个）和死字（约 4500 个），并将高频字、常用字和次常用字归结为汉字字符集（6763 个）。该字符集又分为两级：第一级汉字为 3755 个，属常用字，按汉语拼音顺序排列；第二级汉字为 3008 个，属非常用字，按部首排列。

汉字输入方法很多，如区位、拼音、五笔字型等数百种。一种好的汉字输入方法应具有易学习、易记忆、效率高（击键次数少）、重码少和容量大等特点。不同输入法有自己的编码方案，不同输入法所采用的汉字编码统称为输入码。输入码进入机器后，必须转为机内码。

汉字的输出是用汉字字型码（一种用点阵表示汉字字型的编码），把汉字按字型排列成点阵，常用点阵有 16×16、24×24、32×32 或更高。一个 16×16 点阵汉字要占用 32 个字节，24×24 点阵汉字要占用 72 个字节等。由此可见，汉字字型点阵的信息量很大，占用存储空间也非常大。所有不同字体、字号的汉字字型构成字体。字体通常都存储在硬盘上，只有显示输出时，才去检索得到欲输出的字型。

3．声音图像信息的表示

计算机中图、声、像的表示众所周知，计算机除了能处理汉字、数值、数据之外，还能处理声音、图形和图像等信息。能处理声音、图形和图像信息的计算机称为多媒体计算机。

在多媒体计算机中,各种媒体也采用二进制编码来表示。首先,声音、图像等各种模拟信息(如声音波形、图像的颜色等)经过采样、量化和编码,转换成数字信息,这个过程称为模/数转换。由于数字化信息量非常大,为了节省存储空间、提高处理速度,往往要经过压缩后再存储到计算机中。经过计算机处理过的数字化信息,还需经过还原(解压缩)、数/模转换(把数字化信息转化为声音、图像等模拟信息)后再现原来的信息。例如,通过扬声器播放声音,通过显示器显示画面。

1.2　单片机的基本概念及基本结构

单片机是单片微型计算机(Single Chip Microcomputer)的简称,是指集成在一块芯片上的计算机,它具有结构简单、控制功能强、可靠性高、体积小、价格低等优点,在许多行业都得到了广泛的应用。例如在航天航空、地质石油、冶金采矿、机械电子等许多领域,单片机都发挥着巨大作用。

1.2.1　什么是单片机

什么是单片机? 这是很多初学者在刚开始接触单片机的时候经常问的问题。用专业术语讲,单片机就是在一块半导体芯片上集成了 CPU、只读存储器 ROM (Read-Only Memory)、随机存储器 RAM(Randon Access Memory)以及输入与输出接口电路等,人们习惯称这种芯片为单片微型计算机,简称单片机。单片机和计算机一样有处理信息的功能,能够按照编制的程序处理事件。随着微电子技术的发展和应用需要,在单片机芯片内集成了许多外围电路及外设接口,如定时器/计数器、串行/通信控制器、A/D、D/A 转换器以及PWM 等功能电路。

单片机实质上是一个芯片,它的结构与指令功能都是根据工业控制要求设计的,故又称为微控制器(Micro-Controller Unit, MCU)。单片机的一块芯片上集成了 CPU、RAM、ROM、定时器/计数器、并行 I/O 接口、中断控制器和串行接口等部件,从而构成了微型计算机系统。其具有结构简单、控制功能强、可靠性高、体积小、价格低等特点。生活中许多设备的智能控制部分都是由单片机来实现的,例如豆浆机、微波炉、电子血压计、自动洗衣机等。单片机的智能处理能力给人们的生活带来方便,并且应用越来越广泛。

一台能够工作的计算机包括 CPU、内存、硬盘、I/O 口等几个部分。在计算机上,这些硬件是独立的,并使用主板将它们连接起来。而对于单片机来说,这些部分被集成在一块集成电路芯片中。现实生活中仍沿用单片机概念,但单片机的"机"应理解成微控制器而不是微计算机。单片机按用途可分为通用型和专用型两大类,通常所说的和本书所介绍的单片机是指通用型单片机。

下面是单片机结构与计算机结构的比较。

CPU:负责对数据进行计算,与计算机的 CPU 功能一样;

ROM:程序存储器,用于程序存储,相当于计算机的硬盘;

RAM:数据存储器,用于数据存储,相当于计算机的内存;

I/O 口:输入/输出引脚,用于信息收集和输出。

小知识

对于个人计算机，上述这些器件被分成若干部分，安装在被称为主板的印刷线路板上。而对于单片机，这些器件被集成到一块集成电路芯片中了，所以就称为单片机。

单片机包含了微型计算机应该有的基本部件，因此它本身就是一个简单的微型计算系统，具有智能处理能力。

1.2.2　单片机的基本结构

目前单片机已有几十个系列，上千种产品。众多产品中，20 世纪 80 年代 Intel 公司推出的 MCS-51 系列单片机用途最为广泛。8051 是早期最典型的产品，Intel 公司对该系列单片机采用技术开放的策略，很多公司相继推出很多以 8051 为基核的、具有优异性能的各具特色的单片机。

虽然单片机型号各异，但其基本组成部分相似。图 1-3 为单片机的典型结构框图。一般包括 CPU、只读存储器 ROM、随机存储器 RAM、定时器/计数器、中断系统、时钟以及输入与输出接口电路等。这些部件制作在一块半导体芯片上，通过内部总线相互联结起来，可以实现计算机的基本功能。

图 1-4 是 AT89S51 单片机的实物图，可以看出单片机是一块芯片，有许多引脚，有多种封装形式。

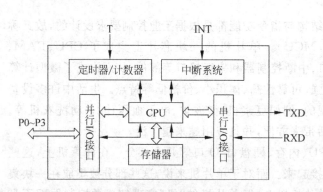

图 1-3　单片机的典型结构框图　　　　　　图 1-4　AT89S51 单片机的实物图

现在单片机的种类和型号很多。MCS-51 单片机是 Intel 公司的一个系列单片机的总称，以其典型的结构、完善的总线、特殊功能寄存器的集中管理方式、位操作系统和面向控制的指令系统，为单片机的发展奠定了良好的基础。

Intel 公司将 MCS-51 单片机的核心技术授权给了很多其他公司，现在已经有五十多个芯片公司拿到版权生产 8051 内核的单片机。因为只有 8051 内核不足以形成价格和技术的竞争力，因此各个公司都附加了一些功能进行销售，比如 USB 接口、集成 A/D、D/A 转换器、片内 Flash 存储器、USB 接口、追加 FPGA 和片上系统(System on Chip,SoC)、高速缓存等功能。

小知识

51 系列单片机家族核心都是基于 8031 内核的,很多单片机是在此核心上进行了性能扩展或减少。如 89C51 把程序存储器放在内部,AT89S52 增加了 RAM,W77E58 改变了时钟时序。

又如 NXP(原 Philips)公司生产的 8XC552 系列单片机对多个部分进行了增强:①多 1 个附加的 16 位定时器/计数器,并配有 4 个捕捉寄存器和比较寄存器;②增加 8 路 10 位片内 A/D 转换器;③增加 2 路 8 位分辨率的脉冲宽度调制解调器输出 PWM;④增加 1 个 8 位并行 I/O 口,1 个与 A/D 合用的输入口;⑤集成有 I^2C 串行总线口;⑥增加内部监视定时器 WDT;⑦中断源是 15 个;⑧有 56 个特殊功能寄存器。

8051 是 MCS-51 系列单片机的典型品种。众多单片机芯片生产厂商以 8051 为基核开发出的 CHMOS 工艺单片机产品统称为 80C51 系列。

当前常用的 80C51 系列产品主要有 Atmel 公司的 89C51、89C52、89C2051、89C4051、89S51,Intel 的 80C31、80C51、87C51、80C32、80C52、87C52,NXP 公司的 P87(89)x 系列,中国台湾 WINBOND 的 w77(78)x 系列,Cygnal 的 C8051Fx 系列,内地有宏晶 STC 等。虽然这些产品在某些方面有一些差异,但基本结构相同。

Atmel 公司将 Atmel 特有的 Flash 技术与 51 单片机内核结合在一起,推出了 AT89C51 系列单片机(现升级为 AT89S51、AT89S52)。AT89 系列单片机不但具有一般 51 单片机的所有特性,而且其 Flash 程序存储器可以用电擦除方式瞬间擦除、改写,写入单片机的程序还可以进行加密,能够对单片机进行上千次编程。AT89S51 成为国内比较流行的单片机之一。

AT89S51 工作电压 4～6V,通常封装为 DIP40 或 PLCC44,工作频率最高 33MHz。有 4KB Flash 程序存储器、256B 的数据存储器、2 个定时器/计数器、看门狗电路、ISP 编程。本书以 AT89S51 单片机来完成一系列的实验。

小知识——现在的单片机能够进行千次以上编程

51 系列单片机都是以 51 内核为基础,51 系列的单片机都支持 51 内核最基本的功能。本书只讲授 51 基本内核,程序可以移植到任何 51 系列的单片机上。

89C51 含有 4KB 的 EPROM,而 89S52 含有 8KB 的 Flash 程序存储器。8KB Flash 一般已经够用,通常无需外扩程序存储器。

Flash 程序存储器理论可写入次数为 1000 次以上,满足我们的实际需要。

1.2.3　单片机的标号信息及封装形式

1. 单片机的标号信息

生产单片机的厂商很多，单片机的型号更多。在单片机上面有产品的标号，通过该标号能知道单片机的基本信息。例如，图 1-1 中的单片机上的标号为 AT89S51-24PC，其每部分的含义如下：

AT：前缀，表示芯片生产厂家，AT 为 Atmel 公司生产的产品；

8：表示该芯片为 8051 内核芯片；

9：表示内部含 Flash E^2PROM 存储器；

S：表示该芯片含有可串行下载功能的 Flash 存储器，即具有 ISP 可在线编程功能。89C51 中的"C"表示该器件为 CMOS 产品。还有如 89LV52 和 89LE58 中的"LV"和"LE"都表示该芯片为低电压产品（通常为 3.3V 电压供电）；

5：固定不变，表示 51 内核的单片机；

1：表示该芯片内部程序存储空间的大小，"1"为 4KB，"2"为 8KB，"3"为 12KB，即该数乘上 4KB 就是该芯片内部的程序存储空间大小；

-24：表示芯片的最高工作频率；

PC：表示芯片的封装形式和芯片的环境级别，如表 1-2 所示。

表 1-2 举例说明了 AT89S51 芯片上标号所表示的含义。可以看出，同样的 AT89S51 芯片，封装形式、最高工作频率、芯片使用级别是不一样的。对于初学者，购买芯片时要注意芯片上标号是否适合工程的需要，特别是封装形式。

表 1-2　芯片上的标号

标号	最高工作频率/MHz	供电电压范围/V	封装形式	芯片级别
AT89S51-33AC	33	4.0～5.5	44 脚 TQFP	商用（0～70℃）
AT89S51-24JC	24	4.0～5.5	44 脚 PLCC	商用（0～70℃）
AT89S51-24PC	24	4.0～5.5	40 脚 DIP	商用（0～70℃）
AT89S51-24AI	24	4.0～5.5	44 脚 TQFP	工业级（0～85℃）
AT89S51-24PI	24	4.0～5.5	40 脚 DIP	工业级（0～85℃）

2. 单片机的封装形式

常见的单片机封装形式如下。

1）双列直插式封装（Dual Inline Package，DIP）

DIP 是指双列直插形式的封装。绝大多数中小规模的集成电路芯片采用这种封装形式，其引脚数一般不超过 100 个。如图 1-1 所示，采用 DIP 封装的 CPU 芯片有两排引脚，需要插入到对应的芯片插座上，也可以直接插入电路板上进行焊接。

2）带引线的塑料芯片封装（Plastic Leaded Chip Carrier，PLCC）

PLCC 指带引线的塑料芯片形式的封装，是表面贴型封装形式之一，外形呈正方形，引脚从封装的 4 个侧面引出,呈丁字形,是塑料制品,外形尺寸比 DIP 封装小得多。该封装具有外形尺寸小、可靠性高的优点,适合用 SMT 表面安装技术的布线。

3) 塑料方形扁平式封装(Quad Flat Package,QFP)和塑料扁平组件式封装(Plastic Flat Package,PFP)

QFP 与 PFP 两者可统一为(Plastic Quad Flat Package,PQFP),QFP 封装的芯片引脚之间距离很小,引脚很细,一般大规模或超大型集成电路采用这种封装形式。该形式封装的芯片必须采用 SMD(表面安装设备技术)将芯片与主板焊接起来。采用 SMD 安装的芯片不必在主板上打孔,一般在主板表面上有设计好的相应引脚的焊点。

单片机还有其他多种封装形式,在此不再赘述,封装材料一般为金属、陶瓷和塑料。

1.2.4 单片机的优点

一块单片机芯片就是一台计算机。这种特殊的结构形式使得单片机的使用更加灵活方便,可以承担其他计算机无法完成的一些工作,因具有独特优点,在实际中得到广泛应用,在各个领域中也得到了迅猛的发展。单片机的特点可以归纳为以下几个方面。

1. 具有优异的性能价格比

高性能、低价格是单片机最显著的特点。在单片机中,尽可能把应用所需要的各种功能部件都集成在一块芯片内,单片机成为名副其实的"单片机"。为了提高速度和执行效率,有些单片机采用了 RISC 流水线和 DSP 的设计技术,使单片机的性能明显优于同类型微处理器,单片机内存 RAM/ROM 的存储和寻址能力都有很大突破。另外,单片机通用性好,用量大、范围广,各生产公司都在提高性能的同时,进一步降低价格。

2. 集成度高、体积小、重量轻、可靠性高

单片机把各功能部件制作在一块半导体芯片上,内部采用总线相互联结,大大提高了单片机的可靠性和抗干扰能力。另外,其体积小、重量轻,对于强磁场环境易于采取屏蔽措施,适合在恶劣环境下工作。

3. 控制功能强

单片机体积虽小,但"五脏俱全",它非常适用于专门的控制用途。为了满足工业控制要求,一般单片机的指令系统中有极丰富的转移指令、I/O 口的逻辑操作以及位处理功能。单片机的逻辑控制功能及运行速度均高于同一档次的微型计算机。

4. 低电压、低功耗

单片机大量用于便携式产品和家用消费类产品,低电压、低功耗特性尤为重要。许多单片机已可以在 2.2V 下运行,有的已能在 1.2V 或 0.9V 下工作,一粒纽扣电池就可以使之长期工作。

单片机的独特优点使其得到了迅速推广应用。目前,已成为测量控制应用系统中的优选机种和新电子产品的关键部件。世界各大电气厂商、测控技术企业、机电行业,竞相把单片机用于产品更新,作为实现数字化、智能化的核心部件。随着单片机的性能提高和功能增

强,现已广泛用于家用电器、机电产品、办公自动化产品、机器人、儿童玩具、航天器等领域。

1.2.5　单片机应用系统

单片机实质上是一个集成芯片。在实际应用中,很少将单片机直接和被控对象进行电气连接,必须外加各种扩展接口电路、外部设备、被控对象等硬件以及软件,才能构成一个单片机应用系统。

单片机应用系统是以单片机为核心,配以输入、输出、显示、控制等外围电路和软件,能实现一种或多种功能的实用系统。单片机应用系统是由硬件和软件组成的,硬件是应用系统的基础,软件则在硬件的基础上对其资源进行合理调配和使用,从而完成应用系统所要求的任务,二者相互依赖,缺一不可。

单片机加上简单的外围器件和应用程序,构成的应用系统称为最小系统。这种采用"单片"形式构成的应用系统主要用于家用类产品和简单的仪器仪表中。随着单片机应用的深入和发展,特别是近年来较复杂的测控系统和高技术应用,单片机本体上集成的功能元件满足不了需求。为了使测控系统覆盖更宽的应用范围,一般不得不在单片机的基础上外扩存储器和I/O接口。因此,利用单片机构成一个完整的工业测控系统,必须考虑单片机的系统扩展和系统配置。

1. 系统扩展

系统扩展指单片机内部的基本单元不能满足系统要求时,在片外扩展相应的电路或器件。不同类型的单片机,其扩展方法各有差异。某些类型的单片机,采用片内串行总线进行扩展,如I^2C、SPI等总线扩展,主要扩展存储器和I/O功能。还有些单片机,如Intel 8096系列,为了满足单片机的系统扩展要求,设置有可供外部扩展电路所使用的三总线(DB、AB、CB)结构。例如,51系列单片机由P0口构成8位数据总线,P2+P0口构成16位地址总线,以供外部分别扩展64KB程序存储器与数据存储器。

2. 系统配置

系统配置指为了满足系统功能要求而配置的各种接口电路。例如,为构成数据采集系统,必须配置传感器接口,依测量对象不同有小信号放大、A/D转换、脉冲整形放大、V/F转换、信号滤波等。为构成伺服系统,必须配置伺服控制接口以及为满足对话的人机接口和用于构成多机或网络系统的相互通信接口等。系统配置与控制对象和操作要求有密切关系。

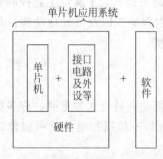

图 1-5　典型的单片机应用系统

用单片机构成一个能满足对象测控功能要求的应用系统,在硬件系统设计上包括两个层次的任务:由单片机最小系统通过系统扩展构成能满足测控任务处理要求的计算机基本系统(或称平台系统);根据用户及对象的技术要求,通过系统配置,为单片机系统配置各种接口电路,以构成与对象相匹配的系统,则称为单片机应用系统。图 1-5

是一个典型的单片机应用系统。

单片机应用系统的设计人员必须从硬件和软件两个角度来深入了解单片机,只有将二者有机结合起来,才能形成具有特定功能的应用系统或整机产品。

1.3 单片机系统的组成及单片机的发展和应用

1.3.1 单片机系统的组成

单片机可以实现什么功能?主要应用在哪些领域?

单片机是一种控制芯片,加上电源、传感器、液晶、电机驱动等外围应用电路就成了单片机控制系统。在控制系统中,单片机用来完成开关量和模拟量的采集,再计算和处理,然后输出控制信号来控制设备,如图1-6所示。

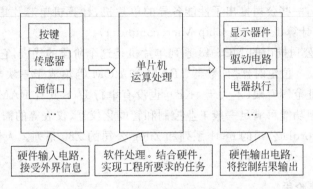

图1-6 单片机控制系统的组成

单片机应用系统是以单片机为核心,加上输入、输出、显示、控制等外围电路,能实现某种功能的系统。单片机应用系统是由硬件部分和软件部分组成,硬件是应用系统的基础,软件则在硬件的基础上对其资源进行合理调配和使用,两者结合完成应用系统所要求的任务,二者相互依赖、缺一不可。

> **单片机能够干什么?**
>
> 单片机与计算机一样,都能够对收集到的信息按照控制要求进行处理,并将处理结果输出。与计算机不一样的是单片机信息的输入、输出都是通过单片机的引脚来实现。
>
> 单片机无处不在,已经渗透到生活的方方面面。单片机的特点是高集成度、体积小,内部的结构是普通的计算机系统的简化。在增加一些外围电路之后,就能成为一个完整的智能系统。比如,我们常见的电子秤,内部就安装了一块单片机,再加上传感器、显示器和其他附加电路,就形成了一个单片机应用系统。

单片机是应工业测控系统数字化、智能化的迫切要求而提出的。超大规模集成电路的出现,通用CPU及其外围电路技术的发展成熟,为单片机的诞生和发展提供了可能。单片机的发展完全从工业测控对象、环境、接口特点出发,不断增强其控制功能,保证在工业测控环境中的可靠性。其接口界面也是按照能灵活、方便地构成工业测控用计算机系统而设计的。它的出现标志着计算机技术在工业领域中的应用开始走向完善与成熟。

1.3.2 单片机的产生与发展过程

单片机出现的历史并不长，但发展十分迅猛。它的产生与发展和微处理器的产生与发展大体同步。自1971年美国Intel公司首先推出4位微处理器以来，它的发展到目前为止大致可分为单片机探索阶段、单片机完善阶段、MCU形成阶段和MCU完善阶段。

1. 单片机探索阶段

探索阶段始于1971年，为单片机发展的初级阶段。该阶段的任务是探索计算机的单芯片集成。由于工控领域对计算机提出了嵌入式应用要求，即要实现单芯片形态的计算机，以满足构成大量中小型智能化测控系统的要求。

在这一阶段中，一些公司推出了性能各异的单片机，计算机单芯片集成探索成功，并正式命名为单片微型计算机(Single Chip Microcomputer)。

1976年Intel公司推出的MCS-48系列单片机是这个阶段的代表，它采用将8位CPU、8位并行I/O接口、8位定时器/计数器、RAM和ROM等集成于一块半导体芯片上的单片结构，虽然其寻址范围有限(不大于4KB)，也没有串行I/O，并且RAM、ROM容量小，中断系统也较简单，但功能可满足一般工业控制和智能化仪器、仪表等的需要。这一时代的单片机产品还有Motorola公司的6801系列和Zilog公司的Z80系列。人们习惯把这个阶段的单片机认为是第一代单片机。

2. 单片机完善阶段

计算机的单芯片集成探索，特别是专用CPU型单片机探索取得成功，肯定了单片机作为嵌入式系统应用的广阔前景。随后的任务是如何完善单片机的体系结构，如何充分体现出嵌入式应用的特点。作为这一阶段的典型是Intel公司将1976年推出的MCS-48迅速向MCS-51系列的过渡。MCS-51是完全按照嵌入式应用而设计的单片机，在以下几个重要技术方面完善了单片机的体系结构。

(1) 面向对象、突出控制功能，满足嵌入式应用的专用CPU及CPU外围电路体系结构。具有多机通信功能的异步串行接口(Universal Synchronous Asynchronous Receiver Transmitter，USART)，具有多级中断处理，16位的定时器/计数器，片内的RAM和ROM容量增大，有的片内还带有A/D转换接口。

(2) 规范的总线结构。外部总线规范为16位地址总线、8位数据总线以及相应的控制总线，寻址范围规范为16位和8位的寻址空间。

(3) 设置位地址空间，提供位寻址及位操作功能。

(4) 指令系统突出控制功能。有位操作指令、I/O管理指令及大量的转移指令。在指令系统中设置有大量的位操作指令，它和片内的位地址空间构成了单片机所特有的布尔操作系统，大大增强了单片机的位操作功能；I/O管理指令及大量的转移指令增强了指令系统的控制功能。

(5) 特殊功能寄存器(SFR)的集中管理模式。片内设置了特殊功能寄存器，建立了计算机外围功能电路的 SFR 集中管理模式,这种集中管理模式在增添外围功能单元后给使用管理带来很大方便。

单片机的完善,特别是 MCS-51 系列对单片机体系结构的完善,奠定了它在单片机领域的经典地位。人们习惯把这个阶段的单片机认为是第二代单片机。这一代单片机结束了单片机集成的探索,预示着微控制器阶段的到来。

3. MCU 形成阶段

单片机完善阶段标志了作为单片机形态、嵌入式应用的计算机体系结构的完善。但作为面向测控对象的单片机,不仅要求有完善的计算机体系结构,还要求有许多面向测控对象的接口电路,如 ADC、DAC、高速 I/O 口等;保证程序可靠运行的 WDT(程序监视定时器);保证高速数据传输的 DMA(直接存储器存取)等。这些为满足测控要求的外围电路,大多数已超出了一般计算机的体系结构。为了满足测控系统的嵌入式应用要求,这一阶段单片机的主要技术发展方向是在片内增强了满足测控对象要求的电路,从而形成了不同于 Single Chip Microcomputer 特点的微控制器。

这阶段的代表机型为 8051 系列,是许多半导体厂家以 MCS-51 系列中 8051 为基核发展起来的满足各种嵌入式应用的各种型号单片机。时至今日,许多半导体厂家以 MCS-51 中的 8051 为核,派生出许多新一代的 51 单片机系列,具有旺盛的生命力。除此以外,还有许多知名的其他单片机系列。

这阶段微控制器技术发展的主要方面有:

(1) 外围功能集成。满足模拟量输入的 ADC,满足伺服驱动的 PWM,满足高速 I/O 口以及保证程序可靠运行的程序监视定时器 WDT。

(2) 出现了为满足串行外围扩展要求的串行扩展总线及接口,如 SPI、I^2C BUS、Microwire、1-Wire 等。

(3) 出现了为满足分布式系统、突出控制功能的现场总线接口,如 CAN BUS(Controller Area Network BUS)等。

(4) 在程序存储器方面则迅速引进 OTP(One Time Programmable)供应状态,为单片机应用创造了良好的条件,随后 Flash ROM 的推广,为最终取消外部程序存储器扩展奠定了良好的基础。

这一阶段推出了高性能单片机。例如,高性能 8 位单片机普遍带有串行口,有多级中断处理系统,多个 16 位定时器/计数器。片内 RAM、ROM 的容量加大,且寻址范围可达 64KB,很多单片机片内还带有 A/D 转换接口。

4. MCU 完善阶段

这是当前的单片机时代,其显著特点是百花齐放、技术创新,以满足日益增长的广泛需求。

(1) 推出了适合不同领域要求的各种单片机系列。例如出现了集成度更高的 16 位单片机和 32 位单片机。

(2) 专用型单片机得到了大力发展。早期单片机以通用为主,随着市场的扩大、单片机设计生产周期的缩短和成本的下降,推动了专用单片机的发展。专用单片机具有成本低、资源有效利用、系统外围电路少、可靠性高等特点,是未来单片机发展的一个重要方向。

（3）单片机的综合品质，如成本、性能、体系结构、开发环境、供应状态等都有了长足的进步。

8位单片机从1976年公布至今，其技术已有了巨大的发展，目前乃至将来仍是单片机的主流机型。

在现阶段和将来，单片机在集成度、功能、速度、可靠性、应用领域等方面将继续向更高水平发展。

1.3.3　单片机技术的发展方向

当前单片机的几个重要技术特点已展示了单片机的发展方向。从半导体集成技术以及微电子技术的发展，也可以预见到未来单片机技术的发展趋势。从单片机的结构和功能上看，单片机技术的发展趋势将向着微型化、低功耗、高速化、集成资源更多、性能更加优良等几个方面发展。

1. 主流机型发展趋势

现在虽然单片机的品种繁多、各具特色，但以8051为核心的单片机仍占主流，兼容其结构和指令系统的有NXP公司的产品和Atmel公司的产品，而Microchip公司的PIC精简指令集（RISC）也有着强劲的发展势头。此外Motorola公司的产品、日本几大公司的专用单片机等也占据了一定的市场份额。在一定的时期内，这种情形将延续下去，即不会出现某个单片机一统天下的垄断局面，而是多个品种依存互补、相辅相成、共同发展，呈现主流机型与多品种长期共存的现象。

在未来较长一段时期内，8位单片机仍是主流机型，许多厂家还会不断改进与完善8位机，使8位机不断保持其活力；在满足高速数字处理方面，32位机会发挥重要作用；16位机空间有可能被8位机、32位机挤占。据有关资料表明，单片机未来将可能淘汰16位机，8位单片机与32位机共存。

2. 微型化和高速化趋势

集成工艺的发展，芯片集成度的提高为微型化提供了可能。随着贴片工艺的出现，单片机也大量采用了各种符合贴片工艺的封装，大大减小了芯片的体积，为嵌入式系统提供了空间，使得由单片机构成的系统正朝微型化方向发展。

随着单片机技术的发展，单片机的工作速度越来越高。早期AT89S51典型时钟为12MHz，目前已有超过100MHz的32位单片机出现。例如，西门子公司的C500系列（与MCS-51兼容）的时钟为36MHz，EMC公司的EM78系列的时钟频率高达40MHz。

3. CMOS低功耗发展趋势

CMOS工艺很早就已出现，它具有十分优异的性能，只是运行速度慢，长期被冷落。HCMOS工艺出现后，HCMOS器件得到了飞速的发展。如今，数字逻辑电路、外围器件都已普遍CMOS化。

单片机CMOS化给单片机技术发展带来广阔天地。最显著的变革是有极宽的工作电压范围、本质低功耗和低功耗管理技术的飞速发展。

采用 CMOS 工艺后,单片机具有极佳的本质低功耗和功耗管理功能。全面低功耗技术包括:

(1) 单片机低功耗运行方式,即休闲方式(Idle)、掉电方式(Power Down)。休闲方式时,CPU 处于暂停状态,CPU 功耗只有正常运行模式的 20% 左右;掉电方式时,CPU 各单元电路均处于停止状态,功耗只有正常运行模式的 1% 左右,工作电流仅为数十微安,甚至小到 $1\mu A$。改善了电源管理功能,中断可唤醒掉电状态下的 CPU。

(2) 双时钟技术。配置有高速(主时钟)和低速(子时钟)两个时钟系统。在不需要高速运行时,转入子时钟控制下,以降低功耗。

(3) 高速时钟下的分频或低速时钟下的倍频控制运行技术。虽然只设置一个时钟,但可根据指令运行速度要求,通过分频、倍频来控制总线速度,以降低功耗。

(4) 外围电路的电源管理。对集成在片内的外围电路实行供电管理。在该外围电路不运行时,关闭其电源。

(5) 低电压节能技术。CMOS 电路的功耗与电源有关,降低供电电压能大幅度减少器件功耗。单片机的低电压技术除了不断降低单片机电源电压外,有些单片机内部还有不同的电压供给,在可以使用低电压的局部电路中,采用低压供电。

现在新的单片机的功耗越来越小,特别是很多单片机都设置了多种工作方式,包括等待、暂停、睡眠、空闲、节电等工作方式。扩大电源电压范围以及在较低电压下仍然能工作是当今单片机发展的目标之一。目前,一般单片机都可在 3.3~5.5V 的条件下工作,一些厂家甚至生产出可以在 2~2.6V 条件下工作的单片机。低功耗是便携式系统重要的追求目标,是绿色电子的发展方向。低功耗的许多技术措施会带来许多可靠性效益,也是低功耗技术发展的推动力。因此,低功耗应是一切电子系统追求的目标。MCS-51 系列的 8031 推出时的功耗达 630mW,而现在的单片机功耗普遍都在 100mW 左右,有的只有几十甚至几毫瓦。

4. RISC 体系结构的大发展

早期单片机大多是复杂指令集(Complex Instruction Set Computer,CISC)结构体系,即所谓冯·诺伊曼结构。采用 CISC 结构的单片机数据线和指令线分时复用,其指令丰富,功能较强,但取指令和取数据不能同时进行,速度受限,价格亦高。由于指令复杂,指令代码、周期数不统一,指令运行很难实现流水线操作,大大阻碍了运行速度的提高。例如,传统的 MCS-51 系列单片机,时钟速度 12MHz 时,单周期指令速度仅 1MIPS。虽然单片机对运行速度要求远不如通用计算机系统或数字信号处理(DSP)对指令运行速度的要求,但速度的提高会带来许多好处,能拓宽单片机应用领域。

采用精简指令集(Reduced Instruction Set Computer,RISC)体系结构的单片机,数据线和指令线分离,即哈佛结构。这使得取指令和取数据可以同时进行,由于一般指令线宽于数据线,使其指令较同类 CISC 单片机指令包含更多的处理信息,执行效率更高,速度亦更快。同时,精简指令后绝大部分成为单字节指令,程序存储器的空间利用率大大提高,有利于实现超小型化。目前在一些 RISC 结构的单片机已实现了一个时钟周期执行一条指令。与传统的 MCS-51 系列单片机相比,在相同的 12MHz 外部时钟下,单周期指令运行速度可达 12MIPS。

RISC 一方面可获得很高的指令运行速度,另一方面,在相同的运行速度下,可大大降低时钟频率,有利于获得良好的电磁兼容效果。

Intel 的 8051 系列、Motorola 的 M68HC 系列、Atmel 的 AT89 系列、荷兰 NXP(原Philips)公司的 PCF80C51 系列等单片机多采用 CISC 结构;Microchip 公司的 PIC 系列、Zilog 的 Z86 系列、Atmel 的 AT90S 系列、韩国三星公司的 KS57C 系列 4 位单片机等多采用 RISC 结构。

5. ISP 及基于 ISP 的开发环境

程序存储器的供应状态主要是片内带掩膜 ROM、片内带 EPROM 以及 ROM Less 几种形式。掩膜 ROM 用户不能更改存储内容;EPROM 型的芯片成本高;ROM Less 型的单片机片中无 ROM,需片外配 EPROM,系统电路结构复杂。

目前,Flash ROM 的发展,片内带 E^2PROM 单片机的出现,推动了在系统可编程(In System Programmable,ISP)技术的发展。在 ISP 技术基础上,首先实现了目标程序的串行下载,促使模拟仿真开发方式的重新兴起;在单时钟、单指令运行的 RISC 结构单片机中,可实现 PC 通过串行电缆对目标系统的仿真调试。基于上述仿真技术,使远程调试以及对原有系统方便地更新软件、修改软件和对软件进行远程诊断成为现实。

现在很多单片机的存储器都采用 Flash ROM 和 Flash RAM,可以在线电擦写,并且断电后数据不丢失。系统开发阶段使用十分方便,在小批量用户系统中广泛应用。

6. 单片机中的软件嵌入

目前大多单片机只提供了程序空间,没有任何驻机软件。目标系统中的所有软件都是系统开发人员开发的应用系统。随着单片机程序空间的扩大,会有许多空余空间,在这些空间上可嵌入一些工具软件,这些软件可大大提高产品开发效率,提高单片机性能。单片机中嵌入软件的类型主要有:

(1) 实时多任务操作系统(Real Time Operating System,RTOS)。在 RTOS 支持下,可实现按任务分配,规范化设计应用程序。

(2) 平台软件。可将通用子程序及函数库嵌入,以供应用程序调用。

(3) 虚拟外设软件包。用于构成软件模拟外围电路的软件包,可用来设定虚拟外围功能电路。

(4) 用于系统诊断、管理的软件等。

7. 推行串行扩展

目前,外围器件接口技术发展的一个重要方面是串行接口的发展。采用串行接口可大大减少引脚数量,简化系统结构。采用串行接口虽然较之并行接口数据传输速度慢,但由于串行传输速度的不断提高,加之单片机面向的对象有限制速度要求,使单片机应用系统的串行扩展技术有了很大发展。随着外围电路串行接口的发展,单片机串行扩展接口(移位寄存器接口、SPI、I^2C BUS、Microwire、1-Wire)设置的普遍化、高速化,在采用 Flash ROM 时不需外部并行扩展 EPROM,使得单片机的并行接口技术已日渐衰弱。目前许多原有带并行总线的单片机系列,推出了许多删去并行总线的非总线单片机。

8. 集成资源更加丰富,性能更加优异

单片机的另外一个名称就是嵌入式微控制器,原因在于它可以嵌入到任何微型或小型仪器或设备中。单片机内部集成的部件越来越多,包括定时器、比较器、ADC、DAC、串行通信接口以及 LCD 控制器等常用电路。内置定时复位监控电路及电源电压监控电路,提高了应用系统的可靠性。有的单片机为构成网络或形成局部网,内部还集成有局部网络控制模块,甚至将网络协议固化在其内部,这就使得此类单片机十分容易构成网络。特别是在控制系统较为复杂时,构成一个控制网络十分有用。目前,将单片机嵌入式系统和 Internet 连接起来已是一种趋势。

9. 强化了电磁兼容性

在输入引脚增加了施密特触发器和噪声滤波电路,提高了系统本身的抗干扰能力。适当增大输出信号边沿过渡时间,减少了芯片本身电磁辐射量,如 P89LPC932、P87LPC76×、P89C6××2 系列电磁辐射很小。

10. 封装形式多样化

封装材料有陶瓷、塑料等;封装形式有双列、四列、方形点阵封装、扁平封装等。还有无引线封装及"超薄、微型"封装,这两种封装,体积小、成本低,将成为主流形式。

11. 大力发展专用型单片机

专用单片机是专门针对某一类产品系统要求而设计的,使用专用单片机可最大限度地简化系统结构,提高资源利用效率。在大批量使用时有可观的经济效益和可靠性效益。如用于电机控制的单片机 80C196KR/KT(为 16 位单片机),该芯片上具有控制电机的三相波形发生器 WFG。

1.3.4 单片机的应用领域

单片机是应工业测控需要而产生的。由于单片机具有体积小、重量轻、结构紧凑、可靠性高、价格便宜、功耗低、控制功能强及运算速度快等特点,因而在国民经济建设、军事及家用电器等各个领域均得到了广泛的应用。按照单片机的特点,其应用可分为单机应用与多机应用。

1. 单机应用

在一个应用系统中,只使用一片单片机称为单机应用,这是目前应用最多的一种方式。单片机应用的主要领域有以下几个方面。

1) 智能仪器仪表中的应用

单片机构成的智能仪器仪表,集测量、处理、控制功能于一体,具有各种智能化功能,如存储、数据处理、查找、判断、联网和语音等功能。智能仪器仪表具有数字化、智能化、多功能化、精度高以及硬件结构简单等优点。通过用单片机软件编程技术,使长期以来测量仪表中的误差修正、线性化处理等难题迎刃而解。它具有很好的性能价格比,代表了仪器仪表的发

展趋势。目前各种传感器、变送器、控制仪表已普遍采用单片机应用系统。

2）机电一体化的应用

机电一体化是机械工业的发展方向。机械一体化产品是指集机械技术、微电子技术、计算机技术于一体，具有智能化特征的电子产品。单片机与传统机械产品相结合，使传统机械产品结构简化，控制智能化，构成新一代机电一体化产品。目前，利用单片机构成的智能产品已广泛应用于家用电器、医疗设备、汽车、办公设备、数控机床、纺织机械、工业设备等行业。单片机控制器的引入，不仅使产品的功能大大增强，性能得到提高，而且获得了良好的使用效果。

3）在实时过程控制中的应用

单片机广泛用于各种实时过程控制系统中，例如，工业过程控制和过程监测、航空航天、尖端武器、机器人系统等各种实时控制系统，它们都是用单片机作为控制器。用单片机实时进行数据处理和控制，能使系统保持最佳工作状态，具有工作稳定、可靠、抗干扰能力强等优点。目前单片机在各种工业测控系统、数据采集系统中被广泛采用，如炉温恒温控制系统、电镀生产自动控制系统等。

4）智能接口中的应用

计算机系统，特别是较大型的工业测控系统中，除通用外部设备（如打印机、键盘、磁盘、CRT）外，还有许多外部通信、采集、多路分配管理、驱动控制等接口。这些外部设备与接口如果完全由主机进行管理，势必造成主机负担过重，降低运行速度，接口的管理水平也不可能提高。如果用单片机进行接口的控制与管理，单片机与主机可并行工作，大大地提高了系统的运行速度。同时，由于单片机可对接口信息进行加工处理，可以大量减少接口界面的通信密度，极大地提高接口控制管理水平。在一些通用计算机外部设备上已实现了单片机的键盘管理、打印机、绘图仪控制、硬盘驱动控制等。

5）日常生活中的应用

目前国内外各种家用电器普遍采用单片机代替传统的控制电路。例如，洗衣机、电冰箱、空调机、微波炉、电视机、音响以及许多高级电子玩具都配有单片机。从而提高了自动化程度，增强了功能。当前家电领域的主要发展趋势是模糊控制，单片机是形成模糊控制的最佳选择。众多模糊控制家电产品的出现将使人们的日常生活更加方便舒适，丰富多彩。

6）办公自动化领域中的应用

在现代办公室中，办公自动化设备多采用了单片机。例如计算机中的键盘和磁盘驱动器以及打印机、绘图仪、复印机、传真机和电话机。

2. 多机应用

多机应用是单片机在高科技领域中应用的主要模式。由于单片机具有高可靠性、高控制功能及高运行速度等特点，未来高科技工程系统采用单片机的多机系统将成为主要的发展方向。单片机的多机应用系统可分为功能集散系统、并行多机处理及局部网络系统。

（1）功能集散系统。多功能集散系统是为了满足工程系统多种外围功能的要求而设置的多机系统。所谓功能集散是指工程系统中可以在任意环节上设置单片机功能子系统，它体现了多机系统的功能分布。由计算机作为主机，许多单片机系统作为下位机。单片机采集控制信息上传给计算机，计算机处理数据后发出控制命令，单片机接收控制命令并执行。

（2）并行多机控制系统。并行多机控制系统主要为满足工程应用系统的快速性要求，以便构成大型实时工程应用系统。例如，快速并行数据采集、处理系统，实时图像处理系统等。

（3）局部网络系统。网络系统的出现，使单片机应用进入了一个新的水平。目前用单片机构成的网络系统主要是分布式测控系统。单片机主要用于系统中的通信控制，以及构成各种测控用子站系统。

1.4 单片机的分类

单片机是最有前途的微控制器，应用极为广泛。自 20 世纪 70 年代初研制成功发展至今，单片机产品已超过 50 个系列、上千个品种。当前正处于更新换代、百花齐放时期，新的系列和专用系列正在不断出现。尽管其各具特色，名称各异，但作为集 CPU、RAM、ROM、I/O 接口、定时器/计数器、中断系统为一体的单片机，其原理大同小异。

目前单片机尚无分类标准，通常根据应用领域、总线类型、应用模式以及位数多少简单区分。

（1）按应用领域可分为家电类、工控类、通信类、个人信息终端（PDA）、军工类等。不同领域对单片机功能亦有不同的要求。例如，在小家电中要求小型价廉、程序容量不大；PDA则要求大容量存储、大屏幕 LCD 显示、极低功耗等。

（2）按通用性可分为通用型和专用型两大类。早期大多数都是通用型单片机。通过不同的外围扩展来满足不同的应用对象要求。随着应用领域的不断扩大，在一些大批量应用的领域中，为了降低成本、简化系统结构、提高性能，出现了专门为某一些应用而设计的单片机，如用于计费电表、电子记事簿、频率合成调谐器、录音机芯控制器以及打印机控制器的单片机等。

（3）按总线结构可分为总线型与非总线型。总线型单片机是指配置有完整并行或串行总线的单片机，如 80C51 单片机为并行总线，80C552 单片机具有串行总线。非总线型单片机的特点是省去了并行总线，外部封装引脚减少，芯片成本下降，故又称为廉价型单片机。非总线型单片机无法扩展外部并行接口器件，所以扩展外围器件时应选择串行扩展方式。

（4）按运行位数分类：单片机的位数是指单片机一次能处理的数据宽度，有 4 位、8 位、16 位和 32 位单片机（32 位以上，多称为"32 位微处理器"）等。

下面针对位数多少和功能对单片机的产品性能进行简单介绍。

1.4.1 4 位单片机

4 位单片机由于价格低和出现早而得到了广泛的应用，现在的 4 位单片机普遍采用了新工艺、新技术，在结构和功能上有了很大的发展。目前，4 位单片机具有以下新的功能：

（1）增强片内 I/O 功能。4 位单片机把应用系统所需的 LED、LCD、VFD（HP）显示驱动都集成在单片机之中。使应用控制器尽可能为"单片"形式。这是目前 8 位和 16 位单片机还无法胜任的。

（2）增强单片机的性能。新型的 4 位单片机采用 $1.5\mu m$ CMOS 工艺，使指令执行速度

可小于 $1\mu s$，片内 ROM 为 32～64KB，片内 RAM 为 $1K\times4$～$4K\times4$ 位。这些 4 位单片机的性能已不低于 8 位单片机。

（3）增强低电压低功耗的功能。4 位单片机在 2.2V 低电压时，有的也能正常工作，其功耗比一般 8 位单片机要低，甚至在微安级电流时也能运行。

4 位单片机主要有 NEC 公司生产的 $\mu PD75x$、$\mu PD7500$ 系列和美国国家半导体公司的 COP400 系列，其余大都为日本富士通、日立、东芝和夏普生产的 4 位单片机。为了进一步提高 4 位单片机的性能价格比，NEC 公司推出了类似于 RISC 结构的新型 4 位单片机 $\mu PD17K$ 系列。该类单片机结构更加合理，指令和数据宽度都为 16 位（甚至采用 16 引脚 DIP 封装，但其指令速度仍可达 $2\mu s$），可以作为超小型控制器之用。

虽然有 8 位单片机的不断侵入，4 位单片机在家用消费类领域中的应用仍有较大的优势。

1.4.2　8位单片机

8 位单片机的品种类型繁多，是目前应用最为广泛的单片机。由于 8 位单片机在性能价格比上占有优势，而且采用新技术的增强型 8 位单片机不断涌现，因此在未来相当长的时间内，8 位单片机仍将是主流机型。

生产 8 位单片机的厂家很多，品种也较多，主要有 8051、6800、Z80 三大派系。8051 派系生产厂家有 Intel、Atmel、NXP、Simens 等；6800 派系生产厂家有 Motorola、HITACHI、MITSUBISH、Rockwell 等；Z80 派系生产厂家有 Zilog、NEC、HI-TACHI、SS-THOMSON 等。目前，这三大派系产品仍在不断衍生，各种功能强大的新产品不断涌现。

8051 系列单片机以其良好的开放式结构，种类众多的支持芯片，较为丰富的软件资源以及开发系统，在我国应用较为广泛。今天的 8051 系列产品同早期的 8051 产品有很大的不同，片内程序存储器已由 128B RAM 扩大到今天的 2KB RAM，片内数据存储器已由 2KB ROM 扩大到今天的 32KB EPROM 或 E^2PROM、Flash ROM。外部单元也增加很多，如多达 9 个的 8 位 I/O 口、A/D 转换器、PWM、多个中断、定时器/计数器阵列，甚至有能完成 32 位除法和 16 位乘法计算的数学单元。运算速度大幅度提高，时钟频率由原来的 12MHz 发展到超过 40MHz。

在所有的 8 位单片机系列中 8051 派系的软件资源最为丰富，除汇编语言以外，另有 C，PL/M，VB 等高级语言，这对其推广应用具有巨大的推动作用。其中 Intel 的 MCS-51 系列、Atmel 的 AT89 系列是 8 位单片机的主流产品。

Motorola 公司是世界上著名的集成电路制造厂家，其 6800 系列单片机以价格低、功耗小、功能强、品种多等特色，广泛应用于家用电器、仪器仪表和各种控制设备。MC68HC05 系列单片机设计思想是突出单片这一概念，一般以单片方式工作，内部 RAM 一般为 32B～1KB，内部 ROM 为 0.5～32KB，同时其内部还有定时器系统、串行口、A/D、PWM 输出、LCD 驱动器、VFD 驱动、I/O 口、振荡电路等，大部分不以并行总线方式扩展 I/O 和存储器，这些特色使 6800 系列成为真正的单片机。例如，MC68HC05 系列有不同的型号，ROM、RAM 容量大小不一，I/O 功能各有特色，引脚封装也有多种形式，为了方便开发样机和批量生产，另有内含 EPROM 和一次编程的 ROM，可适应不同场合的实际需要而选择合适的型号。

Zilog 公司基于 Z80 新推出的代表性产品 Z8 系列,集中了各家单片机的优点。其功能强,派生种类多,在外部设备、仪器仪表(如复印机、打印机)、家电产品等领域均有其相应的机型。如用于家电及汽车产品中的 Z86C08,用于电视遥控器的 Z8DTC 等。

Z86 系列在硬件结构和功能上有以下特点:存储空间有 3 个独特结构,即程序存储器、数据存储器、CPU 寄存器;具有电压自检功能及极宽的工作电压范围(2.3~5.5V);具有"停止"及"睡眠"两种低功耗运行模式;具有不同数目的 I/O 及模拟信号比较器等。

在软件方面,Z8 系列的指令相当丰富。特别是 Z8671 单片机,芯片上固化有 Tiny BASIC 程序,方便了用户的软件开发。

1.4.3　16 位单片机

16 位单片机由于进入市场较晚,其市场占有率大大低于 4 位和 8 位单片机,目前的产量还不大。为了提高竞争力,16 位单片机采用了增强性能和品种多样化等措施。

(1) 增强了单片机的运算能力。16 位的单片机都有健全的乘除指令,片内的 RAM/EPROM 进一步扩大。对 C、PL/M、FORTH 等高级语言的执行提供了很强的支持。

(2) 增加了数据处理和传送能力。16 位单片机一般都增加了 DMA 传送,快速输入/输出等功能,因而在数据控制类的应用中有较强的优势。

(3) 提高了单片机的性能。高性能的 16 位单片机指令执行时间仅为 100~200ns,有的则完全采用 RISC 结构(如 RTX2000)。

生产 16 位单片机的企业有很多。16 位单片机系列主要有:Intel 的 MCS-96;Motorola 的 M68HC16;NS 的 HPCxxxx;NEC 的 78K Ⅲ;THOMSON 的 68HC200;NXP 的 90C100,93C100,68070 等。目前较常使用的 16 位单片机是 Intel 公司的 8096。但由于增强型 8 位单片机的不断涌现,32 位单片机的迅速发展,16 位单片机的前景不好,预计有可能被 8 位和 32 位单片机共同取代。

1.4.4　32 位单片机

在精确制导、智能机器人、光驱、激光打印机、航空航天等高科技方面,8 位和 16 位单片机的精度和速度等均无法满足要求。为了满足现代科学技术的需要,在 20 世纪 80 年代末开始推出 32 位单片机,它完全是嵌入式微控制器。这类单片机一般采用 32 位 RISC 作为核,尽可能嵌入各种存储器、I/O 和运算等电路和部件,其特点主要有以下几个方面:

(1) 具有几兆字节以上的寻址能力。如用于储存一幅 1024×1024 像素的黑白图像就需要 1MB 的存储器,若是彩色(2^4＝16 色)图像则至少需要 4MB 存储器。32 位单片机的地址线为 24~32 位,故寻址能力为 16~400MB。

(2) 具有高速指令执行速度。在激光打印机中,每英寸(行或列)至少有 300 点,即每页 85 万位信息,数据大于 1MB。若每分钟打印 30 页,就要求至少要有 M(IPS)级的指令执行速度。如 Intel 公司的 8096 在 20MHz 时钟下,指令速度为 7.5M(IPS),这样就可以达到 53.3Mbit/s 的数据传送速率,完全满足激光打印机的需要。

（3）具有快速数据运算能力。32 位单片机为了增强数据运算能力，有的已嵌入浮点运算部件，使数据运算能力大大增强。如 8096 内有 IEEE754 标准的 80 位浮点运算部件。

（4）直接支持高级语言和实时多任务执行的固件。32 位单片机都具有高级语言的固件，一般都选用 FORTH 和 C 语言。同时，为了提高控制系统的可靠性，还嵌入了实时多任务操作系统的执行固件，较多地采用了 Hunter & Ready 公司的 VRTX32 位单片机（嵌入式控制器）。

在 32 位单片机中，除了 Freescale(原 Motorola)公司的 MC68332 和美国国家半导体公司的 NS32CG-160 仍采用 CISC 外，其余都采用了 RISC 结构。采用 RISC 技术的 32 位单片机除了保持原有的 Load/Store 系统结构、流水线、多寄存器和快速缓存 Cache 结构外，同时增加了实时响应中断处理和多种输入/输出功能。另外，适当减少了一些面向数据处理的功能以缩小体积和降低成本。

1.4.5　模糊单片机

模糊单片机是单片机和模糊控制相结合的产物，亦称模糊微控制器（Fuzzy Microcontroller）。

一些传统计算机难以实现的控制问题对于模糊单片机来说是轻而易举的。模糊单片机在人工智能领域有极大的应用前景。美国 Neuralogix 公司作为首家推出模糊单片机的生产厂家，主要产品有 NLX230 FUZZY Micro-controller、NLX110 FUZZY Pattern Comparator、NIX13 Data Correlator。目前，模糊单片机应用比较普及、技术比较成熟的国家当属日本。其松下、三洋、东芝、夏普等公司纷纷推出采用模糊单片机控制的家电产品。如：能识别衣物种类、脏污程度，自动选择洗涤时间、强度的洗衣机；能识别食物种类、保鲜程度而自动选择冷藏温度、时间的冰箱；能识别食物种类，选择加热温度、时间的微波炉；根据对象的周围环境，选择光圈、速度的照相机、摄像机等。模糊单片机使传统的家电产品走向智能化。随着模糊单片机技术的进一步成熟，性能进一步完善，相信模糊单片机将会应用于更广泛的测控领域。

1.5　典型单片机产品的基本特性

目前各生产公司已经开发出上千个单片机品种，这些单片机性能各异，应用领域也有所不同。但从应用和普及情况来看，无论世界范围，还是在我国，Intel 公司的 MCS-51 系列和 Atmel 公司的 AT89 系列 8 位单片机都是最为常用的产品，下面主要介绍这两个系列产品的类型和特点。

1.5.1　Intel 公司的 MCS-51 系列单片机

Intel 的 MCS-51 系列单片机以其良好的开放式结构，种类众多的支持芯片，很好的性价比、较为丰富的软件资源以及开发系统，在我国得到了极为广泛的应用。

1．Intel 系列单片机的特点

Intel 公司已经开发生产了 8 位、16 位和 32 位等各种系列单片机，MCS-51 系列产品是其中一种高性能的 8 位单片机，具有 8 位 CPU。

Intel 系列单片机有以下特点：

（1）片内 ROM 从无到有，从 ROM/EPROM 发展到 E^2PROM，现在已有具有 32KB 的 EPROM/E^2PROM 的产品。

（2）片内 RAM 由 128B 增至 2KB，由易失性 RAM 发展到非易失性 RAM，现在已有具有 2KB 的非易失性 RAM 的单片机产品。

（3）集成资源更加丰富，寻址范围越来越大，功能更加强大。例如，定时器/计数器、中断源都有所增加，一些产品中集成了比较器、ADC 等。

（4）传统 Intel 产品多采用 CISC 结构，现在有不少新产品采用 RISC 结构。

2．MCS-51 系列单片机的主要类型

MCS-51 系列单片机共有十几种芯片，包括 51 与 52 两个子系列。51 子系列中主要有 8031(80C31)、8051(8051)、8751(87C51)3 种类型。而 52 子系列主要有 8032(80C32)、8052(80C32)、8752(80C32)3 种类型，各子系列配置如表 1-3 所示。其中 8051 是最早最典型的产品，该系列的其他单片机都是在 8051 的基础上进行功能的增、减后改变而来的，所以人们习惯于用 8051 来称呼 MCS-51 系列单片机。8031 是前些年在我国最流行的单片机，片内没有内置的 ROM(程序存储器)，现在已很少使用。

表 1-3 中列出了 MCS-51 系列单片机的几种芯片型号以及它们的性能指标，不同的芯片型号在性能上略有差异。

表 1-3 MCS-51 系列单片机分类表

| 系列 | 片内存储器/B | | | | 定时器/计数器/位 | 并行 I/O/位 | 串行 I/O | 中断源 | 制造工艺 |
	无 ROM	片内 ROM	片内 EPROM	片内 RAM					
MCS-51 子系列	8031	8051 4K	8751 4K	128	2×16	4×8	1	5	HMOS
	80C31	80C51 4K	87C51 4K	128	2×16	4×8	1	5	CHMOS
MCS-52 子系列	8032	8052 8K	8752 8K	256	3×16	4×8	1	6	HMOS
	80C232	80C252 8K	87C252 8K	256	3×16	4×8	1	7	CHMOS

MCS-51 系列的 51 子系列与 52 子系列以芯片型号的最末位数字作为标志。其中 51 系列是基本型，52 系列则属增强型。从表 1-3 所列内容可以看出 51 系列和 52 系列的不同。

（1）片内 ROM 从 4KB 增至 8KB；

（2）片内 RAM 由 128B 增至 256B；

（3）定时器/计数器增加了一个；

（4）中断源从 5 个增加到 6 个或 7 个，它可以接收外部中断申请，定时器/计数器中断申请和串行口中断申请；

（5）寻址范围从 64KB 增加到 2×64KB。

在 52 子系列的一些产品中，片内 ROM 以掩模方式集成有高级语言解释程序，这意味着单片机可以使用高级语言。例如，80C52、87C52、83C52 片内固化有 BASIC 解释程序。现在 51 与 52 两个子系列都派生出了多种有特殊结构和用途的新型号单片机。

3．单片机芯片半导体工艺

MCS-51 系列单片机有两种半导体工艺生产方式。一种是 HMOS 工艺，即高速度、高密度、短沟道 MOS 工艺；另外一种是 CHMOS 工艺，即互补金属氧化物的 MOS 工艺。表 1-3 中，芯片型号中带有字母"C"的，为 CHMOS 芯片，其余均为 HMOS 芯片。

8051 单片机与 80C51 单片机从外形看是完全一样的，其指令系统、引脚信号、总线等完全兼容。它们之间的主要差别如下：

（1）CHMOS 是 CMOS 和 HMOS 的结合，除保持 HMOS 高速度和高密度的特点外，还具有 CMOS 低功耗的特点。例如 8051 芯片的功耗为 630mW，而 80C51 的功耗只有 120mW；在便携式、手提式或野外作业仪器设备上，低功耗是非常有意义的，因此在这些产品中必须使用 CHMOS 工艺的单片机芯片。

（2）80C51 在功能上增加了待机和掉电保护两种工作方式，以保证单片机在掉电情况下能以最低的消耗电流维持；

（3）许多 CHMOS 芯片还具有程序存储器保密机制，以防止应用程序泄密或被复制。

4．单片机片内 ROM 配置形式

MCS-51 系列单片机片内程序存储器主要有 3 种配置形式，即掩膜 ROM、EPROM 和无 ROM。这 3 种配置形式对应 3 种不同的单片机芯片，它们各有特点，也各有其适应场合，在使用时，应根据需要进行选择。一般情况下，片内掩膜型 ROM 适应于定型大批量应用产品的生产；片内带 EPROM 适合于研制产品样机；片内无 ROM 的单片机必须外接 EPROM 才能工作，外接 EPROM 的方式是用于研制新产品。最近 Intel 公司已推出多种片内带 E^{2}PROM 的单片机，可在线写入程序，并可用高级语言编程。另外，其结构配置也复杂了许多。并且随着集成技术的提高，80C51 系列片内程序存储器的容量也越来越大，目前已有 64KB 的芯片了。

1.5.2　Atmel 公司的 AT89 系列单片机

AT89 系列单片机是美国 Atmel 公司以 80C31 为内核，结合特有的 Flash 技术，开发生产的 8 位高性能单片机，优越的性能价格比使其成为颇受欢迎的 8 位单片机，目前在嵌入式控制领域中被广泛的应用。

对于用户来说，AT89 系列单片机具有有以下明显的优点：

（1）片内程序存储器采用 Flash 存储器，使程序的擦写更加方便，大大缩短系统的开发周期。同时，在系统工作过程中，能有效地保存一些数据信息，即使外界电源损坏也不会影

响信息的保存；

（2）具有丰富的外围接口和专用的控制器，可用于特殊用途，例如，电压比较、USB 控制、MP3 解码及 CAN 控制等；

（3）采用 CMOS 工艺，静态时钟方式，可以节省电能，这对于降低便携式产品的功耗十分有用；

（4）AT89 系列单片机类型齐全，提供了更小尺寸的芯片（AT89C2051/AT89C1051），使整个硬件电路的体积更小，应用更加方便；

（5）AT89 系列单片机与工业标准 MCS-51 系列单片机的指令组和引脚是兼容的，因而可替代 AT89S51 系列单片机使用，在后面讲解中，习惯把它归入 MCS-51 系列单片机。

1．AT89 系列单片机的基本特征

AT89 系列单片机内部 Flash 存储器的容量范围是 1～32KB，常用型号分别为 AT89C51、AT89LV51、AT89C52、AT89LV52、AT89C55、AT89LV55、AT89C2051、AT89C1051 和 AT89S51。其中，AT89LV51、AT89LV52、AT89LV55 分别是 AT89C51、AT89C52、AT89C55 的低电压产品，最低电压可以低至 2.7V；而 AT89C2051 和 AT89C1051 则是低档型低电压产品，它们的引脚只有 20 个，最低电压也为 2.7V。AT89 系列单片机型号中，AT 表示 Atmel 公司，9 表示内部有 Flash 存储器，C 表示为 CHMOS 芯片，LV 表示低电压产品，89S 中的 S 表示含有串行下载的 Flash 存储器，后面数字表示具体型号。AT89 系列单片机可分为标准型、低档型和高档型 3 种。

1）标准型 AT89 系列单片机的基本特征

标准型 AT89 系列单片机主要有 AT89C51、AT89C52、AT89S51、AT89S52 等型号，其基本特征如下：

- 8051 的内核；
- 片内有装程序的闪存，装数据的 RAM；
- 提供丰富的 I/O 口，具有 32 条 I/O 连接线；
- 提供定时器、计数器、外中断、串行通信等资源；
- 工作电源的电压为 (5 ± 0.2)V；
- 振荡器最高频率为 24MHz。

2）高档型 AT89 系列单片机的基本特性

高档型 AT89 系列单片机主要有 AT89C51RC、AT89S8252、AT89S53、AT89C55WD 等型号，其基本特征为：标准型 AT89＋资源升级。上述资源升级的有：

- 芯片内 Flash 程序存储器增加到 32KB；
- 芯片内的数据存储器增加到 512B；
- 数据指针增加到 2 个。

3）低档型 AT89 系列单片机的基本特征

低档型 AT89 系列单片机主要有 AT89C1051、AT89C2051、AT89C1051U 等型号，其基本特征为：比标准型 AT89 资源少，比标准型 AT89 体积小。

2. AT89 系列单片机的常见封装形式

AT89 系列单片机的常见封装形式有如下几种，其他型号单片机也多采用这些封装形式。

（1）PDIP(Plastic Dual Inline Package)——塑封双列直插式封装，如图 1-7 所示。

（2）PQFP(Plastic Quad Flat Package)——塑封方形贴片式封装，如图 1-8 所示。

图 1-7　塑封双列直插式封装　　　　　图 1-8　塑封方形贴片式封装

（3）TQFP(Thin Plastic Gull Wing Quad Flat Pack)——塑封超薄封装形式方形贴片式封装，如图 1-9 所示。

（4）PLCC(Plastic J-Leaded Chip Carrie)——塑封方形引脚插入式封装，如图 1-10 所示。

图 1-9　塑封超薄封装形式方形贴片式封装　　　　图 1-10　塑封方形引脚插入式封装

3. 典型 AT89 系列单片机介绍

AT89 系列单片机在结构上基本相同，只是在个别模块和功能上有些区别，下面以 AT89C51、AT89C2051、AT89S51、AT89C52 与 AT89S52 单片机为代表对 AT89 系列单片机作简单阐述。

1）AT89C51 单片机

AT89C51 单片机有 40 个引脚，从正面看，器件一端有一个半圆缺口，这是正方向的标志。IC 芯片的引脚序号是依半圆缺口为参考点定位的，缺口左下边标记为"Δ"、"O"或"∪"标记的为 1 引脚。实际应用中这些引脚用于外围器件连接，实现控制信息的接收以及控制命令的输出。AT89S51 是目前较为常用的一款单片机，它采用静态 CMOS 工艺制造，带有 4KB 的 Flash 存储器，最高工作频率为 24MHz。其封装形式有 PDIP/DIP、PQFP/TQFP 和 PLCC/LCC，用户可以根据不同的场合进行选择。AT89C51 的资源如下：

- 4KB 的内部 Flash 程序存储器，可实现 3 个级别的程序存储器保护功能；
- 128B 的内部数据存储器；
- 32 个可编程 I/O 引脚；

- 2 个 16 位定时器/计数器;
- 6 个中断源,2 个优先级别;
- 1 个可编程的串行通信口。

2) AT89C2051 单片机

AT89C2051/1051 是 Atmel 公司 AT89C 系列的新成员。AT89C2051 内部带 2KB 可编程闪速存储器,AT89C1051 内部带 1KB 可编程闪速存储器,64B 的内部数据存储器,其余基本相同。AT89C2051/1051 因功耗低、体积小、良好的性能价格比备受青睐,在家电产品、工业控制、计算机产品、医疗器械、汽车工业等应用方面成为用户降低成本的首选器件。此外,AT89C2051 单片机还有很多独特的结构和功能,例如具有 LED 驱动电路、电压比较器等。AT89C2051 有两种可编程的电源管理模式:空闲模式,该模式下 CPU 停止工作,但是 RAM、定时器/计数器、串行口和中断系统仍然工作;断电模式,该模式下保存了 RAM 的内容,但是冻结了其他部分的内容,直至被再次重启。AT89C2051 有 DIP20 和 SOIC20 两种封装形式,其技术参数如下:

- 与 AT89S51 兼容;内部带 2KB 可编程闪速存储器,两级程序存储器锁定;128B 的内部数据存储器;
- 15 个可编程 I/O 引脚,可以作直接的 LED 驱动;
- 6 个中断源,2 个优先级别;
- 全静态工作频率为 0～24Hz;
- 1 个可编程全双工的串行口;
- 片内精确的模拟比较器;
- 片内振荡器和时钟电路;
- 工作电压范围为 2.7～6V,低功耗的休眠和掉电模式。

3) AT89S51 单片机

AT89S51 单片机是 Atmel 公司推出的一款在系统可编程(In System Programmed, ISP)单片机。通过相应的 ISP 软件,用户可对该单片机 Flash 程序存储器中的代码进行方便的修改。AT89S51 和 AT89C51 的引脚完全兼容,其技术参数如下:

- 4KB 在系统可编程 Flash 程序存储器,3 级安全保护;
- 128B 的内部数据存储器;
- 32 个可编程 I/O 引脚;
- 2 个 16 位定时器/计数器;
- 5 个中断源,可以在断电模式下响应中断;
- 1 个全双工的串行通信口;
- 最高工作频率为 33MHz;
- 工作电压为 4.0～5.5V;
- 双数据指针使得程序运行得更快。

4) AT89C52 与 AT89S52

AT89C52 与 AT89C51 相似,只是存储器容量及其他资源有所增加;AT89S52 与 AT89S51 相似,只是存储器容量及其他资源有所增加。

AT89 系列单片机型号很多,表 1-4 为部分 Atmel 单片机的升级替代及推荐产品。

表 1-4　部分 Atmel 单片机的升级替代及推荐产品

序号	早期产品	产品描述	替代或推荐产品
1	AT89C51①	4KB Flash 的 80C31 系列单片机	AT89S51
2	AT89C52①	4KB Flash 的 80C32 系列单片机	AT89S52
3	AT89LV51①	2.7V 工作电压,4KB Flash 的 8031 系列单片机	AT89LS51
4	AT89LV52①	2.7V 工作电压,4KB Flash 的 8032 系列单片机	AT89LS52
5	AT89LV53②	低电压,可直接下载 12KB Flash 单片机	AT89S8253
6	AT89LS8252②	低电压,可直接下载 8KB Flash,2KB EEPROM 单片机	AT89S8253
7	AT89S53②	在线编程,12KB Flash 单片机	AT89S8253
8	AT89S8252②	在线编程,12KB Flash,2KB EEPROM 单片机	AT89S8253
9	T89C51RB2①	16KB Flash 高性能单片机	AT89C51RB2
10	T89C51RC2①	32KB Flash 高性能单片机	AT89C51RC2
11	T89C51RD2①	64KB Flash 高性能单片机	AT89C51RD2

注：①不推荐在新的产品设计中应用,可用替代产品。

②新产品设计中建议采用推荐产品。

除了以上最常用的两大系列单片机外,还有很多公司的系列单片机,也以其独特的优点,而在应用领域占有一席之地。主要有 Microchip 公司的 PIC 系列单片机、TI 公司的 MSP430 系列单片机、Atmel 公司的 AVR 系列单片机。PIC 系列单片机、EM-78 系列单片机,多采用 RISC 结构,一次性的编程技术；MSP430 系列单片机的快闪微控制器功耗最低；AVR 系列单片机吸收了 PIC 系列和 MCS-51 系列单片机的优点,充分发挥了 Flash 存储器的特长,是一款性价比极高的单片机。各系列单片机均有标准型、低档型和高档型 3 种,详细内容请参看有关专门书籍。

1.6　学习 51 系列单片机的原因

51 系列单片机的 CPU 是 8 位处理器,其处理速度不高、结构简单。而现在的单片机种类层出不穷,功能也越来越强,好像 51 系列的单片机已经不符合现在的发展需求了,为什么还要学 51 单片机? 原因有以下两点：

首先,在实际的控制工程中,并不是任何需要控制的场合都要求使用高性能的计算机系统,关键是看 CPU 是否能够满足控制要求。对于大部分的智能控制系统,51 单片机能够满足控制系统的功能需求,所以 51 单片机推出四十多年,依然没有被淘汰,并且还在不断地发展中。51 单片机有价格优势和丰富的开发资源,使 51 单片机成为单片机的主流机型。8 位的 51 单片机在以后很长的一段时间内还有存在的空间。

单片机具有有很好的性能价格比。计算机的 CPU 很贵,单片机集成了这么多器件,价格会很高吗? 实际上单片机的价格是从几元到几十元人民币。单片机的体积也不大,一般是用 40 引脚的 DIP40 封装,当然功能强一些单片机也可能引脚比较多,功能少的只有 4 个引脚。

其次,51 系列单片机是一个通用的单片机,其内部的结构及工作原理与其他的单片机都是相通的。如果熟悉 51 单片机的结构和编程,以后使用其他型号的单片机,只需要一个了解及熟悉的过程。

1.7 单片机系统的开发过程

通常开发一个单片机系统可按以下 6 个步骤进行:

(1) 明确系统设计任务,完成单片机及其外围电路的选型工作。

进行应用系统设计时,应先进行需求分析,根据应用需要确定系统规模,然后选择单片机型号、存储器的容量以及外围接口芯片的型号。

(2) 设计系统原理图和 PCB 板,经仔细检查 PCB 板后送工厂制作。

常用的设计软件为 Protel 99。在 Protel 下先设计原理图,然后转换为 PCB 图。根据 PCB 图由 PCB 生产厂家加工为 PCB 板。

(3) 完成器件的安装焊接。

将元器件焊接在 PCB 板上形成应用系统的目标板,设计人员要对目标板电路进行调试与测试,保证硬件电路正确。

(4) 根据硬件设计和系统要求编写应用程序。

(5) 在线调试软硬件。

(6) 使用编程器烧写单片机应用程序,独立运行单片机系统。

进行单片机实验时,需要的硬件工具、软件开发环境如表 1-5 所示。实际学习中可以购买 51 单片机实验板,实验板已经将单片机、编程器、电源、数码管、储存器、液晶、发光二极管的器件安装到电路板上,可以通过实验板练习单片机的所有功能。

表 1-5 单片机实验时需要的软硬件工具

器　件	功　　能	备　　注
Keil C 软件	编程	免费下载
计算机	程序的输入、调试、编译	
5V 直流电源	单片机的电源	计算机的 USB 口能够提供 5V 的电源,可以将 USB 连线进行改装
51 单片机	实验芯片	如 AT89S51
外围元器件	实现输入/输出操作	如二极管、数码管、液晶、传感器
编程器	将计算机编译好的程序写到单片机中	—
其他工具	万用表、焊接工具	—

1.8 如何学习好单片机

很多单片机初学者问怎样才能学好单片机,在这里依据自己多年的经验说明一下。

(1) 单片机的选型。现在用得比较多的是 51 系列单片机,内部结构简单,用的人较多,资料也比较全,非常适合初学者学习,所以建议将 51 单片机作为入门级的芯片。以后可以学习 PIC 系列、AVR 系列的单片机。

(2) 学习单片机需要实际的开发板。单片机系统属于软硬件结合的系统,需要连接许多外围器件(传感器、液晶、电动机等)。如果只看教材,使用单片机的仿真软件来学习单片机，是不可能学好单片机的。只有把硬件设备摆出来，亲自焊接外围器件，亲自编程操作这些硬件，才会有深刻的体会，才能理解单片机的功能。

学习单片机，要重视理论和实践的结合，理论知识以后各章会详细说明，而动手实践尤其重要。关于实践器材，有两种方法可以选择。

方法一：购买一块单片机的学习板，不要求那种价格高、功能特别全的。对于初学者来说，建议有流水灯、数码管、独立键盘、矩阵键盘、A/D 和 D/A、液晶、蜂鸣器、I²C 总线、温度传感器等器件。如果上面提到的这些功能都能熟练应用，可以说对单片机的操作你已经入门了，剩下的就是练习设计外围电路，不断地积累经验。

方法二：自己购买元器件及编程器，焊接简单的最小系统板。对于初学者来说，如果焊接成功，对硬件就会有一定了解。

有了单片机学习板之后就要多练习，按照教材指定的顺序进行练习。

（3）软件和硬件哪个是学习单片机的基础？

学习单片机要兼顾软件和硬件，既要熟悉单片机的结构和指令系统，又要有一定的编程技巧。对于不同专业对于软件和硬件的要求有所不同，电子、电气等专业硬件和软件同样重要；对于信息及计算机类专业，我们认为软件是学好单片机的基础。因为这些专业一般都采用 C 语言编程，对单片机的结构及指令可以不做过多的理解，另外单片机的硬件是固定，如驱动 3 相电机、温度传感器、变频器、液晶显示、串行通信等。这些硬件如何与单片机连接以及单片机如何发出控制信号操作硬件，互联网上都能找到详细的资料，我们按照上面连接即可。

而如何编程组织这些硬件的工作过程是由工程现场决定的。如何组织程序，并使硬件按照我们的要求进行工作，这是单片机工程的大部分工作。具体的软件知识需要下面几个方面：①系统分析，即分析系统控制的总体功能；②控制思路，即设计如何使用单片机中断、定时器、串口通信等单片机资源来操作外围器件；③绘制流程图，根据控制思路绘制出主流程图、中断流程图；④编辑 C 语言代码。

上面的软件知识是计算机类专业的专业课程，因此计算机专业学习单片机更有优势。许多高校将嵌入式专业归类到软件学院，如北京航空航天大学、北京理工大学。

（4）学习单片机开发是很枯燥的，需要有信心、恒心，需要具有能坚持到底的精神。成为单片机高手的步骤如下：

① 看书大概了解一下单片机结构，了解就行。

② 用学习板练习编写程序。学习单片机主要就是练习编写程序，遇到不会的再查书或资料。

③ 自己在网上找些小电路类的资料，练习设计外围电路，焊好后自己调试，熟悉过程。

④ 自己独立设计具有个人风格的电路、产品等。过一段时间你已经是单片机开发高手了，可以求职了。

思考与练习

1. 什么是微型计算机？它有哪些主要特点？

2. 什么叫单片机？单片机由哪些基本部件组成？它与微处理器、微型计算机、微型计算机系统有何区别？

3. 微型计算机中常用的数制有几种？计算机内部采用哪种数制？十六进制数能被计算机直接执行吗？为什么要用十六进制数？

4. 在8位二进制计算机数中，正负数如何表示？什么叫机器数？机器数的表示方法有几种？

5. 什么是原码、反码和补码？

6. 写出下列各十进制数的原码、反码和补码。

(1) ＋28　　(2) ＋69　　(3) －125　　(4) －54

7. 单片机的发展分为哪几个阶段？各阶段的特点是什么？

8. AT89系列单片机分为几类？各类的主要技术特点是什么？都有哪些型号？

9. AT89系列单片机如何进行分类？与Intel MCS-51单片机有何不同？

10. 何谓最小系统？何谓单片机系统的扩展与配制？

第2章

51单片机的硬件结构

本章要点：

- 掌握 51 单片机的内部组成及各部分功能；
- 掌握 51 单片机的引脚功能；
- 理解 51 单片机的存储器结构；
- 理解 51 单片机的时钟电路与复位电路；
- 掌握 51 单片机最小系统的构建方法。

51 系列单片机的产品主要区别在存储器容量大小、有无 ROM、定时器/计数器和中断源的数目以及制造工艺等方面，它们的内部结构及引脚完全相同。本章以 AT89S51 为例介绍 51 单片机的硬件结构、性能、工作原理等。

2.1 51 单片机引脚定义及功能

51 系列单片机有 40 个引脚，如图 2-1 所示。从正面看，器件一端有一个半圆缺口，这是单片机正方向的标志。

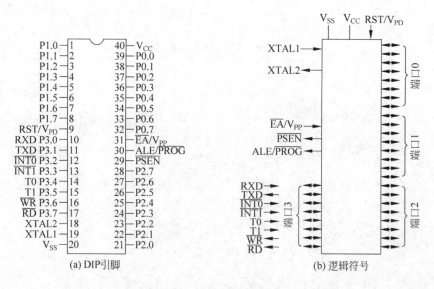

图 2-1 51 单片机的引脚排列

小知识

1. 图 2-1 是 DIP40 封装,单片机还有 PLCC44、TQFP44 封装。

2. 虽然基于 51 内核的单片机在引脚数数目、封装形式都不一定相同,但它们的引脚功能是相同的。其中用的较多的是 40 脚 DIP 封装的 51 单片机,也有 20,28,32,44 等不同引脚数的 51 单片机。注意不要认为只有 40 脚的 DIP 封装芯片才是 51 单片机。

3. 无论哪种 IC 芯片,它的表面有表示的第 1 引脚序号的标识。标识可能是凹进去的小圆坑、用颜色标识的一个小标记("△"、"O"或"∪"标记等)、半圆缺口等,标记所对应的引脚就是这个芯片的第 1 引脚,然后逆时针方向数下去就是每个引脚的序号。识别第 1 引脚并且防止单片机接反,DIP40 封装的单片机接反后会使单片机发热并损坏单片机。

单片机有 40 个引脚,按功能可分为 4 类:I/O 端口、电源、时钟、控制。

2.1.1 输入/输出类引脚(并行 I/O 端口)

51 单片机有 32 个 I/O 端口,构成 4 个 8 位双向端口。分别是 P0、P1、P2、P3。

1. P0 口的组成与功能

1) P0 口的结构

P0 口既能用作通用 I/O 口,又能用作地址/数据总线。

在访问外部存储器时,P0 口是一个真正的双向数据总线口,并分时送出地址的低 8 位。图 2-2 是 P0 口的一位结构图。它包含两个输入缓冲器、一个输出锁存器以及输出驱动电路、输出控制电路。输出驱动电路由两只场效应管 V1 和 V2 组成,其工作状态受输出控制电路的控制。输出控制电路包括与门、反相器和多路模拟开关 MUX。

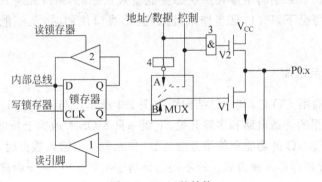

图 2-2　P0 口的结构

2) P0 口作为通用 I/O 口

P0 口作为通用 I/O 口使用时,CPU 令控制信号为低电平。这时多路开关 MUX 接通 B 端即输出锁存器的 $\overline{Q}$ 端,同时使与门输出低电平,场效应管 V1 截止,因而输出级为开漏输出电路。

（1）作为输出口

当用 P0 口输出数据时，写信号加在锁存器的时钟端 CLK 上，此时与内部总线相连的 D 端其数据经反相后出现的 $\overline{Q}$ 端上，再经 V2 管反相，于是在 P0 口引脚上出现的数据正好是内部总线上的数据。由于输出级为开漏电路，所以用作输出口时应外接上拉电阻。

（2）作为输入口

当 P0 口用于输入数据时，要使用端口中的两个三态输入缓冲器之一。这时有两种工作方式：读引脚和读锁存器。

当 CPU 执行一般的端口输入指令时，"读引脚"信号使缓冲器开通，于是端口引脚上的数据经过缓冲器输入到内部总线上。

当 CPU 执行"读—修改—写"一类指令时，"读锁存器"信号使缓冲器开通，锁存器 Q 端的数据经缓冲器输入内部数据总线。

在 P0 口作为输入口使用时，必须首先向端口锁存器写入 1。这是因为当进行读引脚操作时，如果 V2 是导通的，那么不论引脚上的输入状态如何，都会变为低电平。为了正确读入引脚上的逻辑电平，先要向锁存器写 1，使其 $\overline{Q}$ 端为 0，V2 截止。该引脚成为高阻抗的输入端。

3）P0 口作为地址/数据总线

P0 口还能作为地址总线低 8 位或数据总线，供系统扩展时使用。这时控制信号为高电平，多路开关 MUX 接通 A 端。有两种工作情况：一种是总线输出，另一种是外部数据输入。作为总线输出时，从"地址/数据"端输入的地址或数据信号通过与门驱动 V2，同时通过非门驱动 V2，结果在引脚上得到地址或数据输出信号。

作为数据总线输入数据时，从引脚上输入的外部数据经过读引脚缓冲器进入内部数据总线。对于 80C51、87C51 单片机，P0 口能作为 I/O 口或地址/数据总线使用。

综上所述，P0 口既可以作为地址/数据总线口，这时它是真正的双向口，也可作通用的 I/O 口，但只是一个准双向口。准双向口的特点是：复位时，口锁存器均置 1，8 根引脚可当一般输入线使用，而在某引脚由原输出状态变成输入状态时，则应先写入 1，以免错读引脚上的信息。一般情况下，P0 口已当作地址/数据总线口使用时，就不能再作通用 I/O 口使用。

2. P1 口组成与功能

P1 口只用作通用 I/O 口，其一位结构图如图 2-3 所示。与 P0 口相比，P1 口的位结构图中少了地址/数据的传送电路和多路开关，上面一只 MOS 管改为上拉电阻。

P1 口作为一般 I/O 的功能和使用方法与 P0 口相似。当输入数据时，应先向端口写 1。它也有读引脚和读锁存器两种方式。所不同的是当输出数据时，由于内部有了上拉电阻，所以不需要再外接上拉电阻。

3. P2 口的组成与功能

当系统中接有外部存储器时，P2 口可用于输出高 8 位地址，若当作通用 I/O 口用，P2 口则是一个准双向口。因此，P2 口能用作通用 I/O 口或地址总线，其一位的结构如图 2-4 所示。

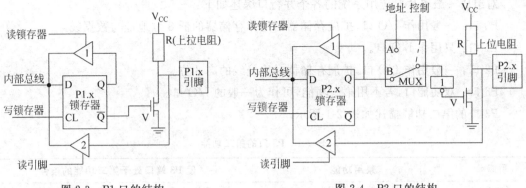

图 2-3　P1 口的结构　　　　　　　　图 2-4　P2 口的结构

1）作为通用 I/O 口

当控制信号为低电平时,多路开关接到 B 端,P2 口作为通用 I/O 口使用,其功能和使用方法与 P1 口相同。

2）作为地址总线

当控制端输出高电平时,多路开关接到 A 端,地址信号经反相器和驱动管 V 从引脚输出。这时 P2 口输出地址总线高 8 位,供系统扩展使用。

对 80C51、87C51 单片机,P2 口能作为 I/O 口或地址总线作用。

4. P3 口组成与功能

P3 口能作通用 I/O 口,同时每一引脚还有第二功能。P3 口的一位结构如图 2-5 所示。

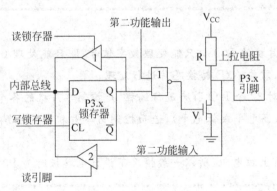

图 2-5　P3 口的结构

作为通用 I/O 口:当"第二功能输出"端为高电平时,P3 口用作通用 I/O 口。这时与非门对于输入端 Q 来说相当于非门,位结构与 P2 口完全相同,因此 P3 口用作通用 I/O 口时的功能和使用方法与 P2 口、P1 口相同。

用作第二功能:当 P3 口的某一位作为第二功能输出使用时,应将该位的锁存器置 1,使与非门的输出状态只受"第二功能输出"端的控制。"第二功能输出"端的状态经与非门和驱动管 V 输出到该位引脚上。

当 P3 口的某一位作为第二功能输入使用时,该位的锁存器和"第二功能输出"端都应为 1,这样,该位引脚上的输入信号经缓冲器送入"第二功能输入"端。

对组成一般单片机应用系统的各个并行口综述如下：

P0 口：一般用作 I/O 口，扩展存储器时用作存储器的低 8 位地址与数据线。

P1 口：只用作 I/O 口。

P2 口：一般用作 I/O 口，扩展存储器时地址线的高 8 位。

P3 口：双功能口，若不用第二功能，可作为一般的 I/O 口。

P3 口的第二功能描述如表 2-1 所示。

表 2-1　P3 口的第二功能

引脚	兼用功能	使 P3 端口处于第二功能的条件
P3.0	串行通信输入（RXD）	串行 I/O 处于运行状态（RXD，TXD）
P3.1	串行通信输出（TXD）	串行 I/O 处于运行状态（RXD，TXD）
P3.2	外部中断 0（INT0）	打开了外部中断 INT0
P3.3	外部中断 1（INT1）	打开了外部中断 INT1
P3.4	定时器 0 输入（T0）	T0 处于外部计数状态
P3.5	定时器 1 输入（T1）	T1 处于外部计数状态
P3.6	外部数据存储器写选通 WR	执行写外部 RAM 的指令
P3.7	外部数据存储器读选通 RD	执行读外部 RAM 的指令

P3 端口的第二功能信号都是单片机的重要控制信号。如果不设定 P3 端口各位的第二功能，则 P3 端口自动处于第一功能状态（即静态 I/O 端口的工作状态）。在实际应用中，先按需要选用第二功能信号，剩下的才作为数据的输入/输出引脚使用。

小提示

一般情况下单片机的 I/O 口只能处理数字信号，即只能处理 0、1 两种状态。如果需要处理模拟信号，需要 A/D 转换芯片进行处理。

单片机编程是对 32 个 I/O 引脚进行编程，是控制单片机的各个引脚在不同时间输出不同的逻辑电平（高电平或低电平），进而控制与单片机各个引脚相连接的外围电路的电气状态。

由于 P0 口没有上拉电阻，所以一般情况下设计电路板时为 P0 口加上上拉电阻。

2.1.2　控制信号类引脚

1）$\overline{EA}/V_{PP}$

外部程序存储器地址允许/固化编程电压输入端。当$\overline{EA}$为低电平时，CPU 直接访问外部 ROM；当$\overline{EA}$为高电平时，则 CPU 先对内部 0～4KB ROM 访问，然后自动延至外部超过 4KB 的 ROM。AT89S51 使用内部程序储存器时需要将该引脚接到高电平。

2）RST/V_{PD}

RST 是复位信号输入端，V_{PD}是备用电源输入端。

当输入的信号连续 2 个机器周期以上高电平时即为有效,用以完成单片机的复位初始化操作,当复位后程序计数器 PC＝0000H,即复位后将从程序存储器的 0000H 单元读取第一条指令码。

3) 时钟振荡电路引脚 XTAL1、XTAL2

单片机必须在时钟脉冲的控制下一步一步地进行工作。当使用内部时钟时,这两个引脚端外接石英晶体和微调电容。当使用外部时钟时,用于外接外部时钟源。

4) 电源引脚

V_{CC}:电源的输入端,＋5V;V_{SS}:电源的接地端。

5) $\overline{PSEN}$

外部程序存储器读选通信号。在访问外部 ROM 时,$\overline{PSEN}$信号定时输出脉冲,作为外部 ROM 的选通信号。

6) ALE/$\overline{PROG}$

地址锁存允许/编程信号。在访问片外存储器时,该引脚是地址锁存信号。对于 EPROM 单片机,此引脚用于输入专门的编程脉冲和编程电源。

小经验

(1) 由于现在一般不扩展 ROM、RAM,所以一般情况下不使用$\overline{PSEN}$、ALE/$\overline{PROG}$引脚。

(2) 编程控制引脚,如 RST、$\overline{PSEN}$、ALE、$\overline{EA}/V_{PP}$了解即可。

2.1.3 单片机 I/O 端口的负载能力

P0 口的每一位输出可驱动 8 个 TTL 负载。当把它作通用 I/O 口输出使用时,输出级是开漏电路,当它驱动拉电流负载时,需要外接上拉电阻才有高电平输出。

P1～P3 口的输出级均接有内部上拉电阻,它们的每一位的输出均可以驱动 4 个 TTL 负载。当 P1 和 P3 口作输入时,任何 TTL 或 HMOS 电路都能以正常的方法驱动这些口。

P1～P3 口的输入端都可以被集电极开路或漏极开路电路所驱动,而无须再外接上拉电阻。

单片机的端口输出能力只能提供几毫安的输出电流,当作为输出口去驱动负载时,应考虑电平和电流的匹配,使用时应注意。

2.2 51 单片机的内部组成

51 单片机内部结构框图如图 2-6 所示。

单片机内部主要部件的功能描述如表 2-2 所示。

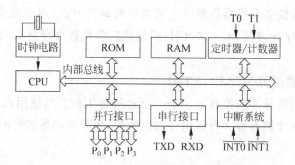

图 2-6　89S51 单片机的系统结构框图

表 2-2　51 单片机内部主要部件的功能描述

部　件	功　能　描　述
中央处理器(CPU)	是单片机的核心部件，完成各种运算和控制操作。51 单片机的 CPU 能处理 8 位二进制数和代码，编程时不必关心（都是 51 内核的 CPU)
数据存储器(RAM)	51 单片机有 256 个字节的 RAM 单元，其中后 128 单元被专用寄存器占用，能作为寄存器供用户使用的只是前 128 单元，用于存放可读写的数据
程序存储器(ROM)	有 4KB 字节的 ROM(52 子系列为 8KB)，用于存放程序，断电后存储内容不会丢失。购买单片机时，购买容量够用的
定时器/计数器	单片机片内有两个 16 位的定时器/计数器，即 T0 和 T1，可以实现定时或计数功能。用于定时控制以及对外部事件的计数等
并行 I/O 端口	有 4 个 8 位的 I/O 口(P0、P1、P2 和 P3)，每一条 I/O 线能够独立地用作输入或输出。P0 口为三态双向口。P1、P2 和 P3 口为准双向口，有内部上拉电阻
可编程串行口	一个可编程的全双工的串行口，以实现单片机和其他设备之间的串行数据传送。该串行口功能较强，既可作为全双工异步通信收发器使用，也可作为移位器使用
中断系统	51 单片机有 5 个中断源，即 2 个外部中断、2 个定时器/计数器中断、1 个串行通信中断
时钟电路	51 单片机内部设置有时钟电路。它与外时钟组成了定时控制部件，为单片机产生时序脉冲序列。石英晶体和微调电容需外接。51 系统所允许的晶振频率一般为 6MHz 和 12MHz
总线	51 单片机内部采用内部扩展总线结构。以上所有组成部分都是通过总线连接起来，从而构成一个完整的单片机。系统的地址信号、数据信号和控制信号都是通过总线传送的，总线结构减少了单片机的连线和引脚，提高了集成度和可靠性

2.3　51 单片机的 CPU 结构

　　图 2-7 为 AT89S51 单片机内部结构图。单片机内部最核心的部分是一个 8 位高性能微处理器 CPU，它是单片机的心脏和大脑。CPU 的主要功能是读入并分析每条指令，根据各指令的功能产生各种控制信号，控制存储器、输入/输出端口的数据传送、数据的算术运算、逻辑运算以及位操作处理等。CPU 从功能上可分为控制器和运算器两部分。下面分别介绍这两部分的组成及功能。

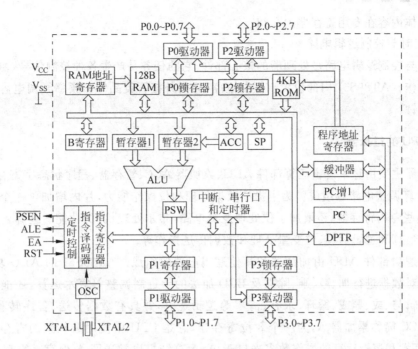

图 2-7 AT89S51 单片机内部结构图

1. CPU 的控制器

控制器由程序计数器 PC、指令寄存器 IR、指令译码器 ID、数据指针 DPTR、堆栈指针 SP、缓冲器以及定时与控制逻辑电路等组成。主要功能是对来自存储器中的指令进行译码,通过定时控制电路,在规定的时刻发出各种操作所需的全部内部和外部控制信号,协调各功能元件的工作,完成指令所规定的功能。控制器各功能部件简述如下。

1) 程序计数器(Program Counter,PC)

PC 是一个 16 位的专用寄存器,用来存放下一条指令的地址,它具有自动加 1 的功能。当 CPU 要取指令时,PC 的内容首先送至地址总线上,然后再从存储器中取出指令,从该地址的存储单元中取指令后,PC 内容则自动加 1,指向下一条指令的地址,以保证程序按顺序执行。

在执行转移、子程序调用指令和中断响应时例外,PC 的内容不再加 1,而是由指令或中断响应过程自动给 PC 置入新的地址。单片机复位时,PC 自动清零,即装入地址 0000H,从而保证了复位后,程序从 0000H 地址开始执行。

2) 指令寄存器 IR

指令寄存器是一个 8 位的寄存器,用于暂存待执行的指令,等待译码。

3) 指令译码器 ID

指令译码器是对指令寄存器中的指令进行译码,将指令转变为执行此指令所需要的电信号。根据译码器输出的信号,再经定时控制电路定时地产生执行该指令所需要的各种控制信号,完成指令的功能。

4) 数据指针 DPTR

DPTR 是一个 16 位的专用地址指针寄存器,通常在访问外部数据存储器时作地址指针使用。具体内容在专用寄存器内介绍。

5）定时与控制逻辑电路

定时与控制逻辑电路是处理器的核心部件，它的任务是产生各种控制信号，协调各功能部件的工作。AT89S51内部设置有振荡电路，只需外接石英晶体和频率微调电容就可以产生内部时钟。

2. CPU 的运算器

运算器主要由算术逻辑运算部件ALU、累加器ACC、暂存器、程序状态字寄存器PSW、BCD码运算调整电路等组成。为了提高数据处理和位操作能力，片内增加了一个通用寄存器B和一些专用寄存器，还增加了位处理逻辑电路（布尔处理机）的功能。运算器的任务是完成算术运算和逻辑运算、位变量处理和数据传送操作等。

算术逻辑部件ALU由加法器和其他逻辑电路等组成。AT89S51的ALU功能极强，可以用于对数据进行加、减、乘、除以及BCD加法的十进制调整等算术运算，还能对8位变量进行逻辑与、或、异或、循环、求补、清零等逻辑运算，并具有数据传送、程序转移等功能。累加器ACC简称累加器A，为一个8位寄存器，它是CPU中使用最频繁的寄存器。进入ALU作算术和逻辑运算的操作数多来自于A，运算结果也常送回A保存。寄存器B是为ALU进行乘除法设置的。ALU运算的两个操作数，一个由ACC通过暂存器2输入，另一个由暂存器1输入，运算结果的状态送PSW。

程序状态字寄存器PSW（8位）是一个标志寄存器，它保存指令执行结果的特征信息，以供程序查询和判别。详细内容2.4节讲解。

布尔处理机是具有位处理逻辑功能的电路，专门用于位操作。位处理是一般微机不具备的，AT89S51单片机ALU所特有的一种功能。单片机指令系统中的布尔指令集（17条位操作指令）、存储器中的位地址空间以及借用程序状态标志寄存器PSW中的进位标志CY作为位操作"累加器"，构成了单片机内的布尔处理机。

2.4 单片机最小系统

对于AT89S51单片机要执行用户程序，必须有下面的电路才能正常工作：5V电源、时钟电路、复位电路，EA引脚接到正电源端，以使用单片机内部程序存储器。

单片机电路满足上面的要求，是能够让单片机工作的最小硬件电路，称为单片机的最小系统。下面分别介绍单片机最小系统的各部分。

2.4.1 单片机时钟信号电路

为了保证各部件间的同步工作，单片机内部电路应在时钟信号下严格地按时序进行工作。定时控制部件的功能是在规定的时刻发出各种操作所需的所有内部和外部的控制信号，使各功能元件协调工作，完成指令所规定的功能。其主要任务是产生一个工作时序，工作需要时钟电路提供一个工作频率。下面是常见的两种时钟产生方式。

1. 单片机的内部时钟方式

电路如图 2-8(a)所示,是最常用的时钟方式。51 单片机内部有一个用于构成振荡器的高增益反相放大器,引脚 XTAL1 和 XTAL2 分别是此放大器的输入和输出端。只需在单片机的 XTAL1 和 XTAL2 引脚端接上晶振,就构成了稳定的时钟电路。

小知识

晶体振荡器,简称晶振。晶振的振荡频率越高,单片机的运行速度也就越快。通常情况下,晶振的振荡频率为 1~12MHz。单片机如果使用了串口的功能,一般使用 11.0592MHz 的晶振,这样可以实现波特率无误差的通信。晶振电容一般选择为 30pF 左右,这两个电容对频率有微调的作用。

2. 单片机的外部时钟方式

电路如图 2-8(b)所示,此方式是利用外部振荡脉冲接入 XTAL1 或 XTAL2。AT89S51 型单片机的外时钟信号由 XTAL1 引脚输入。

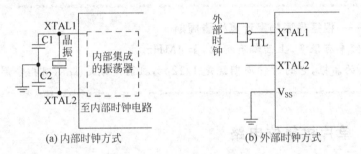

图 2-8 单片机时钟产生方式

3. 时钟周期、机器周期、指令周期

CPU 执行指令的动作都是在定时控制部件控制下,按照一定的时序一拍一拍进行工作的。指令字节数不同,操作数的寻址方式也不相同,故执行不同指令所需的时间差异也较大,工作时序也有区别。为了便于说明,通常按指令的执行过程将时序化为几种周期,从小到大依次是:时钟周期、状态周期、机器周期和指令周期。

1) 时钟周期和状态周期

时钟周期也称为振荡周期,一般认为是晶振脉冲的振荡周期。振荡周期是单片机中最基本的时间单位,是为单片机提供时钟脉冲信号的振荡源的周期(晶振周期或外加振荡源周期)。在一个时钟周期内,CPU 仅完成一个最基本的动作。单片机把一个振荡周期定义为一个节拍 P,两个节拍定义为一个状态周期。

2) 机器周期

单片机把执行一条指令过程划分为若干个阶段,每一阶段完成一项规定操作,完成某一个规定操作所需的时间称为一个机器周期。例:取指令、存储器读、存储器写等。一般情况下,一个机器周期由若干个状态周期组成。单片机采用定时控制方式,有固定的机器周期,由 12 个时钟周期组成,即一个机器周期＝6 个状态周期＝12 个时钟周期。在一个机器周期内,CPU 可以完成一个独立的操作。

3) 指令周期

指令周期是执行一条指令所需要的时间,一般由若干个机器周期组成。指令不同,所需的机器周期数也不同。通常含一个机器周期的指令称为单周期指令,包含两个机器周期的指令称为双周期指令。51 单片机指令系统中,有单周期指令、双周期指令和四周期指令,四周期指令只有乘法和除法指令两条,其余均为单周期和双周期指令。

时钟周期、机器周期、指令周期之间的关系如图 2-9 所示。

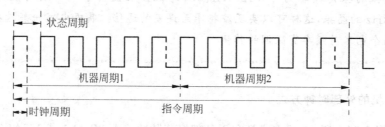

图 2-9　时钟周期、机器周期、指令周期之间的关系

小知识——根据晶振频率计算机器周期

晶振的频率有很多,上面都有标记,如 4MHz。

12MHz 的晶振,它的时钟周期就是 $1/12\mu s$,机器周期是 $1\mu s$,双指令周期是 $2\mu s$。

2.4.2　单片机复位电路

复位是单片机的初始化操作,其作用是使 CPU 和系统中的其他部件处于一个确定的初始状态,并且从这个状态开始工作。例如,复位后使单片机从程序存储器的第一个单元取指令并执行,单片机的所有引脚输出逻辑 1。

当单片机的复位引脚出现 2 个机器周期以上的高电平时,单片机就执行复位操作。如果复位引脚处持续为高电平,单片机就处于循环复位状态。单片机自身是不能自动进行复位的,必须配合相应的外部电路才能实现。复位操作通常有两种基本形式:上电复位和按键复位。

图 2-10(a)是常用的上电复位电路。该接通电源后,图中的电容和电阻对电源＋5V 构成微分电路,即上电瞬间 RESET 端的电位与 V_{CC} 相同,随着充电电流的减少,RESET 的电位逐渐下降。该电路上电后能够使 RESET 引脚端保持一段高电平时间,完成上电复位的操作。

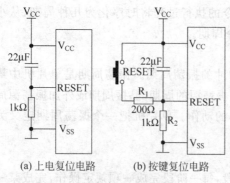

(a) 上电复位电路　　(b) 按键复位电路

图 2-10　复位电路

图 2-10(b)是常用的按键复位电路。当单片

机正在运行中时,按下复位键一段时间后电容被放电。松开按键后,与上电复位电路相同,使单片机实现复位的操作。

> **小知识——什么是复位**
>
> 如果计算机系统死机了,我们会按计算机的复位开关,使计算机重新启动,计算机的一切程序重新开始。通俗地讲,单片机的复位就是让单片机从头开始执行程序,例如,从 main()主函数的第一行语句开始执行程序。

2.4.3 单片机最小系统电路

图 2-11 是单片机的最小系统电路,包括电源、复位电路、时钟电路、EA 引脚接高电平,此时单片机就可以正常执行程序。

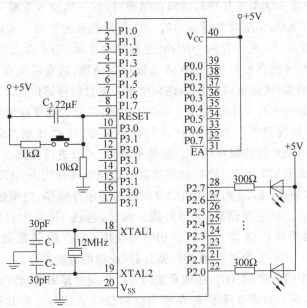

图 2-11 单片机的最小系统电路

> **小提示**
>
> 单片机的最小系统是能够让单片机运行的最基本电路。在实际工程中该基本电路是固定的,对我们来说没必要更深入地研究,只需要按照电路将电子元器件安装到电路中即可。
>
> 一个单片机实现的应用系统,在硬件系统设计上包括两个层次的任务:①单片机最小系统;②根据控制系统的要求,为单片机系统配置合适的各种外围接口电路。

　　根据控制工程的要求，再安装其他需要的元器件（如液晶、按键、传感器、继电器等）。单片机最小系统电路剩下 32 个 I/O 引脚，单片机控制系统是在该 32 个 I/O 引脚上添加其他元器件，我们编程也是对该 32 个引脚上的元器件进行编程。

2.5　单片机存储结构及寄存器

2.5.1　AT89S51 单片机存储器的分类及配置

　　多数单片机系统，包括 AT89S51 系列单片机，其存储器分类及配置与一般微机的存储器配置方法大不相同。一般微机通常只有一个逻辑空间，程序存储器和数据存储器共用存储空间，可以随意安排 ROM 或 RAM，访问存储器时，同一地址对应唯一的存储单元，可以是 ROM 也可以是 RAM，并用同类指令访问。51 单片机采用哈佛结构体系，其程序存储器 ROM 和数据存储器 RAM 是分开的。ROM 是程序存储器，用来存放程序和表格常数，通俗地讲就是所编写程序的存放位置。RAM 是数据存储器，通常用来存放程序运行所需要的给定参数和运行结果，通俗地讲就是 C 语言中定义变量的存储位置。AT89S51 单片机的存储器配置在物理结构上有 4 个相互独立的存储空间，即片内程序存储器、片外程序存储器（8031 和 8032 没有片内程序存储器）、片内数据存储器、片外数据存储器。AT89S51 有 4KB 的程序存储器，256B 的数据存储器。如果不够用，可以进行扩展。单片机的地址总线的宽度是 16 位，因此 RAM 和 ROM 存储器的最大访问空间分别为 64K。从用户使用的角度，以寻址空间分布分类，51 系列单片机的存储器由程序存储器、内部数据存储器、外部数据存储器 3 部分组成。程序存储器，片内外统一编址，包括 4K 片内程序存储器 0000H～0FFFH 和外部扩展程序存储器 1000H～FFFFH，共 64K。内部数据存储器，包括内部 RAM 存储器 00H～7FH 和 21 个特殊功能寄存器（或专用功能寄存器），共 256B；外部数据存储器 0000H～FFFFH，共 64KB。在编程访问 3 个不同的逻辑空间时，应采用不同形式的指令（具体在后面讲解），以产生不同的存储器空间的选通信号。单片机的存储器结构如图 2-12 所示。

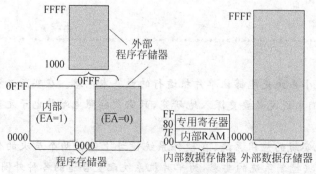

图 2-12　单片机的存储器结构

数据存储器地址空间与程序存储器地址空间重叠,但不会造成混乱。因为访问外部程序存储器时,用$\overline{PSEN}$信号选通,而访问外部数据存储器时,由读信号和写信号选通。

数据存储器中片内数据存储器(内部 RAM)和外部数据存储器(外部 RAM)地址空间重叠,也不会造成混乱。

对于内部有 ROM 的单片机,在正常运行时,需要把$\overline{EA}$引脚接高电平,使程序从内部 ROM 开始执行。当 PC 值超出内部 ROM 的容量时(4KB),会自动转向外部程序存储器空间。

小提示——单片机存储器容量不够用怎么办?

存储器容量不够,可以在单片机外面增加并口的存储器芯片,这样电路板设计很复杂。现在的实际工程中多选择自带大容量存储器的单片机,这样可以简化电路板设计,增加系统的稳定性。

例如宏晶科技推出的 STC12C5A60AD 单片机,完全兼容 51 系列单片机(可用 Keil C 开发环境进行开发),有 60KB 的内部可编程 Flash、1280B 的内部 SRAM、8 路 10 位 ADC 及内部 E^2PROM。Atmel 公司的 AVR 8 位单片机 ATmega128,有 128KB 的内部可编程 Flash、4KB 的内部 SRAM、4KB 的 E^2PROM、8 路 10 位 ADC、两个可编程的串行 USART。

2.5.2　单片机的数据存储器

AT89S51 单片机的数据存储器用于存放运算中间结果、数据暂存和缓冲、标志位、待调试的程序等。数据存储器在物理上和逻辑上都分为两个地址空间:一个是片内 256B 的 RAM,另一个是片外最大可扩充 64KB 的 RAM。外部数据存储器一般由静态 RAM 芯片组成。扩展存储器容量的大小,由用户根据需要而定,AT89S51 单片机访问外部数据存储器可用 1 个特殊功能寄存器——数据指针寄存器 DPTR 进行寻址。由于 DPTR 为 16 位,可寻址的范围可达 64KB,所以扩展外部数据存储器的最大容量是 64KB。

片内数据存储器由片内 RAM 和特殊功能寄存器组成。AT89S51 片内数据存储器的结构如图 2-13 所示。在物理上又可分为两个不同的区:00H～7FH(0～127)单元组成低 128B 的片内 RAM 区和 80H～FFH(128～256)单元组成高 128B 的专用寄存器(SFR)区。这两个空间是相连的,从用户角度而言,低 128 单元才是真正的数据存储器。52 系列的片内 RAM 容量为 256 字节(00H～FFH),但其高 128 字节 RAM 的地址(80H～FFH)与特殊功能寄存器重叠,因此只能按字节寻址,并且只能通过寄存器间址方式读写,一般作为用户内部数据存储区。

1. 低 128 字节的片内 RAM 区

片内 RAM 的低 128 个单元用于存放程序执行过程中的各种变量和临时数据,称为 DATA 区。从用户角度而言,低 128 单元才是真正的数据存储器。按其用途划分为寄存器区、位寻址区和用户 RAM 区 3 个区域,结构如图 2-13 所示。

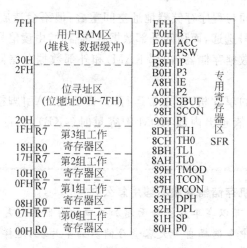

图 2-13　片内数据存储器的结构

1）寄存器区

内部数据存储器低 128 单元的前 32 个单元,作为工作寄存器使用,分为 4 组,每组由 8 个通用寄存器(R0～R7)组成,组号依次为 0、1、2 和 3。寄存器常用于存放操作数和中间结果等。由于它们的功能及使用不作预先规定,因此称为通用寄存器或工作寄存器。4 组寄存器占据内部 RAM 的 00H～1FH 共 32 个单元地址。

在任何一个时刻,CPU 只能使用其中的一组寄存器,正在使用的寄存器称为当前寄存器。到底是哪一组,由程序状态寄存器 PSW 中 RS1、RS0 位的状态组合决定。通用寄存器为 CPU 提供了就近存储数据的便利,有利于提高单片机的运算速度。此外,使用通用寄存器还能提高程序编制的灵活性,因此,在单片机的应用编程中应充分利用这些寄存器,以简化程序设计,提高程序运行速度。

工作区的设置与工作寄存器的地址见表 2-3。每组寄存器均可选作 CPU 当前工作寄存器,通过 PSW 程序状态字寄存器中 RS1、RS0 的设置来改变 CPU 当前使用的工作寄存器。这样设置的目的是为了在程序中便于保护现场。

例如：主程序中使用第 0 区,即片内 RAM 的 00～07H 8 个单元作为当前工作寄存器 R0～R7；当主程序中要调用某个子程序时,在子程序中通过位操作指令 SETB RSO 将 RS1、RS0 置为 01,则子程序中就可以使用第 1 组 08～0FH 8 个单元作为当前工作寄存器 R0～R7。第 0 组 R0～R7 的内容保持不变。

表 2-3　工作寄存器地址表

区号	RS1(PSW.4)	RS0(PSW.3)	R0	R1	R2	R3	R4	R5	R6	R7
0	0	0	00H	01H	02H	03H	04H	05H	06H	07H
1	0	1	08H	09H	0AH	0BH	0CH	0DH	0EH	0FH
2	1	0	10H	11H	12H	13H	14H	15H	16H	17H
3	1	1	18H	19H	1AH	1BH	1CH	1DH	1EH	1FH

单片机上电或复位后,RS1＝0H、RS0＝0H,CPU 默认选中的是第 0 区的 8 个单元为当前工作寄存器。若程序中并不需要 4 组,那么其余没有选中的单元也可作为一般的数据缓

冲器使用,根据需要用户可以利用传送指令或位操作指令来改变其状态。

> **小提示**
>
> 在单片机的C语言程序设计中,一般不会直接使用工作寄存器组R0～R7。但是在C语言与汇编语言的混合编程中,工作寄存器是汇编语言子程序和C语言函数之间的重要传递工具。

2) 位寻址区与位地址

低128字节中的20H～2FH单元共16个字节,既可以作为一般RAM单元使用,进行字节操作,也可以用位寻址方式访问这16个字节的每个位,因此,该区称为位寻址区。位寻址区共有16个RAM单元,共计128位,每个位均有对应的地址(简称为位地址),这128个位的地址范围为00H～7FH。这些位单元可以构成布尔处理机的存储器空间,这种位寻址能力是MCS-51的一个重要特点。位寻址区与位地址分布见表2-4。

3) 用户RAM区

低128单元中,通用寄存器占去了32个单元,位寻址区占去16个单元,剩下的80个单元就是供用户使用的RAM区,其单元地址为30H～7FH。对用户RAM区的使用没有任何规定或限制,但在一般应用中常作堆栈或数据缓冲。

表 2-4 位寻址区与位地址

字节地址	D7	D6	D5	D4	D3	D2	D1	D0
2FH	7FH	7EH	7DH	7CH	7BH	7AH	79H	78H
2EH	77H	76H	75H	74H	73H	72H	71H	70H
2DH	6FH	6EH	6DH	6CH	6BH	6AH	69H	68H
2CH	67H	66H	65H	64H	63H	62H	61H	60H
2BH	5FH	5EH	5DH	5CH	5BH	5AH	59H	58H
2AH	57H	56H	55H	54H	53H	52H	51H	50H
29H	4FH	4EH	4DH	4CH	4BH	4AH	49H	46H
28H	47H	46H	45H	44H	43H	42H	41H	40H
27H	3FH	3EH	3DH	3CH	3BH	3AH	39H	38H
26H	37H	36H	35H	34H	33H	32H	31H	30H
25H	2FH	2EH	2DH	2CH	2BH	2AH	29H	28H
24H	27H	26H	25H	24H	23H	22H	21H	20H
23H	1FH	1EH	1DH	1CH	1BH	1AH	19H	18H
22H	17H	16H	15H	14H	13H	12H	11H	10H
21H	0FH	0EH	0DH	0CH	0BH	0AH	09H	08H
20H	07H	06H	05H	0H	03H	02H	01H	00H

2. 高 128 字节的专用寄存器(SFR)区

高128字节是供给特殊寄存器使用的,其单元地址范围为80H～FFH。因这些寄存器的功能已作专门规定,故称为专用寄存器(Special Function Register,SFR),也可称为特殊功能寄存器。专用寄存器的特点将在本节单独介绍。

2.5.3　单片机的专用功能寄存器

专用功能寄存器(SFR)专用于控制、管理单片机内算术逻辑部件、并行 I/O 口锁存器、串行口数据缓冲器、定时器/计数器、中断系统等功能模块的工作。AT89S51 中共有 21 个专用寄存器 SFR，其中有 11 个专用寄存器具有位寻址能力。SFR 离散地分布在 80H～FFH 之间，专用寄存器地址分布以及对应的位地址见表 2-5。

由表 2-5 可以看出，专用寄存器并未占满 80H～FFH 整个地址空间，对空闲地址的操作是无意义的。若访问到空闲地址，则读出的是不确定随机数，写入的数据将丢失。因为，这些存储单元没有相应的物理存储器存放写入的数据。也就是说这些空闲地址，用户是不能使用的。

专用功能寄存器只能使用直接寻址方式，书写时，既可以使用寄存器符号，也可以使用寄存器单元地址。

表 2-5　AT89S51 特殊功能寄存器地址表

SFR	MSB			位地址/位定义				LSB	字节地址
B	F7H	F6H	F5H	F4H	F3H	F2H	F1H	F0H	F0H
ACC	E7H	E6H	E5H	E4H	E3H	E2H	E1H	E0H	E0H
PSW	D7H	D6H	D5H	D4H	D3H	D2H	D1H	D0H	D0H
	CY	AC	F0	RS1	RS0	OV	F1	P	
IP	BFH	BEH	BDH	BCH	BBH	BAH	B9H	B8H	B8H
	—	—	—	PS	PT1	PX1	PT0	PX0	
P3	B7H	B6H	B5H	B4H	B3H	B2H	B1H	B0H	F0H
	P3.7	P3.6	P3.5	P3.4	P3.3	P3.2	P3.1	P3.0	
IE	AFH	AEH	ADH	ACH	ABH	AAH	A9H	A8H	A8H
	EA	—	—	ES	ET1	EX1	ET0	EX0	
P2	A7H	A6H	A5H	A4H	A3H	A2H	A1H	A0H	A0H
	P2.7	P2.6	P2.5	P2.4	P2.3	P2.2	P2.1	P2.0	
SBUF									(99H)
SCON	9FH	9EH	9DH	9CH	9BH	9AH	99H	98H	98H
	SM0	SM1	SM2	REN	TB8	RB8	TI	RI	
P1	97H	96H	95H	94H	93H	92H	91H	90H	90H
	P1.7	P1.6	P1.5	P1.4	P1.3	P1.2	P1.1	P1.0	
TH1									(8DH)
TH0									(8CH)
TL1									(8BH)
TL0									(8AH)
TMOD	GATE	C/$\overline{T}$	M1	M0	GATE	C/$\overline{T}$	M1	M0	(89H)
TCON	8FH	8EH	8DH	8CH	8BH	8AH	89H	88H	88H
	TF1	TR1	TF0	TR0	IE1	IT1	IE0	IT0	

SFR	MSB	位地址/位定义						LSB	字节地址
PCON	SMOD	—	—	GF1	GF0	PD	IDL		(87H)
DPH									(83H)
DPL									(82H)
SP									(81H)
P0	87H	86H	85H	84H	83H	82H	81H	80H	80H
	P0.7	P0.6	P0.5	P0.4	P0.3	P0.2	P0.1	P0.0	

表 2-5 中，凡字节地址不带括号的寄存器都是可进行位寻址的寄存器，带括号的是不可进行位寻址的寄存器。全部专用寄存器可寻址的共有 83 位，这些位都具有专门的定义和用途。这样，加上位寻址区的 128 位，在 AT89S51 内部 RAM 中共有 128＋83＝211 个可寻址位。

CPU 中的程序计数器 PC 不占有 RAM 单元，没有地址，它在物理结构上是独立的，因此是不可寻址的寄存器，不属于专用寄存器。用户无法对它进行读写，但可以通过转移、调用、返回等指令改变其内容，以实现程序的转移。下面介绍部分专用寄存器。

1. 累加器

累加器(Accumulator,ACC)是一个 8 位的寄存器，简称 A。它通过暂存器与 ALU 相连，它是 CPU 工作中使用最频繁的寄存器，用来存一个操作数或中间结果。在一般指令中用"A"表示，在位操作和栈操作指令中用"ACC"表示。51 单片机中，只有一个累加器，大部分单操作数指令的操作数取自累加器，许多双操作数指令的一个操作数也取自累加器。在变址寻址方式中累加器被作为变址寄存器使用。

2. B 寄存器

B 寄存器是一个 8 位的寄存器，主要用于乘除运算。在乘除法指令中用于暂存数据。用来存放一个操作数，也用来存放运算后的一部分结果。乘法指令的两个操作数分别取自累加器 A 和寄存器 B，其中 B 为乘数，乘法结果的高 8 位存放于寄存器 B 中。除法指令中，被除数取自 A，除数取自 B，除法的结果商数存放于 A，余数存放于 B 中。在其他指令中，B 可以作为 RAM 中的一个单元来使用。

3. 数据指针

数据指针(DPTR)是一个 16 位的专用地址指针寄存器。编程时 DPTR 既可以作 16 位寄存器使用，也可以拆成两个独立 8 位寄存器，即 DPH(高 8 位字节)和 DPL(低 8 位字节)，分别占据 83H 和 82H 两个地址。DPTR 通常在访问外部数据存储器时作地址指针使用，用于存放外部数据存储器的存储单元地址。由于外部数据存储器的寻址范围为 64K，故把 DPTR 设计为 16 位，通过 DPTR 寄存器间接寻址方式可以访问 0000H～FFFFH 全部 64K 的外部数据存储器空间。

因此，AT89S51 单片机可以外接 64KB 的数据存储器和 I/O 端口，对它们的寻址可以使用 DPTR 来间接寻址。

4. 堆栈指针

堆栈是 RAM 中一个特殊的存储区，用来暂存数据和地址，它是按先进后出、后进先出的原则存取数据的。堆栈共有两种操作：进栈和出栈。

为了正确存取堆栈区的数据，需要一个寄存器来指示最后进入堆栈的数据所在存储单元的地址，堆栈指针（Stack Pointer，SP）就是为此而设计的。由于 AT89S51 单片机的堆栈设置在内部 RAM 中，堆栈指针 SP 是一个 8 位专用寄存器，它指示出堆栈顶部数据在片内 RAM 中的位置即地址，可以把它看成一个地址指针，它总是指向堆栈顶端的存储单元。

AT89S51 单片机的堆栈是向上生成的，即进栈时，SP 的内容是增加的，出栈时，SP 的内容是减少的。系统复位后，SP 初始化为 07H，使得堆栈实际上从 08H 单元开始。由于 08H～1FH 单元分属于工作寄存器 1～3 区，若程序中要用到这些区，则最好把 SP 值改为 1FH 或更大的值。一般在内部 RAM 的 30H～7FH 单元中开辟堆栈。SP 的内容一经确定，堆栈的位置也就跟着确定了，由于可初始化为不同值，因此堆栈位置是浮动的。

5. 程序状态字寄存器

程序状态字寄存器（Program Status Word，PSW）用来存放运算结果的状态标志。PSW 寄存器各位的含义如下：

CY	AC	F0	RS1	RS0	OV	/	P

CY：进位标志。它是累加器 A 的进位位，如果操作结果在最高位有进位（加法）或借位（减法）时置 1，否则清零。

AC：半进位标志。它是低半字节的进位位（累加器 A 中 A3 位向 A4 位的进位），主要用于 BCD 码调整。低 4 位有进位（加法时）或向高 4 位有借位时（减法时），AC 是 1，否则，AC 清零。

F0：用户定义的状态标志位。可通过软件对它置位、复位或测试，以控制程序的流向。

RS1、RS0：工作寄存器区选择控制位，用于选择 4 组工作寄存器之一。

OV：溢出标志位，用于表示有符号数算术运算的溢出。溢出时 OV 为 1，否则 OV 为 0。

P：奇偶标志位。每个指令周期都由硬件来置位或清零，以表示累加器 A 中 1 的个数的奇偶性。若 1 的个数为奇数，则 P 置位；若 1 的个数为偶数，则 P 清零。

单片机的复位操作后，特殊功能各寄存器的值如表 2-6 所示。

表 2-6　单片机复位后特殊功能寄存的值

寄存器	内容	寄存器	内容	寄存器	内容
PC	0000H	IE	0x000000	TH2	00H
ACC	00H	TMOD	00H	TL2	00H
B	00H	TCON	00H	RLDH	00H
PSW	00H	T2CON	00H	RLDH	00H
SP	07H	TH0	00H	SCON	00H

续表

寄存器	内容	寄存器	内容	寄存器	内容
DPTR	0000H	TL0	00H	SBUF	不定
P0~P3	FFH	TH1	00H	PCON	0XXX0000
IP	XX000000	TL1	00H	X 表示任意状态	

单片机复位时,不产生 ALE 和 $\overline{PSEN}$ 信号,即 ALE＝1 和 $\overline{PSEN}$＝1。这表明单片机复位期间不会有任何取指操作。片内 RAM 不受复位的影响。

P0~P3＝FFH,表明已向各端口线写入 1,此时,各端口既可用于输入又可用于输出。

IP＝XXX00000B,表明各个中断源处于低优先级。

IE＝0XX00000B,表明各个中断均被关断。

> **小经验**
>
> 记住一些特殊功能寄存器复位后的主要状态,能够了解单片机的初态,可以减少应用程序中的初始化代码。

6. I/O 端口的专用寄存器

P0~P3 口寄存器实际上就是 P0~P3(引脚)专用的锁存器。AT89S51 系列单片机没有专门的端口操作指令,均采用统一的传送指令,使用方便。

7. 串行数据缓冲器

串行数据缓冲器(SBUF)用于存放待发或已接收到的数据,它实际上由两个独立的寄存器组成,一个是发送缓冲器,另一个是接收缓冲器,这两个寄存器共用一个地址 99H。

8. 定时器/计数器

AT89S51 系列中有 2 个 16 位定时器/计数器 T0 和 T1。52 系列则增加了一个 16 位定时器/计数器 T2,它们各由 2 个独立的 8 位寄存器组成,共为 6 个独立的寄存器。即 T0 对应 TH0、TL0,T1 对应 TH1、TL1,T2 对应 TH2、TL2。只可对这些寄存器独立寻址,而不能作为一个 16 位寄存器来寻址。表 2-5 中的中断优先级控制寄存器 IP、中断允许寄存器 IE、定时器/计数方式控制寄存器 TMOD、定时器控制寄存器 TCOM、串行口控制寄存器 SCON 和电源控制寄存器 PCON 等寄存器将在以后介绍。

2.5.4　程序存储器

AT89S51 的程序存储器(Program Memory)用于存放编好的应用程序、表格和常数。由于采用 16 位的地址总线,因而其可扩展的地址空间为 64KB,且这 64KB 地址是连续、统一的。

(1) 不同型号的机型,片内的程序存储器结构和空间也不同。如:8051 片内有 4KB 的

ROM，地址为 0000H~0FFFH；8751 片内有 4KB 的 EPROM；8031 片内无程序存储器；AT89S51 有 4KB 的 Flash ROM。

（2）51 子系列单片机的片外最多能扩展 64KB。片内外的 ROM 是统一编址的，如果 $\overline{EA}$ 端保持高电平，则 8051 的程序计数器 PC 将首先指向 0000H~0FFFH 范围的地址（即前 4KB 地址）即首先执行片内 ROM 中的程序；当 PC 在 1000H~FFFFH 地址范围时，CPU 自动执行片外程序存储器中的程序。当 $\overline{EA}$ 保持低电平时，只能寻址外部程序存储器，片外存储器应从 0000H 开始编址。

（3）程序存储器的某些单元已被保留作为特定的程序入口地址（中断服务程序入口地址），这些单元具有特殊功能。

特殊单元 0000H~0002H：由于系统复位后的 PC 内容为 0000H，故系统从 0000H 单元开始取指令，执行程序。它是系统的启动地址。如果程序不从 0000H 单元开始，应在这 3 个单元中存放一条无条件转移指令，以便直接去执行指定的程序。

特殊单元 0003H~002BH：单元被保留用于 6 个中断源的中断服务程序的入口地址，故以下 7 个特定地址应被保留。

0000H：复位或非屏蔽中断；

0003H：外部中断 0 入口地址；

000BH：定时器 0 中断入口地址；

0013H：外部中断 1 入口地址；

001BH：定时器 1 中断入口地址；

0023H：串行口中断入口地址；

002BH：定时器 2 溢出或 T2EX(P1.1)端负跳变时的入口地址(52 所特有)。

在使用时，中断服务程序和主程序一般应放置在 0030H 以后。而在这些中断入口处都应安放一条绝对跳转指令，使程序跳转到用户安排的中断服务程序的起始地址，或者从 0000H 启动地址跳转到用户设计的初始化程序入口处。中断服务程序由中断源起动调用。

2.6 单片机的工作过程

单片机的工作过程实际上是执行程序语句的过程，而执行程序语句的过程又是执行一系列指令的过程，执行指令又是一个取指令、分析指令和执行指令的周而复始的过程。

单片机中的程序一般事先都已固化在程序存储器中，因而开机即可执行指令。

下面以"MOV A，#0FH"指令的执行过程来说明单片机的工作过程，此指令的机器码为 74H，0FH，并已存在 0000H 开始的单元中。

单片机开机时，PC＝0000H，即从 0000H 开始执行程序。首先是取指令过程：

（1）PC 中的 0000H 送到片内地址寄存器；

（2）PC 的内容自动加 1 变为 0001H，指向下一个指令字节；

（3）地址寄存器中的内容 0000H 通过地址总线送到片内存储器，经存储器中地址译码器选中 0000H 单元；

（4）CPU 通过控制总线发出读命令；

（5）将选中单元 0000H 的内容 74H 送内部数据总线上，因为是取指令周期，该内容通过内部数据总线送到指令寄存器。到此取指令结束,进入执行指令过程。

单片机指令的执行过程如下:

(1) 指令寄存器中的内容经指令译码后,说明这条指令是取数指令,即把一个立即数送累加器 A 中;

(2) PC 的内容为 0001H,送地址寄存器,译码后选中 0001H 单元,同时 PC 的内容自动加 1 变为 0002H;

(3) CPU 同样通过控制总线发出读命令;

(4) 将选中单元 0001H 单元的内容 0FH 读出经内部数据总线送到送累加器 A 中。至此本指令执行结束。PC=0002H,机器又进入下一条指令的取指令过程。一直重复上述过程直到程序中的所有指令执行完毕,这就是单片机的基本工作过程。

2.7 组装与焊接单片机最小系统(实训一)

1. 实训目的

熟悉单片机的硬件结构及最小系统的组成。

2. 单片机芯片选择及最小系统电路图

选择 AT89S51 单片机芯片,实物图如图 2-14 所示。图中中间部分是 DIP40 插座,可以将单片机安插在上面,这样可以方便插拔单片机。DIP40 插座两边分别是 2.54mm 间距的单排针,与单片机的引脚相连接,这样可以使用杜邦线将单片机引脚与其他元器件连接起来。杜邦线是连接排针与排针之间的导线,与外围器件的连接过程方便快捷。以后的每个实验都是将外围器件焊接在另一个电路板上,并使用杜邦线将两个实验板连接起来。本例子就是使用杜邦线将最小系统板与发光二极管板连接起来。排阻是为 P0 口添加的上拉电阻。电源是 5V 的直流电源。

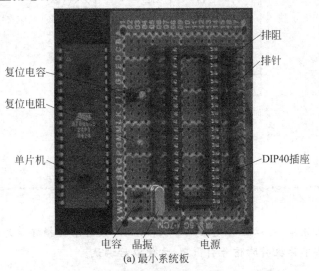

(a) 最小系统板

图 2-14 最小系统实物图

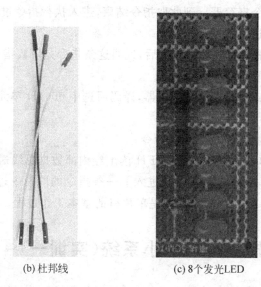

(b) 杜邦线   (c) 8个发光LED

图 2-14   （续）

电路板背部的连线图如图 2-15 所示。

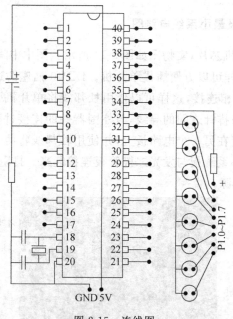

图 2-15   连线图

小经验

使用单片机底座，可以随时更换单片机，而且焊接时不会损坏单片机。

使用排针将单片机引脚信号引出来，方便以后调试。

3. 所需元器件

表 2-7 所示为所需元器件。

表 2-7 所需元器件列表

功 能	元 器 件
单片机	AT89S51
电源	USB 口取电
电源指示灯	①绿色 LED；②1kΩ 电阻
复位电路	① 按键×1；②电解电容 100μF×1；③1kΩ 电阻×1
时钟电路	①晶振 11.0592MHz×1；②电容 30pF×2
LED 模块电路	①红色 LED ×8；②1kΩ 电阻×8

4. 制作所需最基本工具

制作所需最基本工具为：烙铁；焊锡丝；导线。

5. 将程序写入单片机

单片机的程序编写完后，经过反复编译调试，排除程序中的错误和缺陷。最后需要将编译好的程序文件写入单片机的程序存储器，这个过程通常需要使用编程器。

编程器的种类很多，现介绍比较常用的 TOP853 型编程器，如图 2-16 所示。该编程器具有体积小巧、功耗低、可靠性高的特点，是专为开发单片机和烧写各类存储器而设计的通用机型。该编程器采用 USB 口与计算机连接通信，传输速率高，抗干扰性能好，而且无须外接电源（USB 口取电）。

图 2-16 TOP853 型编程器

编程器使用 TopWin 软件，支持 Windows 98se/Me/2000/XP。具体步骤如下：

（1）通过 USB 线将编程器与计算机连接，编程器电源指示灯亮。

（2）运行 TOPWin.exe，工作指示灯（绿色）亮。

（3）在主菜单中选择"文件"，注意后缀名是 .hex，装载数据到文件缓冲区。

（4）将芯片插在插座上并锁紧，准备对器件进行读写操作。

（5）单击"操作"菜单项，单击工具按钮为"型号"，执行后弹出"选择厂家/型号"窗口，选择单片机型号。以 89C51 为例，在"选择厂家/型号"窗口中选择如下：

类型：单片机；

制造厂家：Atmel；

器件型号：AT89C51。

（6）单击"读写"工具按钮，再单击"确认"按钮，弹出单片机读写窗口，如图 2-17 所示。

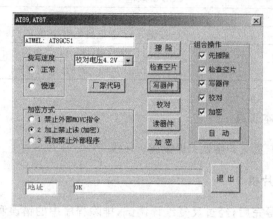

图 2-17　使用 TOP853 型编程器写 AT89C51 单片机

> **小经验**
>
> 单片机的生产厂家、生产型号不一样，下载的方法也不一样，上面的编程器能够下载绝大部分型号的单片机（要选择单片机的型号）。
>
> 将程序下载到单片机后，单片机能够独立执行程序，不需要计算机的连接。

2.8　单片机的编程

单片机的内部硬件资源包括 CPU、存储器、I/O 口、定时器、中断、串口几个部分。单片机的 CPU、存储器与编程开发无关。单片机程序开发就是对 I/O 口、定时器、中断、串口几个部分进行编程。

使用 C 语言开发，是在 C 语言的基础上对上述功能部件进行开发。

其中 I/O 口一共 4 条语句（端口输入、端口输出、引脚输入、引脚输出），而与单片机硬件有关的语句中大部分就是这 4 条语句。

定时器编程包括 3 条初始化语句（工作模式设置、定时时间/计数大小设置、启动），1 条查询是否定时器已经溢出的语句或中断处理函数。

中断编程包括 1 条初始化语句（允许开放那个中断），1 个中断处理函数。

串口编程需要时再用，含 7 条初始化语句，1 条查询发送或接收成功的语句或中断处理函数。

　　单片机的 C 语言要求的知识点不多,见 3.9 节的小提示内容。所以单片机编程是简单的,只需要掌握少数几条语句就能控制硬件工作,但需要灵活应用。

思考与练习

　　1. 说明 51 单片机的内部组成及各部分功能。

　　2. 51 单片机各引脚的功能是什么?

　　3. 说明 AT89S51 单片机最小系统的构建方法。

　　4. 说明 AT89S51 单片机的 RAM 低 128 单元划分为哪 3 个主要部分? 各部分主要功能是什么?

　　5. P3 口有哪些第二功能?

　　6. 什么是指令周期、机器周期和时钟周期? 如何计算机器周期的确切时间?

第 **3** 章

C51程序设计

本章要点:

- 了解 Keil C51 编译器的功能;
- 掌握 C51 的数据类型及变量定义;
- 掌握 Keil C51 编译环境的使用方法。

单片机常用的编程语言有汇编语言和 C 语言。与汇编语言相比,C 语言有以下优点:

(1) 不要求编程者详细了解单片机的指令系统,但需了解单片机的存储器结构;

(2) 寄存器分配、不同存储器的寻址及数据类型等细节可由编译器管理;

(3) 结构清晰,程序可读性强;

(4) 编译器提供了很多标准库函数,具有较强的数据处理能力。

由于 C 语言的结构性、可读性和可维护性好,使用 C 语言可以缩短开发周期、降低成本,因此 C 语言已成为单片机应用系统开发的主流语言。支持 MCS-51 用 C 语言编程的编译器主要有两种:Franklin C51 编译器和 Keil C51 编译器,简称 C51。C51 是专为 MCS-51 开发的一种高性能的 C 编译器,是在标准 C 语言的基础上增加了对单片机硬件编程的扩展指令,例如读写单片机引脚逻辑状态的指令。C51 产生的目标代码的运行效率极高,所需存储空间极小,完全可以和汇编语言媲美。

C 语言与汇编的比较

单片机编程时我们可以选择用 C 语言或汇编语言,根据多年的工程开发经验,建议大家直接选用 C 语言,即使对汇编语言一点不了解也不会影响到单片机的学习,反而在学习进度上要比直接使用汇编语言编程要省力得多。

汇编语言的机器代码生成效率很高但可读性却并不强。大多数情况下,C 语言编译生成的机器代码效率和汇编语言相当,但其可读性和可移植性却远远超过汇编语言,而且 C 语言还可以通过嵌入汇编语句来解决高时效性的特殊要求。

实际上,在一些有点复杂的程序里,用 C 语言写出的代码长度不一定会比汇编多,有时甚至会更少,这是因为 Keil C51 软件能够进行非常好的编译。

从开发周期来看,中大型的软件编写用 C 语言的开发周期通常要小于汇编语言很多。而且 C 语言程序的移植性要比汇编好得多,比如 C51 的程序基本上就不用怎么修改就可以用在 PIC 单片机里。

> 总之,能用 C 语言编程实现的地方尽量不要用汇编,尤其在算法的实现上,用汇编比较晦涩难懂。
>
> 无论是高级语言还是汇编语言,源程序都要转换成目标程序(机器语言)单片机才能执行。

Keil C51 软件是目前最流行的开发 51 系列单片机的软件。Keil C51 提供了包括 C 编译器、宏汇编、链接器和一个功能强大的仿真调试器等在内的完整开发方案,并且通过一个集成开发环境(μVision2)将它们组合在一起。利用 Keil μVision2 创建源代码,并被编译生成可被单片机执行的目标文件。

Keil C51 编译器完全遵照 ANSI C 语言标准,支持 C 语言的所有标准特性。

C51 编译器扩展了支持 80C51 微处理器的特性,包括:数据类型、存储器类型、存储器模式、指针、再入函数、中断函数。

3.1　C51 程序结构

3.1.1　C51 程序结构概述

C51 程序结构与一般的 C 程序没有什么差别,结构如下:

```
预处理命令： #include< ….H >
//全程变量定义
//函数声明
//函数定义
char funl()              //函数定义
        {
                         //函数体
        }
void 函数名() interrupt x    //中断函数定义
        {
        …                //函数体
        }
void main()              //主函数
        {
        //局部变量定义
        //单片机寄存器的初始化函数
        while(1)
            {
            …            //主函数体
            }
        }
```

几点说明:

(1) 一个 C51 源程序必须包含一个 main()函数,也可以包含若干其他函数。main 函数可以调用别的功能函数，但其他功能函数不允许调用 main 函数。main() 函数是主函数，是程序的入口，不论 main 函数处在程序中的任何位置，程序是从 main() 函数开始执行，执行到 main() 函数结束则结束。Keil C 中，一般将 main 函数放在程序尾。

（2）"#include<…. H >"语句是包含库函数。库函数是 C51 在库文件中已定义的函数，其函数说明在相关的头文件中。用户编程时只要用 include 预处理指令包含相关头文件，就可在程序中直接调用。

（3）用户自定义函数是用户自己定义、自己调用的函数。

（4）全程变量在程序的所有地方都可以赋值和读出，包括中断函数、主函数，因此单片机程序要善于使用全程变量。

（5）如果使用中断，需要单独编写中断函数。

（6）如果使用中断、定时器、串口等功能，单片机寄存器的初始化函数是必须有的。

（7）"while(1){…}"是必需的。该语句是死循环，表示单片机的执行代码部分是循环执行。工程中单片机程序先对寄存器进行一次初始化操作，然后使用"while(1)"语句循环执行其执行代码部分。如果没有"while(1)"语句，单片机会执行完后，会又从 main() 函数的第一条语句执行，相当于单片机复位一次。

3.1.2　C51 对标准 ANSI C 的扩展

C51 对标准 ANSI C 进行了扩展，不仅完全支持 C 的标准指令，而且有很多用来优化 51 指令结构的扩展语句，例如运算指令、流程控制指令、函数定义等。在 Keil μVision2 中的关键字除了 ANSI C 标准的 32 个关键字外，还根据 51 单片机的特点扩展了相关的关键字，主要有以下扩展关键字：

_at_、idata、sfr16、alien、interrupt、bdata、Code、bit、pdata

3.2　C51 的数据类型

Keil C 支持 ANSI C 的所有标准数据类型，为了更加有利的利用 8051 的结构，还加入了一些特殊的数据类型。表 3-1、表 3-2 中列出了 Keil μVision2 C51 编译器所支持的数据类型。

表 3-1　ANSI C 支持的标准数据类型

数　据　类　型	长度/位	范　　　围
unsigned char	8	0～255
signed char	8	−128～+127
unsigned int	16	0～65 535
signed int	16	−32 768～+32 767
unsigned long	32	0～4 294 967 295
signed long	32	−2 147 483 648～+2 147 483 647
float	64	1.175 494E−38～3.402 823E+38

小经验

1. 编程时常用的数据类型有 unsigned char 和 unsigned int，其他类型一般不用。

2. 不建议使用 float 和 long 数据类型，使用该类型数据会使单片机的工作量很大。

3. C51 可支持表 3-1 所列的数据类型，但 51 单片机的 CPU 是一个 8 位微控制器。用 8 位字节(如：char 和 unsigned char)的操作比用整数或长整数类型的操作更有效。对于 C 这样的高级语言，不管使用什么样的数据类型，表面上看起来是一样的，但实际上 C51 编译器要用一系列机器指令对其进行复杂的数据类型处理。特别是使用浮点变量时，将明显地增加程序长度和运算时间。

4. unsigned char、char 是单字节的变量，即是 8 位的数据，只占用一个内存单元。unsigned int、int 是双字节变量，即是 16 位的数据，占用两个内存单元。一般情况下，都是用无符号型的数据 unsigned int、unsigned char。

5. 在汇编里，处理超过一个内存单元的数据就会比较麻烦，如果处理 4 个单元长度的乘除，程序会很长。而在 C 语言里，数据类型对编程过程影响不大，这也是 C 相对于汇编的优点，从处理数据运算中解放出来，更多的精力放在程序的规划。

6. 汇编需要知道定义变量的位置，但在 C 代码中变量的定位是编译器的事情，初学者只要定义变量和变量的作用域，编译器就把一个固定地址给这个变量。

表 3-2　C51 对数据类型的扩展

类型	位数	数　值
bit	1	0 或 1
sfr	8	0～255
sfr16	16	0～65 535
sbit	1	0 或 1

bit 型变量可用变量类型、函数声明、函数返回值等，存储于内部 RAM 的 20H～2FH。程序中遇到的逻辑标志变量可以定义到 bdata 中，可以大大降低内存占用空间。单片机中有 16 个字节位寻址区 bdata，其中可以定义 8×16＝128 个逻辑变量。定义方法是：

bdata bit LedState;

注意：位类型不能用在数组和结构体中。

3.3　存储器类型及存储区

定义变量时，可由存储模式指定缺省类型，也可由表 3-3 所示的关键字直接声明指定。

表 3-3　存储器类型关键字

关键字	描　述
DATA	片内 RAM 的低 128 个字节
BDATA	片内 RAM 的 DATA 区的 16 个字节的可位寻址区
IDATA	片内 RAM 区的高 128 个字节
PDATA	外部 RAM 的 1 页(256 字节)，通过 P0 口的地址对其寻址
XDATA	外部 RAM 的 64KB 存储区
CODE	程序存储区

带存储类型的变量的定义的一般格式为：

数据类型　存储类型　变量名

1. DATA 区

对 DATA 区的寻址是最快的，标准变量和用户自定义变量都可存储在 DATA 区中。声明例子如下：

```
unsigned char data sys =0;
unsigned int data unit_id[2];
```

2. BDATA 区

BDATA 区可进行位寻址，这对状态寄存器来说是十分有用的，因为它需要单独的使用变量的每一位。声明例子如下：

```
unsigned char bdata status_byte;
unsigned int bdata status_word;
```

3. IDATA 段

IDATA 段也可存放使用比较频繁的变量，使用寄存器作为指针进行寻址。和外部存储器寻址比较，它的指令执行周期和代码长度都比较短。

```
unsigned char idata system_status=0;
unsigned int idata unit_id[2];
```

4. PDATA 和 XDATA 段

在这两个段声明变量和在其他段的语法是一样的。PDATA 段只有 256 个字节，而 XDATA 段可达 65 536 个字节。例子如下：

```
unsigned char xdata system_status=0;
unsigned int pdata unit_id[2];
char xdata inp_string[16];
float pdata outp_value;
```

对 PDATA 和 XDATA 的操作是相似的。对 PDATA 段寻址比对 XDATA 段寻址要快,因为对 PDATA 段寻址只需要装入 8 位地址。

5. CODE 段

CODE 段定义的变量存放在代码段,定义后数据的内容是不可改变的。读取 CODE 段的数据和对其他段的访问的方法是一样的。代码段中的对象在编译的时候初始化,下面是代码段的声明例子。

```
unsigned int code unit_id[2]=1234;
```

> **小提示——CODE 关键字的意义**
> 1. CODE 段定义的变量存放在代码段,单片机运行时不占用内存。
> 2. 单片机运行时 CODE 段数据的内容是不可改变的。
> 3. 下面的数据通常使用 CODE 段来定义的变量:数码管的字形编码、液晶的汉字点阵编码。

6. 存储模式指定缺省类型

如果在定义变量时缺省存储类型说明符,则编译器会自动选择默认的存储类型。关于存储模式的详细说明见表 3-4 所示。

表 3-4 存储模式说明

存储模式	说　　明
SMALL	默认的存储类型是 data,参数及局部变量放入可直接寻址片内 RAM 的用户区中(最大 128 字节)
COMPACT	默认的存储类型是 pdata,参数及局部变量放入分页的外部数据存储区
LARGE	默认的存储类型是 xdata,参数及局部变量直接放入片外数据存储区。用此数据指针进行访问效率较低,尤其对两个或多个字节的变量,这种数据类型的访问机制直接影响代码的长度

> **小提示**
> 根据片外数据储存器(内存)的大小选择存储模式。
> 如果使用有片外数据储存器(内存)的单片机的时候(如 W77E58,它有 1KB 片外内存),一定要设置标志位(如表 3-4 所示),并且编译方式要选择 LARGE 模式,否则会出错。

C51 允许在变量定义之前指定存储类型。因此定义 data char X 与定义 char data X 是等价的,但应尽量使用后一种方法。

3.4　C51 对特殊功能寄存器的定义

51 单片机中，除了程序计数器 PC 和 4 组工作寄存器组外，其他所有的寄存器均为特殊功能寄存器（SFR），它们在片内 RAM 安排了绝对地址，地址范围为 80H～0FFH，分散在片内 RAM 区的高 128 字节中，51 单片机的芯片说明中已经为它们用预定义标识符起了名字。

C51 编译器使用 sfr 与 sfr16 两个关键字，将这些特殊功能寄存器的名字与其绝对地址联系起来，将单片机的硬件与 C 语言编程结合起来。

1. 使用 sfr 关键字定义 SFR

为了能直接访问这些 SFR，C51 提供了一种自主形式的定义方法，这种定义方法与标准 C 语言不兼容，只适用于对 MCS-51 系列单片机进行 C 语言编程。特殊功能寄存器 C51 定义的一般语法格式如下：

sfr name = int　constant

sfr 是定义语句的关键字，其后必须跟一个 51 单片机真实存在的特殊功能寄存器名，"="后面必须是一个整型常数，不允许带有运算符的表达式，是特殊功能寄存器"sfr name"的字节地址，这个常数值必须对应 SFR 的地址。

【例 3-1】　使用 sfr 关键字定义 SFR。

```
sfr SCON = 0x98;      //声明 SCON 为串口控制器，地址为 0x98
sfr P0 = 0x80;        //声明 P0 为特殊功能寄存器，地址为 0x80
sfr TMOD = 0x89;      //声明 TMOD 为定时器/计数器的模式寄存器，地址为 0x89
sfr PSW = 0xD0;       //声明 PSW 为特殊功能寄存器，地址为 0xD0
```

注意：sfr 之后的寄存器名称必须大写，定义之后可以直接对这些寄存器赋值。

在许多 80C51 派生系列中可用两个连续地址的特殊功能寄存器指定一个 16 位值，如：

```
sfr16 T2 = 0xCDCC; //声明 T2 为 16 位特殊功能寄存器，地址为 0CCH(低字节)和 0CDH(高字节)
```

> **小知识**
>
> "TMOD=0x89"中，"0x"表示数据是十六进制。单片机中寄存器的值、控制参数等，经常使用十六进制表示。由于这些量的每一位有特定的功能，使用十六进制可以方便地与具体的每一位对应起来。例如"P1=0xf0;"表示 P1.7～ P1.4 是高电平，P1.3～ P1.0 是低电平。

Keil C 已经将单片机内部的特殊功能寄存器进行定义，并做成 XX.h 文件，例如 8031、8051 均为 REG51.h，文件中包括了所有 8051 的 SFR 及其位定义。在单片机编程时，选择单片机的型号后，可以加入对应的包含文件。方法是在 C 文件中右击后，会出现 insert '#include<XX.h>'项，单击该项即可。图 3-1 是加入 REGX51.H 的例子。

图 3-1　加入 REGX51.H 的例子

> **小经验——记不住 SFR 的地址怎么办？**
>
> 实际上使用 C 语言进行单片机编程开发一般没有必要记住 SFR 的地址。Keil C 已经将单片机内部的特殊功能寄存器进行了定义，并编辑成 XX.h 文件，只需在代码的开始部分包含该文件即可。
>
> 有了该头文件，可以将这些特殊功能寄存器(SFR)的名字当作变量来使用。例如，"P0＝0xaa;"表示将 P0 口置逻辑 0xaa。
>
> 51 系列单片机的特殊功能寄存器的数量与类型不尽相同，对于一些没有定义的头文件，可以使用 sfr 定义。

2. 使用 sbit 关键字定义 SFR 的每一位

对于可以进行位寻址的 SFR，C51 支持特殊位的定义。使用 sbit 来定义位寻址单元。定义语句的一般的语法格式如下：

sbit bitname = sfrname ^int constant;

sbit 是定义语句的关键字，后跟一个寻址位符号名(该位符号名必须是单片机中规定的位名称)，"＝"后的 sfrname 必须是已定义过的 SFR 的名字，"^"后的整常数是寻址位在特殊功能寄存器 sfrname 中的位号，范围必须是 0～7。

【例 3-2】　使用 sbit 关键字定义 SFR 的每一位。

```
sfr PSW＝0xD0;          //定义 PSW 寄存器地址为 D0H
sbit OV＝PSW^2;         //定义 OV 位为 PSW.2,地址为 D2H
sbit P2_7＝P2^7;        //定义 P2.7 位为 P2_7
```

特殊功能位代表了一个独立的定义类，不能与其他位定义和位域互换。

3. sfr16 关键字

在 51 系列产品中，SFR 在功能上经常组合为 16 位值，当 SFR 的高字节地址直接位于低字节之后时，对 16 位 SFR 的值可以直接进行访问。例如，52 子系列的定时器/计数器 2

就是这种情况。为了有效地访问这类 SFR，可使用关键字 sfr16 来定义，其定义语句的语法格式与 8 位 SFR 相同，只是"="后面的地址必须用 16 位 SFR 的低字节地址，即低字节地址作为 sfr16 的定义地址。例如：

```
sfr16 T2=0xCC;              //定义定时器/计数器 2
```

3.5　Keil C51 指针与函数

C51 编译器支持用 * 号进行指针声明。可以用指针完成在标准 C 语言中所有操作。另外，由于 80C51 单片机及其派生系列所具有的独特结构，C51 编译器支持两种不同类型的指针：存储器指针和通用指针。

1. 通用指针

通用指针的声明和使用均与标准 C 相同，不过同时还可以说明指针的存储类型。如：

```
char * s;        /* 字符指针 */
int * numptr;    /* 整型指针 */
long * state;    /* 长整型指针 */
```

通用指针总是需要 3 个字节来存储：第一个字节表示存储器类型，第二个字节是指针的高字节，第三个字节是指针的低字节。

通用指针可以用来访问所有类型的变量，而不管变量存储在哪个存储空间中。因而，许多库函数都使用通用指针。通过使用通用指针，一个函数可以访问数据，而不用考虑它存储在什么存储器中。例如：

```
long * state;/* 定义一个指向 long 型整数的指针，而 state 本身则依存储模式存放 */
char * xdata ptr;/* 定义一个指向 char 数据的指针，而 ptr 本身放于外部 RAM 区 */
```

以上的 long、char 等指针指向的数据可存放于任何存储器中。

通用指针很方便，但是也很慢。在所指向目标的存储空间不明确的情况下，它们用得最多。

2. 存储器指针

存储器指针或类型确定的指针在定义时包括一个存储器类型说明，并且总是指向此说明的特定存储器空间。例如：

```
char data * str;      /* str 指向 data 区中 char 型数据 */
int xdata * pow;      /* pow 指向外部 RAM 的 int 型整数 */
```

由于存储器类型在编译时已经确定，通用指针中用来表示存储器类型的字节就不再需要了。

指向 idata、data、bdata 和 pdata 的存储器指针用一个字节保存，指向 code 和 xdata 的存储器指针用两个字节保存。使用存储器指针比通用指针效率要高，速度要快。当然，存储器指针的使用不是很方便。在所指向目标的存储空间明确并不会变化的情况下，它们用得最多。

3. Keil C51 函数

C51 中函数的定义和使用与标准 C 基本相同,但对递归调用有所不同,C51 编译器采用一个扩展关键字 reentrant 作为定义函数的选项,需要将一个函数定义为再入函数时,只要在函数名的后面加上关键字 reentrant 即可,其格式如下:

函数类型 函数名(形式参数) [reentrant]

再入函数可被递归调用,无论何时,包括中断服务函数在内的任何函数都可调用再入函数。与非再入函数的参数传递和局部变量的存储分配方法不同,C51 编译器为再入函数生成一个模拟栈,通过这个模拟栈来完成参数传递和存放局部变量。模拟栈所在的存储空间根据再入函数存储器模式的不同,可以是 data、pdata 或 xdata 存储空间。当程序中包含有多种存储器模式的再入函数时,C51 编译器为每种模式单独建立一个模拟栈并独立管理各自的指针。

3.6 绝对地址访问

使用"♯include<absacc.h>"语句即可使用其中定义的宏来访问绝对地址。该文件中实际只定义了几个宏,以确定各存储空间的绝对地址,使用方法介绍如下。

1. 绝对宏

绝对宏包括:CBYTE、XBYTE、PWORD、DBYTE、CWORD、XWORD、PBYTE、DWORD。
例如:

```
rval=CBYTE[0x0002];        //指向程序存储器的 0002H 地址
rval=XWORD[0x0002];        //指向片外 RAM 的 0004H 地址
```

2. _at_关键字

直接在数据定义后加上_at_ const 即可。
例如:

```
idata struct link list _at_ 0x40;        //指定 list 结构从 40H 开始
xdata char text[25b] _at_0xE000;         //指定 text 数组从 0E000H 开始
```

注意:(1)绝对变量不能被初使化;(2)bit 型函数及变量不能用_at_指定。

3.7 宏定义与 C51 中常用的头文件

编程中可以使用宏替代函数。

对于小段代码,若使能某些电路或从锁存器中读取数据,可通过使用宏来替代函数使得程序有更好的可读性。可把代码定义在宏中,这样看上去更像函数。宏的名字应能够描述宏的操作，当需要改变宏时你只要修该宏定义处。例如：

```
#define led_on() {
    led_state=LED_ON;
    XBYTE[LED_CNTRL] = 0x01;}
#define led_off() {
    led_state=LED_OFF;
    XBYTE[LED_CNTRL] = 0x00;}
#define checkvalue(val)
    ( (val < MINVAL || val > MAXVAL) ? 0 : 1 )
```

可以用宏来替代程序中经常使用的复杂语句，使程序有更好的可读性和可维护性。

C51 中常用的头文件通常有 reg51. h、reg52. h、math. h、ctype. h、stdio. h、stdlib. h、absacc. h、intrins. h 等。但常用的却只有 reg51. h、reg52. h、math. h。

reg51. h 和 reg52. h 是定义 51 单片机或 52 单片机特殊功能寄存器和位寄存器的，这两个头文件中大部分内容是一样的，52 单片机比 51 单片机多一个定时器 T2，因此，reg52. h 中也就比 reg51. h 中多几行定义 T2 寄存器的内容。

math. h 是定义常用数学运算的，比如求绝对值、求方根、求正弦和余弦等，该头文件中包含有各种数学运算函数，当我们需要使用时可以直接调用它的内部函数。

reg52. h 的部分内容如下：

```
/* ------------------------------------------------
Byte Registers
---------------------------------------------- */
sfr P0      = 0x80;
sfr SP      = 0x81;
sfr DPL     = 0x82;
sfr DPH     = 0x83;
sfr PCON    = 0x87;
sfr TCON    = 0x88;
sfr TMOD    = 0x89;
sfr TL0     = 0x8A;
sfr TL1     = 0x8B;
sfr TH0     = 0x8C;
sfr TH1     = 0x8D;
sfr P1      = 0x90;
sfr SCON    = 0x98;
sfr SBUF    = 0x99;
sfr P2      = 0xA0;
sfr IE      = 0xA8;
sfr P3      = 0xB0;
sfr IP      = 0xB8;
sfr PSW     = 0xD0;
sfr ACC     = 0xE0;
sfr B       = 0xF0;
/* ------------------------------------------------
P0 Bit Registers
---------------------------------------------- */
sbit P0_0   = 0x80;
```

```
sbit P0_1      = 0x81;
sbit P0_2      = 0x82;
sbit P0_3      = 0x83;
sbit P0_4      = 0x84;
sbit P0_5      = 0x85;
sbit P0_6      = 0x86;
sbit P0_7      = 0x87;
/* ------------------------------------------------
PCON Bit Values
-------------------------------------------------- */
# define IDL_      0x01
# define STOP_     0x02
# define PD_       0x02      /* Alternate definition */
# define GF0_      0x04
# define GF1_      0x08
# define SMOD_     0x80
/* ------------------------------------------------
TCON Bit Registers
-------------------------------------------------- */
sbit IT0   = 0x88;
sbit IE0   = 0x89;
sbit IT1   = 0x8A;
sbit IE1   = 0x8B;
sbit TR0   = 0x8C;
sbit TF0   = 0x8D;
sbit TR1   = 0x8E;
sbit TF1   = 0x8F;
/* ------------------------------------------------
TMOD Bit Values
-------------------------------------------------- */
# define T0_M0_      0x01
# define T0_M1_      0x02
# define T0_CT_      0x04
# define T0_GATE_    0x08
# define T1_M0_      0x10
# define T1_M1_      0x20
# define T1_CT_      0x40
# define T1_GATE_    0x80
# define T1_MASK_    0xF0
# define T0_MASK_    0x0F
/* ------------------------------------------------
P1 Bit Registers
-------------------------------------------------- */
sbit P1_0      = 0x90;
sbit P1_1      = 0x91;
sbit P1_2      = 0x92;
sbit P1_3      = 0x93;
sbit P1_4      = 0x94;
sbit P1_5      = 0x95;
sbit P1_6      = 0x96;
sbit P1_7      = 0x97;
```

```
/ * -------------------------------------------------
SCON Bit Registers
------------------------------------------------- * /
sbit RI      = 0x98;
sbit TI      = 0x99;
sbit RB8     = 0x9A;
sbit TB8     = 0x9B;
sbit REN     = 0x9C;
sbit SM2     = 0x9D;
sbit SM1     = 0x9E;
sbit SM0     = 0x9F;
/ * -------------------------------------------------
P2 Bit Registers
------------------------------------------------- * /
sbit P2_0    = 0xA0;
sbit P2_1    = 0xA1;
sbit P2_2    = 0xA2;
sbit P2_3    = 0xA3;
sbit P2_4    = 0xA4;
sbit P2_5    = 0xA5;
sbit P2_6    = 0xA6;
sbit P2_7    = 0xA7;
/ * -------------------------------------------------
IE Bit Registers
------------------------------------------------- * /
sbit EX0     = 0xA8;      / * 1=Enable External interrupt 0 * /
sbit ET0     = 0xA9;      / * 1=Enable Timer 0 interrupt * /
sbit EX1     = 0xAA;      / * 1=Enable External interrupt 1 * /
sbit ET1     = 0xAB;      / * 1=Enable Timer 1 interrupt * /
sbit ES      = 0xAC;      / * 1=Enable Serial port interrupt * /
sbit ET2     = 0xAD;      / * 1=Enable Timer 2 interrupt * /
sbit EA      = 0xAF;      / * 0=Disable all interrupts * /
/ * -------------------------------------------------
P3 Bit Registers (Mnemonics & Ports)
------------------------------------------------- * /
sbit P3_0    = 0xB0;
sbit P3_1    = 0xB1;
sbit P3_2    = 0xB2;
sbit P3_3    = 0xB3;
sbit P3_4    = 0xB4;
sbit P3_5    = 0xB5;
sbit P3_6    = 0xB6;
sbit P3_7    = 0xB7;
sbit RXD     = 0xB0;      / * Serial data input * /
sbit TXD     = 0xB1;      / * Serial data output * /
sbit INT0    = 0xB2;      / * External interrupt 0 * /
sbit INT1    = 0xB3;      / * External interrupt 1 * /
sbit T0      = 0xB4;      / * Timer 0 external input * /
sbit T1      = 0xB5;      / * Timer 1 external input * /
sbit WR      = 0xB6;      / * External data memory write strobe * /
sbit RD      = 0xB7;      / * External data memory read strobe * /
```

```
/ * -------------------------------------------------
IP Bit Registers
------------------------------------------------- * /
sbit PX0    = 0xB8;
sbit PT0    = 0xB9;
sbit PX1    = 0xBA;
sbit PT1    = 0xBB;
sbit PS     = 0xBC;
sbit PT2    = 0xBD;
/ * -------------------------------------------------
PSW Bit Registers
------------------------------------------------- * /
sbit P      = 0xD0;
sbit FL     = 0xD1;
sbit OV     = 0xD2;
sbit RS0    = 0xD3;
sbit RS1    = 0xD4;
sbit F0     = 0xD5;
sbit AC     = 0xD6;
sbit CY     = 0xD7;
```

从上面代码中可以看出,该头文件定义了 52 系列单片机内部所有的特殊功能寄存器。头文件中用到了前面讲到的 sfr 和 sbit 这两个关键字,将与单片机硬件有关的特殊功能寄存器命名,这样在程序中就可直接将这些名字当作变量名使用了。

通过 sfr 这个关键字,在单片机硬件与 C 语言之间搭建了一条可以进行沟通的桥梁。因此,在编写 51 单片机程序时,在源代码的第一行应该直接包含该头文件。

小经验

需要注意的是,由"XX.H"定义的特殊功能寄存器的名字都是大写。例如 P0,若写成 p0,编译程序时会报错,因为 p0 在 reg51.h 中没有被定义,编译器不识别 p0。这也是许多初学者编写程序时常犯的错误。

3.8　C 语言的数制与常用运算符

1. C 语言的数制

计算机中常用的数制有 3 种,即十进制数、二进制数和十六进制数。

十进制数是我们最熟悉的一种数制,基数为 10,逢十进一。

二进制数是计算机内的基本数制,其主要特点是:

(1) 任何二进制数都只由 0 和 1 两个数码组成,其基数是 2。

(2) 进位规则是"逢二进一"。一般在数的后面用符号 B 表示这个数是二进制数。二进制数同样可以用幂级数形式展开。

十六进制数是微型计算机软件编程时常采用的一种数制，其主要特点是：

（1）十六进制数由 16 个数符构成：0、1、2、…、9、A、B、C、D、E、F，其中 A、B、C、D、E、F 分别代表十进制数的 10、11、12、13、14、15，其基数是 16。

（2）进位规则是"逢十六进一"。一般在数的后面加一个字母 H 表示是十六进制数。

使用 Windows 自带的计算器可以方便地进行制数之间的转换。

二进制（B）、十六进制（H）和十进制（D）之间的转换方法，很多书中都有介绍，通过手工进行制数之间转换的方法比较费时费力，可以使用 Windows 自带的计算器来进行制数之间的转换，如图 3-2 所示，具体步骤如下：

图 3-2　使用计算器进行制数转换

（1）选择 Windows"开始"→"程序"→"附件"→"计算器"，打开计算器应用软件；

（2）单击计算器的"查看"菜单，选择"科学型"；

（3）选择要转换的原始数制，并在文本框中输入要转换的数；

（4）选择要转换成的数制，在文本框中就可以看到转换后的结果。

2. 常用的 C 语言的运算符

常用的 C 语言的运算符如表 3-5 所示。

表 3-5　常用的 C 语言的运算符

运算符	范例	说　明
+、−、*、/	a+b、a/b	a 和 b 变量进行加减乘除运算
%	a%b	取 a 变量值除以 b 变量值的余数
=	a=6	将 6 设定给 a 变量，即 a 值是 6
+=	a+=b	等同于 a=a+b
−=	a−=b	等同于 a=a−b
*=	a*=b	等同于 a=a*b
/=	a/=b	等同于 a=a/b
%=	a%=b	等同于 a=a%b
++	a++	a 的值加 1

运算符	范例	说　明
——	a——	a 的值减 1
>、<、==、>=、<=、!=	a>b,a==b	测试 a 与 b 的逻辑关系
&&	a&&b	a 和 b 做逻辑 AND 运算
||	a||b	a 和 b 做逻辑 OR 运算
!	!a	将 a 按位取反
>>	a>>b	按位右移 b 个位
<<	a<<b	按位左移 b 个位,右侧补 0
|	a|	a 和 b 按位做 OR 运算
&	a&b	a 和 b 按位做 AND 运算
^	a^b	a 和 b 按位做 XOR 运算
~	~a	将 a 的每一位取反
&=	a&=b	a 和 b 按位与后赋值给 a
*	*a	用来取寄存器所指地址内的值

注意：在逻辑运算中,凡是结果为非 0 的数值即为真,等于 0 为假。

(1) 左移运算符"<<"是双目运算符。其功能是把"<<"左边的运算数的各二进位全部左移若干位,由"<<"右边的数指定移动的位数,高位丢弃,低位补 0。

例如：a<<4,指把 a 的各二进位向左移动 4 位。

(2) 右移运算符">>"是双目运算符。其功能是把">>"左边的运算数的各二进位全部右移若干位,">>"右边的数指定移动的位数。

例如：a=0x0f,a>>2 表示把 00001111 右移为 00000011。

(3) 求反运算符"~"为单目运算符,是对参与运算的数的各位按位求反。

例如：9 的求反运算为~(00001001),结果为 11110110。

(4) 按位异或运算符"^"是双目运算符。其功能是参与运算的两数各对应的二进位相异或,当两对应的二进位相异时,结果为 1。

(5) 除法运算符"/"是二元运算符,具有左结合性。参与运算的量均为整型时,结果为整型,舍去小数。例：5/2=2,1/2=0。

(6) 求余运算符"%"是二元运算符,具有左结合性。参与运算的量均为整型。求余运算的结果等于两个数相除后的余数。例：5%2=1,1%2=1。

如果 a<b 的话,这样的商为 0,余数就是 a。

3.9 C51 的流程控制语句

C 语言提供了丰富的程序控制语句,主要包括选择语句和循环语句等。

1. 分支结构

1) 选择语句 if

选择语句又被称为分支语句,其关键字是 if。C 语言提供了 2 种形式的条件语句。

（1）if（条件表达式）语句。

其语义是：如果表达式的值为真，则执行其后的语句，否则就跳过该语句。

（2）第二种形式为：if-else。

```
if(条件表达式)
   语句 1;
else
   语句 2;
```

其语义是：如果表达式的值为真，则执行语句 1，否则执行语句 2。

2）switch/case 语句

语法如下：

```
switch（表达式）
{
case 常量表达式 1:语句 1; break;
…
case 常量表达式 n: 语句 n; break;
default: 语句
}
```

运行中，以 switch 后面的表达式的值作为条件，与 case 后面的各个常量表达式的值相比较，如果相等时则执行后面的语句，再执行 break（间断语句）语句，跳出 switch 语句。如果 case 没有和条件相等的值时就执行 default 后的语句。当要求没有符合的条件时不做任何处理，则可以不写 default 语句。

2. 循环语句

1）while 语句

while 语句的一般形式为：

```
while(表达式)语句;
```

其中表达式是循环条件，语句为循环体。

while 语句的语义是：计算表达式的值，当值为真（非 0）时，执行循环体语句。

2）do-while 语句

do-while 语句的一般形式为：

```
do
    语句
while(表达式);
```

这个循环与 while 循环的不同在于：它先执行循环中的语句，然后再判断表达式是否为真，如果为真则继续循环；如果为假，则终止循环。因此，do-while 循环至少要执行一次循环语句。

3）for 循环语句

语句的一般形式为：

for(表达式 1;表达式 2;表达式 3)语句

表达式 1 是设定起始值,用来给循环控制变量赋初值。

表达式 2 是条件判断式,如果条件为真时,则执行动作,否则终止循环。

表达式 3 是步长表达式,执行动作完毕后,必须再回到这里做运算,然后再到表达式 2 做判断。

小提示——单片机对 C 语言的要求有多高?

单片机对 C 语言的知识点要求不高。只需要掌握下面几点:

1. 变量定义方面

掌握 3 种类型的变量定义:unsigned char、unsigned int、bit,看懂 sfr16、sbit 定义的变量,理解全局变量与局部变量;

2. 掌握判断语句的使用(if-else);

3. 掌握循环语句的使用,包括 for 循环、while 循环;

4. 掌握函数的使用;

5. 掌握中断函数的使用;

其他 C 语言的知识点使用的几率小,初学者可以暂时不掌握。

3.10　单片机的 I/O 口编程语句介绍

单片机程序的大部分语句是对 I/O 端口进行编程。

51 系列单片机共有 4 个 8 位并行 I/O 口,分别是 P0、P1、P2、P3。一条编程语句既可以操作单个引脚,也可以按字节来操作 8 个引脚。

数字电路中只有两种电平特性,即高电平和低电平,因此单片机的引脚只有 0、1 两种逻辑状态。逻辑 0 的电压值是 0V,逻辑 1 的电压值是 5V。

小知识——单片机的上拉电阻

上拉电阻是单片机的 I/O 引脚有一电阻连接到 Vcc。

P1~P3 口内部有上拉电阻,所以如果单片机引脚没有接任何器件(悬空),此时读取出的逻辑状态是 1。

P0 口内部没有上拉电阻,是开漏输出的,不管它的驱动能力多大,相当于它是没有电源的,需要外部的电路提供,绝大多数情况下 P0 口是必须加上拉电阻的。

读取单片机引脚状态时,引脚的电平低于 0.7V 就是逻辑 0,高于 1.8V 就是逻辑 1,处于在这个电平之间的逻辑状态不能确定。

单片机 I/O 口高电平输出电流等于上拉电阻的电流,这个电流比较小,低电平输出是内部晶体管吸收的电流,最大可以达到 10mA。

因为 P1～P3 口内部有上拉电阻，所以引脚在没有外围电路读时，单片机读端口的值是逻辑1。C51 读写单片机的 I/O 端口操作如表 3-6 所示。

表 3-6　C51 读写单片机的 I/O 端口

操作	例子	描　　述
读 I/O 端口	temp＝P1;	读 P1 口接收到的逻辑信息，并送到变量 temp 中
写 I/O 端口	P1＝0xaa;	将 0xaa 送到 P1 口，此时 P1 口的对应引脚显示该逻辑信息
读 I/O 口	b＝P1_3;	读出引脚 P1_3 的逻辑状态，并送到位变量 b 中
写 I/O 口	P1_0＝0;	将 P1 口的第 0 个引脚设置为低电平输出

小经验——单片机的逻辑 0、1 电平

记住单片机的引脚输出只有 0、1 两种逻辑状态。逻辑 0 的电压值是 0V，逻辑 1 的电压值是 5V。

P1～P3 口电平的高低是由单片机程序控制的，可以不去追究为什么这样控制。例如当编程写入 P1＝0xFF，那 P1 口就全部是高电平；当你写入 P1＝0x00，那 P1 口就全部是低电平。

有了逻辑 0、1 电平，工程中可以将该信号直接与其他芯片连接，也可以通过驱动器件进行信号变换进而控制其他设备，如通过三极管放大电流驱动继电器、通过固态继电器驱动电机。

3.11　简单控制单片机引脚输出（实训二）

1. 实训题目

简单发光二极管流水灯程序。

2. 实训内容

本程序主要练习单片机的 I/O 口写入编程。通过练习，理解如何编程发出逻辑信息，并控制外围电路。硬件电路如图 2-11 所示。

程序 1：8 个发光二极管 L1～L8 分别接在单片机的 P1.0～P1.7 接口上，编写程序如下：

```
#include<REGX51.H>      //51单片机头文件
void main( )
{
    while(1)
    {
        P1＝0xaa;
    }
}
```

编译后，将生成的<XX.HEX>文件写入单片机，可以看到 8 个发光二极管的 1、3、5、7

亮,2、4、6、8灭。实验说明可以通过编程来控制单片机引脚输出的0、1逻辑状态,即控制单片机的引脚输出0V或5V电压。如果编程使某单片机引脚输出逻辑0(相当于人工将该发光二极管的阴极接地,只不过电流的最大值是20mA),那么对应的二极管就会发光。当单片机引脚是高电平时,发光二极管两端的电势差为0,二极管不亮。

电路中,发光二极管的阳极通过限流电阻接5V。发光二极管的电流应控制在3~20mA,电流过大会烧坏发光二极管,所以要加限流电阻。电路中在发光二极管的阴极一端接单片机,另一端阳极由阻值为470Ω的限流电阻上拉至电源V_cc。

"P1=0xaa;"是端口的输出语句,是对单片机P1口的8个I/O口同时进行操作,结果是端口P1的8个引脚输出"0xaa"逻辑状态。

P1与0xaa的对应关系是数据的高位对应单片机端口的高位。0xaa以十六进制形式表示的,对应的二进制是10101010,分别对应单片机引脚的P1.7、P1.6、…、P1.1、P1.0。

使用"P1=0xaa;"语句时,没有必要定义P1,因为在#include<REGX51.H>已经定义过,这就是使用Keil C51的方便之处。

小经验——为什么单片机程序喜欢使用十六进制表示的数据

"0xaa"是十六进制表示的数。不管是几进制表示的数,在单片机内部都是以二进制数形式保存的。只要是同一个数值的数,在单片机的内存中表示的内容是一样的。使用十六进制的表示方法比较直观,可以与单片机的引脚对应,可以与特殊功能寄存器中的位进行对应。当然,如果是在循环变量使用十进制比较直观。

---

while()语句是循环语句。该语句执行时先判断括号内的条件,如果条件不是0(即为真),条件满足就执行while的内部语句,否则跳出循环语句。注意:在C语言中,一般把"0"认为是"假","非0"认为是"真"。

使用while(1)语句可以使单片机程序一直循环执行"P1=0xaa;"语句。

程序2:利用for语句编写一个的延时函数,并使用该延时函数让第一个发光二极管亮灭闪动。代码如下:

```
#include<REGX51.H>        //51单片机头文件
#define uint unsigned int
sbit led1=P1^0;
void Delay_xMs(uint x)     //延时函数
{
    uint i,j;
    for( i =0;i < x;i++ )
    {
        for( j =0;j<110;j++ );
    }
}
void main()                //主函数
{
    while(1)
      {
        led1=0;            //点亮第一个发光二极管
```

```
        Delay_xMs(1000);        //延时,此时二极管继续亮
        led1=1;                 //关闭第一个发光二极管
        Delay_xMs(1000);        //所有发光二极管都不亮
    }
}
```

上面代码,关键部分多了#define 语句、sbit 语句和延时函数。

> **小知识——#define 宏定义**
>
> 格式：#define 新名称 原内容
>
> 注意后面没有分号,#define 命令用它后面的第一个字母组合代替该字母组合后面的所有内容,也就是相当于给"原内容"重新起一个比较简单的"新名称",方便以后在程序中直接写简短的新名称,而不必每次都写繁琐的原内容。

"void Delay_xMs(uint x)"是延时函数。函数中第一个 for 后面没有分号,那么编译器默认第二个 for 语句就是第一个 for 语句的内部语句,而第二个 for 语句内部语句为空。程序在执行时,每条语句都占用 CPU 的一段时间,通过这种嵌套可以写出比较长时间的延时语句。

上面程序中使用宏定义将 unsigned int 用 uint 代替。从程序中可以看到,当需要定义 unsigned int 型变量时,并没有写"unsigned int i,j;",而是用"uint i,j;"代替。在一个程序代码中,只要宏定义过一次,那么在整个代码中都可以直接使用它的"新名称"。注意,对同一个内容,宏定义只能定义一次,若定义两次,将会出现重复走义的错误提示。

使用 sbit 关键字定义了 P1.0 位,定义后的名字为"led1",这个名字是根据单片机电路的实际功能自己命名的,可以在程序中方便地使用。避免了使用"P1_0"时不知道其含义。

程序 3：下面程序可以使 8 个发光二极管动起来,点亮顺序为 P1.0→P1.1→P1.2→P1.3→…→P1.7,并重复循环。

编程使单片机引脚输出 0、1 逻辑电平。具体代码如下：

```
#include<REGX51.H>
#define uint unsigned int
void Delay_xMs(uint x)          //延时函数
{
    uint i,j;
    for( i =0;i < x;i++ )
    {
        for( j =0;j<110;j++ );
    }
}
void main()                     //主程序实现跑马灯效果
{
    while(1)
    {
        P1 = 0xff;
        P1_0 = 0;               //LED0 发光二极管亮
```

```
            Delay_xMs(100);
            P1 = 0xff;
            P1_1 = 0;                //LED1 发光二极管亮
            Delay_xMs(100);
            P1 = 0xff;
            P1_2 =0;                 //LED2 发光二极管亮
            Delay_xMs(100);
            P1 = 0xff;
            P1_3 = 0;                //LED3 发光二极管亮
            Delay_xMs(100);
            P1 = 0xff;
            P1_4 = 0;                //LED4 发光二极管亮
            Delay_xMs(100);
            P1 = 0xff;
            P1_5 = 0;                //LED5 发光二极管亮
            Delay_xMs(100);
            P1 = 0xff;
            P1_6 =0;                 //LED6 发光二极管亮
            Delay_xMs(100);
            P1 = 0xff;
            P1_7 = 0;                //LED7 发光二极管亮
            Delay_xMs(100);
        }
}
```

可以看出,程序中与硬件有关的语句有两类:

```
P1 = 0xff;
P1_? = 0;
```

这就是该程序中最核心的语句。"P1_? = 0;"是控制一个引脚输出,如"P1_7 = 0;"语句的结果是 P1.7 的引脚输出逻辑 0。

实际编写单片机程序时,没有必要理解单片机内部是如何输出逻辑 0、1(内部硬件),只需要理解什么时候应该输出逻辑 0、1(编程软件)。

实际工程中,需要分析工程的要求,然后根据工程要求分配单片机引脚。

下面的代码可以实现同样的效果:

```
#include<REGX51.H>
#define uint unsigned int
void Delay_xMs(uint x)          //延时函数
{
    ...
}
void main()                     //主程序实现跑马灯效果
{
    while(1)
    {
        P1 = 0xfe;              //LED0 发光二极管亮
        Delay_xMs(100);
        P1 = 0xfd;              //LED1 发光二极管亮
```

```
        Delay_xMs(100);
        P1 = 0xfb;              //LED2 发光二极管亮
        Delay_xMs(100);
        P1 = 0xf7;              //LED3 发光二极管亮
        Delay_xMs(100);
        P1 = 0xef;              //LED4 发光二极管亮
        Delay_xMs(100);
        P1 = 0xdf;              //LED5 发光二极管亮
        Delay_xMs(100);
        P1 = 0xbf;              //LED6 发光二极管亮
        Delay_xMs(100);
        P1 = 0x7f;              //LED7 发光二极管亮
        Delay_xMs(100);
    }
}
```

改一下

你能够将程序的点亮顺序改为 P1.7→P1.6→……→P1.0 吗？

3.12　使用 C 语言高级语句控制引脚输出（实训三）

1. 实训题目

发光二极管流水灯程序。

2. 实训内容

本程序主要练习单片机的 I/O 口编程，将 C 语言的判断、循环语句与引脚输出结合起来。

下面程序可以同样实现跑马灯效果，程序清单如下：

```
#include<REGX51.H>
void Delay_xMs(unsigned int x) //延时
{
    unsigned int i,j;
    for( i =0;i < x;i++ )
    {
        for( j =0;j<110;j++ );
    }
}
/* 主程序,实现 LED 灯闪烁,亮 1s 灭 1s */
void main()
{ unsigned char i,a;
    while(1)
    {
```

```
a=0x01;
for(i=0;i<8;i++)
  {
    Delay_xMs (1000);//延时 1s
    P1 = ~(a<<i); //LED 发光二极管亮
  }
}
}
```

程序中关键语句是"P1 = ~(a<<i);",语句中变量 a 的初始值是 0x01(二进制是 00000001),经过"a<<i"运算后向左移 i 位,若 i 值是 3 时,运算后结果是 00001000。"~" 是取反运算符,00001000 取反后结果是 11110111,这样在实验板上第 4 个灯亮。

程序中使用了循环语句,循环执行 8 次,每次输出就点亮一个发光二极管。循环语句代替了原来的单独输出语句,程序易读、简短。

> **小提示**
>
> 本实训题目主要理解单片机引脚的输入/输出功能。记住单片机的引脚只有 0、1 两种逻辑状态。逻辑 0 的电压值是 0V,逻辑 1 的电压值是 5V。
>
> P1~P3 口电平的高低是由单片机程序控制的,不必要去追究为什么这样控制。例如当编程写入 P1=0xFF,那 P1 口就全部是高电平;当写入 P1=0x00,那 P1 口就全部是低电平。

3.13 Keil μVision2 集成开发编程环境使用

使用 Keil C51 开发系统时,需要下面几个过程:

(1) 创建一个 Keil C51 项目,从器件库中选择目标器件,配置工具设置;

(2) 用 C 语言或汇编语言编写、调试单片机程序;

(3) 使用 Keil C51 环境编译单片机程序,修改程序中的错误,生成 HEX 文件;

(4) 使用编程器,将 HEX 文件写入单片机的程序储存器。

1. 建立 Keil C51 工程

运行 Keil C51 开发环境,出现如图 3-3 所示的编辑界面。

1) 建立工程文件

通常单片机应用系统软件包括多个源程序文件,Keil C51 使用工程的概念,将这些参数设置和所需的文件都加在一个工程中。

如图 3-4 所示,选择 Project→New Project 菜单,出现 Create New Project 对话框,如图 3-5 所示。选择工程要保存的路径,在"文件名"中输入工程名称,例如 test。单击"保存" 按钮后的文件扩展名为 .uv2。

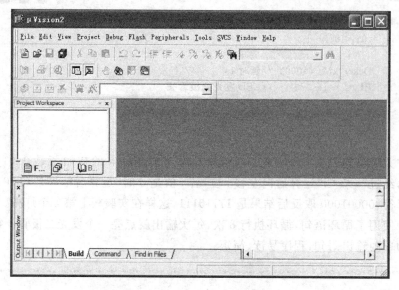

图 3-3　开发环境的编辑界面

小提示

　　记住保存工程时的在计算机中的文件夹位置，默认情况下，工程编译生成的各种文件都在该文件夹内（特别是包括准备的写入单片机的 XX. hex 文件）。

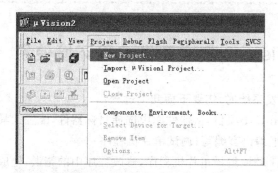

图 3-4　New Project 菜单

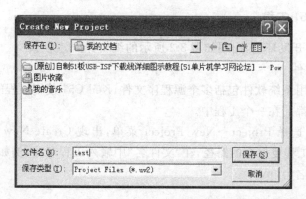

图 3-5　保存工程时的对话框

2）选择所要的单片机

这时会弹出一个对话框，要求用户选择单片机的型号。可以根据用户使用的单片机型号来选择。Keil C51 几乎支持所有的 51 内核的单片机，这里选择 Atmel 公司的 AT89S51，如图 3-6 所示。

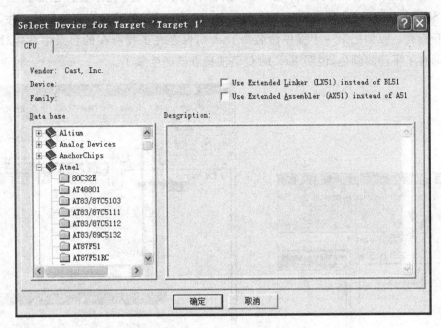

图 3-6　选取单片机芯片

到此为止，还没有建立好一个完整的工程。虽然开发环境显示有工程名了，但工程当中还没有任何文件及代码，接下来需要添加文件及代码。

2. 在工程中创建新的程序文件或加入旧程序文件

1）在工程中创建新的程序文件

如果没有已经编好的程序，就需要新建一个程序文件。单击图 3-7 中"1"处的新建文件的快捷按钮，在"2"中出现一个新的文字编辑窗口，此时光标在编辑窗口中闪烁，可以编辑输入应用程序。上述过程也可以通过菜单 File New 实现。编写程序后需要先存盘，然后再将该文件加入到工程中。

> **小提示**
>
> 文件存盘时，如果用 C 语言编写程序，扩展名必须为 .c，即文件名后面一定加扩展名 .c，如 test.c。
>
> 如果用汇编语言编写程序，则扩展名必须为 .asm。
>
> 保存时，文件名不一定要和工程名相同，保存的位置不一定要和工程文件的位置相同，可以随意填写文件名和选择保存位置。

2）在工程中加入程序文件

如图 3-8 所示，在屏幕左边的 Source Group1 文件夹图标上右击弹出菜单，在这里可以执行在工程中添加或移除文件等操作。选择 Add Files to Group 'Source Group 1'，弹出文件窗口后选择刚刚保存的文件，单击 ADD 按钮，关闭文件窗，程序文件已加到工程中了。这时在 Source Group1 文件夹图标左边会出现一个小＋号，说明文件组中有了文件，单击它可以展开查看。假如把第一个程序命名为 test. c，保存在工程所在的目录中。这时会发现程序单词有了不同的颜色，说明 Keil 的 C 语法检查已经生效了。

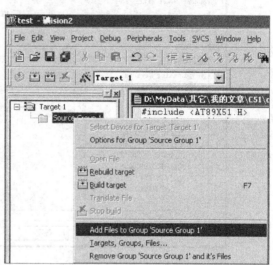

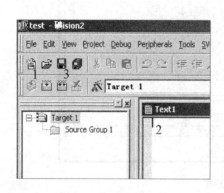

图 3-7　新建程序文件　　　　　　图 3-8　把文件加入到工程文件组中

3. 编译运行

图 3-9 中"1"、"2"、"3"都是编译按钮，不同的是，"1"是用于编译单个文件。"2"是编译当前工程，如果先前编译过一次之后文件没有做过编辑改动，这时再单击是不会再次重新编译的。"3"是重新编译，每单击一次均会再次编译链接一次，不管程序是否有改动。在"3"右边的是停止编译按钮，只有单击了前 3 个中的任一个，停止按钮才会生效。

4. 进入调试模式

编译成功后，可以进入调试模式。软件窗口样式如图 3-10 所示。图中"1"为运行，当程序处于停止状态时才有效。"2"为停止，程序处于运行状态时才有效。"3"是复位，模拟芯片的复位，程序回到最开头处执行。单击"4"可以打开"5"中的串行调试窗口，这个窗口可以看到调试结果。

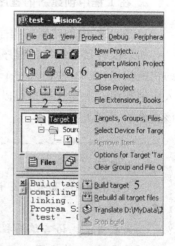

图 3-9　编译程序

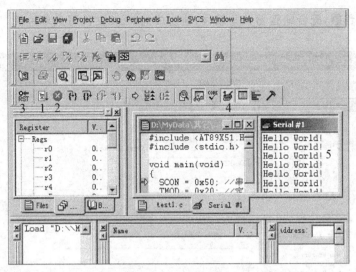

图 3-10 调试运行程

5. 设置 Keil C51 编译环境,生成 HEX 文件

HEX 文件格式是 Intel 公司提出的按地址排列的数据信息,所有数据使用十六进制数字表示,该文件能够被单片机执行。

工程中右击图 3-11 中"1"处的工程文件夹,弹出工程功能菜单,选择 Options for Target Target1,弹出工程选项设置窗口。打开项目选项窗口,转到 Output 选项页如图 3-12 所示,图中"1"是选择编译输出的路径,"2"是设置编译输出生成的文件名,"3"则是决定是否要创建 HEX 文件,选中它就可以输出 HEX 文件到指定的路径中。

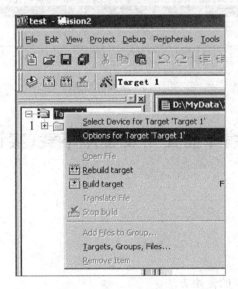

图 3-11 工程功能菜单

设置完毕后,重新编译文件,在编译信息窗口中会显示 HEX 文件被创建到指定的路径中了,如图 3-13 所示。

6. 使用编程器，配合编程器读写软件，将生成的 HEX 文件写入单片机

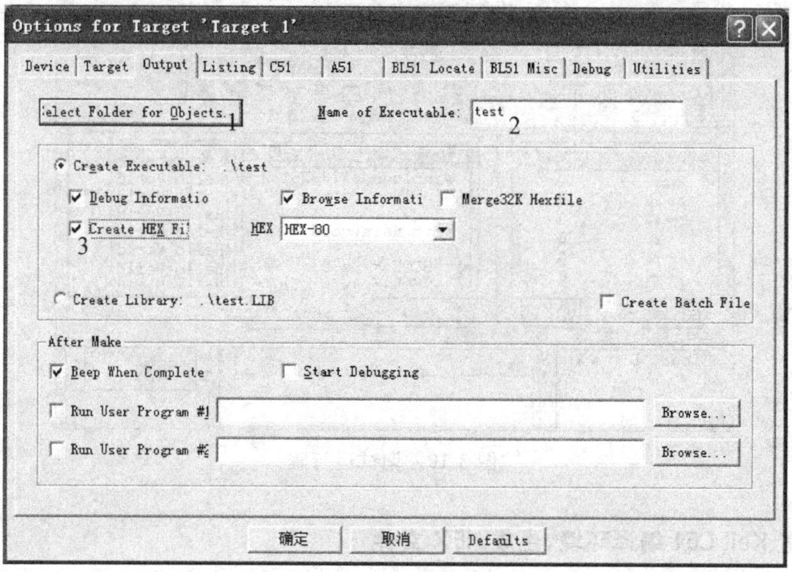

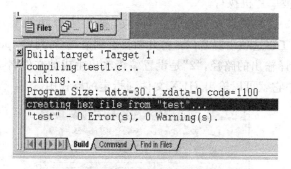

图 3-12   工程选项窗口

图 3-13   编译信息窗口

3.14   Keil C51 编译器使用及程序下载（实训四）

1. 实训题目

控制 LED 灯闪烁。

2. 实训目的

熟悉 Keil C51 编译器的使用方法。

3. 实训原理

实物图如图 2-14 所示。将电源最小系统板、发光二极管板用杜邦线连接起来。发光二

极管使用单片机的 P1.0 引脚来控制。当控制信号为低电平时(逻辑 0)发光二极管亮,控制信号为高电平(逻辑 1)时发光二极熄灭。

程序代码如下:

```
#include<REGX51.H>
sbit Led = P1^0;                  //对应 CPU 引脚 P1.0

/* 1ms 延时子程序-----*/
void Delay_xMs(unsigned int x)
{
    unsigned int i,j;
    for( i =0;i < x;i++ )
    {
        for( j =0;j<110;j++ );
    }
}
/* 主程序,实现 LED 灯闪烁,亮 1s 灭 1s*/
void main(){
  while(1)
    {
    Led = 0;                  //LED 发光二极管亮
    Delay_xMs(1000);          //延时 1s
    Led = 1;                  //LED4 发光二极管灭
    Delay_xMs(100);           //延时 1s
    }
}
```

小知识——C 语言中注释的写法

在 C 语言中,注释有两种写法:

1. //……,两个斜扛后面跟着的为注释语句。这种写法只能注释一行,当换行时,又必须在新行上重新写两个斜扛。

2. /*……*/,斜扛与星号结合使用,这种写法可以注释任意行,即斜扛星号与星号斜扛之间的所有文字都作为注释。

3. 所有注释都不参与程序编译,编译器在编译过程会自动删去注释,注释的目的是为了读程序方便。因为有了注释,其代码的意义便一目了然了。

上面这段代码虽然非常简单短,但包含了单片机程序最基本的框架。

(1)首先,为了使用编译器附带的 51 单片机各个引脚描述的宏定义来直接对单片机的各个模块进行操作,必须在 C 语言源文件的头部使用 #include<REGX51.H>(该头文件包含与硬件相关的定义)。

(2)其次,程序中必须含有一个 main()函数。主函数 main()就是程序的入口,一般函数返回值为 void 或 int 型。

(3)最后,与在计算机上的其他语言有点不同的是,对于单片机程序来说,其控制软件都必须是一个无限循环。具体地说，main()函数都不能够返回，如上面代码通过一个while(1)使得这段程序不停地循环。这一点要注意，这是初学者经常犯的一个错误。

（4）上面定义了一个延时函数 void Delay_xMs(unsigned int x)，延时函数是由两层嵌套的 for 循环语句实现。

4. 实训步骤

实训具体步骤如下：

（1）启动 Keil C51 软件。

（2）新建一个工程文件 flash.uv2，注意选择工程文件要存放的路径，然后单击 Save 按钮。

（3）在弹出的对话框中选择 CPU 厂商及型号，如：AT89S51。

（4）新建一个 C51 文件，单击左上角的 New File，在编辑框里输入程序。

（5）完成上面代码的输入后，单击 Save 按钮，注意选择保存的路径，并输入保存的文件名 flash.c，然后单击 Save 按钮。

（6）保存好后把此文件加入到工程中（在 Source Groupl 上右击，然后再单击 Add Files to Group'Source Groupl'）。

（7）选择要加入的文件，找到 flash.c 后，单击 Add 按钮，然后单击 Close 按钮。

（8）到此便完成了工程项目的建立以及文件加入工程，此时 Keil C 会自动识别关键字，并以不同的颜色提示用户加以注意，这样会使用户少犯错误，有利于提高编程效率。若新建立的文件没有事先保存的话，Keil 是不会自动识别关键字的，也不会有不同颜色的出现。

（9）开始编译工程，若在 Output Window 的 Build 页看到"0 Error(s)"表示编译通过，可以进行程序的仿真运行。

当然，并不是每次都能很顺利地编译成功。编译不成功时，观察编译环境下面出现的编译错误信息。将错误信息窗口右侧的滚动条拖至最上面，双击第一条错误信息，可以看到 Keil 软件自动将错误定位，并且在代码行前面出现一个蓝色的箭头，根据这个大概位置和错误提示信息再查找和修改错误。

（10）进行程序仿真，单击 Start/Stop Debug Session。现在可以利用 F10 键进行单步调试，按 F5 键全速运行，或用其他一些调试指令进行调试。如全速执行，可以通过选择菜单 Paripherals→I/O-Ports→Portl 显示 P1 口的状态，并选中菜单 View→Periodic Window Update，使端口能跟随程序变化。

（11）将程序下载到单片机，观测运行结果。

　　小提示
　　上面是 Keil C51 开发环境的使用过程，是单片机 C 语言的开发环境。过程是固定的，掌握即可，不必太深地研究，重点放在以后章节的编程中。

思考与练习

1. C51 编程与 ANSI C 编程主要有什么区别？
2. 51 单片机能直接进行处理的 C51 数据类型有哪些？
3. 简述 C51 存储类型与 51 单片机存储空间的对应关系。
4. C51 中 51 单片机的特殊功能寄存器如何定义？试举例说明。
5. C51 中 51 单片机的并行口如何定义？试举例说明。
6. C51 中 51 单片机的位单元变量如何定义？试举例说明。
7. C51 中指针的定义与 ANSI C 有何异同？

第4章

单片机的中断系统

本章要点：

- 掌握中断的概念；
- 熟悉 51 型单片机中断系统的结构；
- 熟悉与单片机中断相关的寄存器；
- 掌握中断系统的编程。

中断是为使单片机能够对外部或内部随机发生的事件实时处理而设置的。中断能够使 CPU 对内部或外部的突发事件及时地作出响应，并执行相应的程序。中断功能的存在，很大程度上提高了单片机处理外部或内部事件的能力。它也是单片机最重要的功能之一，是学习单片机必须要掌握的内容。

4.1 什么是中断

中断是指通过硬件来改变 CPU 的运行方向。单片机在执行程序的过程中，由于某种原因，向 CPU 发出中断请求信号，使 CPU 暂时中止原来程序的执行，而转去为该突发事件服务，待处理程序执行完毕后，再继续执行原来被中断的主程序。这种主程序在执行过程中由于外界的原因而被中间打断的情况称为"中断"。

> **小提示**
>
> 在 CPU 与外设交换信息时，存在着一个快速的 CPU 与慢速的外设之间的矛盾。为解决这个问题，产生了中断的概念。
>
> 中断现象在现实生活中也会经常遇到，例如，你在看书——手机响了——你在书上作个记号——你接通电话和对方聊天——谈话结束——从书上的记号处继续看书。这就是一个中断过程。通过中断，一个人在一个特定的时刻，同时完成了看书和打电话两件事情。
>
> 中断的执行过程类似于函数的调用，区别在于中断的发生是随机的，其对中断服务程序的调用是在检测到中断请求信号后自动完成的。而函数的调用是由编程人员事先安排好的。因此，中断又可定义为 CPU 自动执行中断服务程序并返回原程序执行的过程。

从中断的定义可以看到，中断应具备中断源、中断响应、中断返回这样 3 个要素。中断源发出中断请求,单片机对中断请求进行响应,当中断响应完成后应进行中断返回,返回被中断的地方继续执行原来被中断的程序。

在单片机中使用中断有以下优点:

1)可以提高 CPU 的工作效率

计算机有了中断功能以后,CPU 和外设就可以同步工作。CPU 启动外设后就可以继续执行原程序,而外设完成指定的操作后可以向 CPU 发出中断请求,CPU 执行中断,这样 CPU 减少了不必要的等待和查询时间。

2)便于实时处理

有了中断功能后,实时测控现场的各个参数、信息在任何时刻都可以向 CPU 发出中断申请,要求 CPU 及时处理。这样 CPU 就可以在最短的时间内处理瞬息变化的现场情况。

4.2 51 单片机的中断源

51 系列单片机的中断系统可以提供 5 个中断源(52 子系列是 6 个),如表 4-1 所示。

表 4-1 51 系列单片机的中断源

中断源	产生中断的条件
外部中断 0	由 P3.2 引脚输入信号,可以通过设置 IT0 位决定是低电平有效还是下降沿有效。当输入信号有效,即向 CPU 申请中断
外部中断 1	由 P3.3 引脚输入信号,可以通过设置 IT1 位决定是低电平有效还是下降沿有效。当输入信号有效,即向 CPU 申请中断
T0 溢出中断	当 T0 产生溢出时
T1 溢出中断	当 T1 产生溢出时
串行口中断	串行口成功接收或发送一帧数据
T2 溢出中断	当 T2 产生溢出时(89S52 有)

51 单片机内部一共有 5 个中断源,也就是说,这 5 种情况发生时单片机就会去处理中断程序。

4.3 51 单片机中断相关控制寄存器

中断处理的相关控制寄存器有中断允许控制寄存器 IE、定时器/计数器控制寄存器 TCON 和中断优先权控制寄存器 IP。

1. 中断允许寄存器 IE

IE 寄存器决定中断的开放和禁止。可按位寻址,各个位说明如下:

B7	B6	B5	B4	B3	B2	B1	B0
EA	保留	保留	ES	ET1	EX1	ET0	EX0

EA：中断允许总控位。EA＝0 时，则所有中断请求均被禁止；EA＝1 时，各中断的产生由对应的启动位决定。

EX0/EX1：外部中断 0/外部中断 1 中断允许位。若置 1，则对应外部中断源可以申请中断；否则，对应外部中断申请被禁止。

ET0/ET1：T0/T1 中断允许控制位。若该位置 1，则对应定时器/计数器可以申请中断；否则对应定时器/计数器不能申请中断。

ES：串行口中断控制位。ES＝1 时，允许串行口中断；ES＝0 时，禁止串行口中断。

小提示

图中，值班室对教室的灯有总控开关；教室里，每个灯有自己的开关。

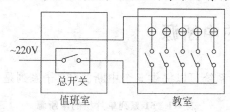

值班室送电时，教室的灯可由教室里的开关控制；但如果总控开关不送电，无论如何操作教室里的开关，教室的灯不会亮。

对 IE 寄存器，EA 类似于总控开关，其他位类似于教室开关。

---

2. 定时器/计数器控制寄存器 TCON

TCON 寄存器用来记录各个中断源所产生的中断标志位，并包含定时器/计数器的启动控制位。可位寻址，各位说明如下：

B7	B6	B5	B4	B3	B2	B1	B0
TF1	TR1	TF0	TR0	IE1	IT1	IE0	IT0

IE0/IE1：外部中断请求标志位。当 CPU 采样到 $\overline{INT0}$（或 $\overline{INT1}$）端出现有效中断请求时，IE0（或 IE1）位由硬件置 1。当中断响应完成转向中断服务程序时，由硬件把 IE0（或 IE1）清零。

IT0/IT1：外部中断请求信号方式控制位。若置 1 则对应外部中断为脉冲下降沿触发方式，若置 0 就是低电平触发方式。

TF0/TF1：定时器/计数器溢出中断请求标志位。若其为 1 则表示对应定时器/计数器的计数值已由全 1 变为全 0，在向 CPU 申请中断。

3. 中断优先权寄存器 IP

寄存器 IP 用来设定各种中断信号产生的优先次序。

中断优先级的概念可以用下面例子说明。假如你在洗衣服的时候，突然水开了，同时电话也响起了,接下来你只能去处理一件事,那该处理哪件事呢?你将会根据自己的实际情况来选择其中一件更重要的事先处理,在这里,你认为更重要的事就是优生级较高的事情。单片机在执行程序时同样也会遇到类似的状况,即同一时刻发生了两个中断,那么单片机该先执行哪个中断呢?这取决于单片机内部的一个特殊功能寄存器——中断优先级寄存器 IP 的设置情况。

默认情况下 8051 中断源优先控制权如下:

(低) ES ← ET1 ← EX1 ← ET0 ← EX0(高)

可以通过设置中断优先权寄存器 IP,分配中断源的优先中断权。IP 寄存器可按位寻址,各位说明如下:

B7	B6	B5	B4	B3	B2	B1	B0
保留	保留	保留	PS	PT1	PX1	PT0	PX0

PX0:外部中断 0 优先级设定控制位。若 PX0=1,则外部中断 0 设定为高优先级中断;否则,就是低优先级中断。

PT0:T0 中断优先级设定控制位。若 PT0=1,则定时器/计数器 0 被设置为高优先级中断;否则是低优先级中断。

PX1:外部中断 1 优先级设定控制位。若 PX1=1,则外部中断 1 设定为高优先级中断;否则是低优先级中断。

PT1:T1 中断优先级设定控制位。若 PT1=1,则定时器/计数器 1 被设置为高优先级中断;否则是低优先级中断。

PS:串行口中断优先级设定控制位。PS=1,串行口中断被设定为高优先级;PS=0,串行口中断是低优先级的。

以上各位设置为 0 时,则相应的中断源为低优先级;设置为 1 时,则相应的中断源为高优先级。

优先级的控制原则如下:

低优先级中断请求不能打断高优先级的中断服务;但高优先级中断请求可以打断低优先级的中断服务,从而实现中断嵌套。

如果一个中断请求已被响应,则同级的其他中断服务将被禁止,即同级不能嵌套。

如果同级的多个中断同时出现,则按 CPU 查询次序确定哪个中断请求被响应。其查询次序为:外部中断 0→定时中断 0→外部中断 1→定时中断 1→串行中断。

中断优先级控制,除了中断优先级控制寄存器之外,还有两个不可寻址的优先级状态触发器。其中一个用于指示某一高优先级中断正在进行服务,从而屏蔽其他高优先级中断;另一个用于指示某一低优先级中断正在进行服务,从而屏蔽其他低优先级中断,但不能屏蔽高优先级的中断。此外,对于同级的多个中断请求查询的次序安排,也是通过专门的内部逻辑实现的。

4. 中断响应条件

单片机响应中断的条件是:

（1）中断总允许位 EA 置 1；

（2）申请中断的中断允许位置 1；

（3）有中断源提出中断申请；

（4）无同级或高级中断正在服务；

（5）检测到有中断请求到来的机器周期是当前正在执行指令的最后一个机器周期。这样可保证当前指令的完整执行。

5．单片机的中断响应

单片机中断响应可以分为以下几个过程：

（1）停止主程序运行。当前指令执行完后立即终止现在执行的程序。

（2）对于外部中断源，单片机在每个机器周期的 S5P2 时刻对中断请求引脚进行采样，如果有有效的中断请求信号到来，就置位 IE0/IE1。

对于定时器/计数器中断和串行口中断，由于它们的中断请求发生在芯片内部，因此不存在中断请求信号采样问题。只需硬件电路在 S5P2 时刻将满足条件的中断源请求反映到相关标志位中即可。

（3）保护断点。把程序计数器 PC 的当前值压入堆栈，保存终止的地址（即断点地址），以便从中断服务程序返回时能够继续执行该程序。

（4）执行中断处理程序。

（5）中断返回。执行完中断处理程序后，从堆栈恢复程序计数器 PC 值，从中断处返回到主程序，继续往下执行。

以上工作是由计算机自动完成的，与编程者无关。

6．中断请求的撤销

中断响应后，TCON 和 SCON 的中断请求标志位应及时撤销；否则意味着中断请求仍然存在，有可能造成中断的重复查询和响应。因此需要在中断响应完成后，撤销其中断标志。

（1）定时中断请求的撤销。硬件自动把 TF0（TF1）清零，不需要用户参与。

（2）串行中断请求的撤销。需要软件清零。

（3）外部中断请求的撤销。脉冲触发方式的中断标志位的清零是自动的。电平触发方式的中断标志位的清零是自动的，但是如果低电平持续存在，在以后的机器周期采样时，又会把中断请求标志位（IE0/IE1）置位。

4.4　C 语言中断程序的写法

C51 编译器支持在 C 语言源程序中直接编写 51 单片机的中断服务函数程序，从而减轻了采用汇编语言编写中断服务程序的繁琐程度。为了能在 C 语言源程序中直接编写中断服务函数，C51 编译器对函数的定义有所扩展，增加了一个扩展关键字 interrupt。interrupt 是 C51 函数定义时的一个选项，加上这个选项即可以将函数定义成中断服务函数。

定义中断服务函数的一般形式为：

函数类型　函数名（形式参数表）interrupt n 　［using m］

{

```
    /* ISR */
}
```

interrupt 后面的 n 是中断, n 的取值范围为 0~31。编译器从 8n+3 处产生中断向量，具体的中断号 n 和中断向量取决于不同的 51 系列单片机芯片。51 单片机的常用中断源和中断向量如表 4-2 所示。

表 4-2 中断源和中断向量

中断编号	中断源	入口地址
0	外部中断 0	0003H
1	定时器/计数器 0 溢出	000BH
2	外部中断 1	0013H
3	定时器/计数器 1 溢出	001BH
4	串行口中断	0023H
5	定时器/计数器 2 溢出	001BH

m 用来选择 8051 单片机中不同的工作寄存器组。单片机 RAM 中使用 4 个不同的工作寄存器组，每个寄存器组中包含 8 个工作寄存器(R0~R7)，m 分别选中 4 个不同的工作寄存器组。如果不用该选项，则由编译器选第一个寄存器组作绝对寄存器组访问。

中断程序的编程需要先初始化中断系统，即对相关外部中断寄存器加以设定，如 TCON、IE、IP 等，然后编写中断服务程序。一旦某种中断源产生中断时，便会自动执行事先设定的各种中断服务程序控制代码了。

使用 C51 编写中断程序，需要在主程序中初始化中断系统，再单独编写中断服务函数，C51 中断程序编程的基本步骤如下：

(1) 设置 IE 寄存器，置位相应中断源的中断允许标志及 EA 使能相关中断，此项必须有；

(2) 设置 IP 寄存器，设定所用中断源的中断优先级。此项可选，可以不设置；

(3) 对外部中断应设定中断请求信号形式(电平触发/脉冲下降沿触发)，设置寄存器 TCON 的 IT0、IT1 项；

(4) 如果是定时器/计数器中断或串口中断，对于定时器/计数器中断应设置工作方式(定时或者计数)；

(5) 单独编写中断服务函数，此项必须有。

中断程序的一般格式如下：

```
#include <REGX51.H>          //包含 51 的特殊寄存器头文件
unsigned char xxx, … ;        //定义全局变量，方便中断函数与程序进行数据交换
//中断服务函数
void int0_intfun (void) interrupt 0 using x
    {
        //根据工程需要编程
        //使用全局变量与其他函数进行数据信息共享
    } //中断返回
//其他中断服务函数
void main ()
    {
        IE=xx;                //使能对应的中断
```

```
    while(1)                    //主程序循环
    {
    //使用全局变量与中断函数进行数据信息共享
    }
}
```

【**例 4-1**】 在单片机的 P1 上接 8 个发光二极管，外部中断 0 通过按键接低电平，下降沿有效。要求每发生一次 INT0 外部中断，指示灯移动一位。硬件电路如图 4-1 所示。

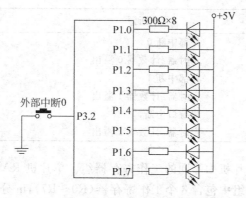

图 4-1 外部中断 INT0 控制灯移动电路

程序代码如下：

```
#include <REGX51.H>          //包含 51 的特殊寄存器头文件
unsigned char temp;

//中断服务子程序
void int0_intfun (void) interrupt 0 using 1
    {
      P1 = temp;
      temp = temp>>1;
    }                          //中断返回

void main ()
    {
      IE=0x81;                 //使能外部中断 0,可用 EA=1;EX0=1
      IT0 = 1;                 //外中断下降沿产生中断
      temp = 0x01;
      while(1);                //主程序循环
    }
```

小提示

1. 单片机中断是单独的一个函数；

2. 主函数不调用该函数，平时不执行该程序；

3. 什么时候执行该函数？当中断条件满足时，硬件向 CPU 提出中断申请；

4. 想使用中断，首先设置 IE 寄存器，使能中断；

5. 可以同时编程同时使能 5 个中断，这时需要 5 个中断函数。

4.5 有外部中断功能的按键系统(实训五)

用外部中断方式读按键,控制灯的变化方式,硬件电路图如图 4-2 所示。

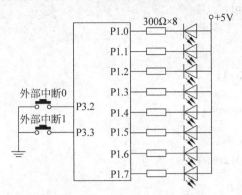

图 4-2 外部中断控制灯变换电路

在图 4-2 中,单片机 P3.2 引脚接在按键 K1。当按下 K1 时,可触发 INT0 中断,中断必须预先初始化才会启动。

思考: 中断触发方式如何初始化中断? 观察系统能否立即响应按键操作,理解中断作用。

4.6 单片机中断编程进阶

1. 为什么在程序中要使用中断

1) 程序中使用中断可以减少单片机 CPU 的工作量

例如,修改 3.11 节中的"程序 3"以使用中断实现数码管显示,具体代码修改如下:

```
#include<REGX51.H>
#define uint unsigned int
#define uchar unsigned char
uchar code Led_Show[10]=……; //对应 0~9 显示码
uint temp;                   //要显示的 4 位数
//数码管显示子程序,输入一个十进制数,在数码管上显示出该十进制
void show(uint dat)
{
    uchar temp;
    uchar k;
    k=dat;
    P1_0=0;
    temp=k/1000; k=k%1000;
    P0=Led_Show[temp];
    Delay_xMs(1);
    P1_0=1;P1_1=0;
```

```
            temp=k/100; k=k%100;
            P0=Led_Show[temp];
            Delay_xMs(1);
            P1_1=1;P1_2=0;
            temp=k/10; k=k%10;
            P0=Led_Show[temp];
            Delay_xMs(1);
            P1_2=1;P1_3=0;
            P0=Led_Show[k];
            Delay_xMs(1);P1_3=1;
      }
      void TIMER0(void) interrupt 1
      {
            TH0=(65536-50000)/256;
            TL0=(65536-50000)%256;
            show(temp);
      }
      void main()
      {
            TMOD=0x01;
            TH0=(65536-50000)/256;
            TL0=(65536-50000)%256;
            IE=0x82;
            TR0=1;
            while(1)
             {
                 temp=5678;            //修改要显示的内容
                    …                  //其他代码
             }
      }
```

　　程序中，定时器设定为每秒中断 20 次左右，每次中断执行一次数码管扫描，这样就可以实现数码管的动态显示。主程序中没有专门的数码管显示代码。如果显示程序放在主程序时会一直占用 CPU 的资源，而使用中断可以节省 CPU 的资源。

　　以后要讲的单片机串口接收数据一节，如果使用查询法进行编程，在主程序中需要有一段代码对单片机是否接收到了数据进行查询，这样会一直占用 CPU 的部分资源。如果使用中断法进行编程设计，那么单片机接收到数据后才执行一次中断函数，这样可以减少程序占用 CPU 的资源。

　　2）程序中使用中断可以提高单片机对事件的处理速度

　　例如单片机串口接收数据，如果使用查询法进行编程设计需要一个程序周期才能查询一次，从数据准备好到开始传输的时间不确定，实时性不好。而如果使用中断法进行编程设计，那么单片机接收到数据后马上执行一次中断函数。使用中断发送数据传输时，数据或设备准备好信号有效时马上产生个中断，此时马上进入中断处理程序可以进行数据传输，省去循环等待时间，例如，9600bps 时查询发送约占用单片机 10ms，而中断发送只占单片机几十微秒。说明使用中断能够使数据及时传输。

2. 中断函数使用全局变量与其他函数进行信息交换

为了能够编写好一个简洁的中断程序,应抓住中断实时性的特点,针对实时中断数据采集系统,也就是中断的特点在于数据的采集。因此,在中断程序中只应该处理数据采集和标志位的设置,而将数据的处理放在中断之外,由主程序通过循环检测执行数据处理工作。具体做法是:先定义需要的全局变量,作为采集来的数据的传递媒体,即存储采集数据,等待主程序的处理;中断程序负责数据的采集,并且将采集来的数据值赋给全局变量;主程序通过条件循环语句反复检测"存储缓冲区"情况,及时处理采集信息。这样在处理方法既能有效地实现中断的功能,又可以极大地缩减每个中断的时间,提高整个程序的反应速度。

思考与练习

1. 什么是中断?中断与调用子程序有何异同?举例说明 I/O 的中断控制。

2. 51 单片机有几个中断源?有几级中断优先级?各中断标志是怎样产生的,又是如何清除的?

3. 51 单片机响应中断的条件是什么?

4. 简述 CPU 响应中断的过程。

5. 外部中断有几种触发方式?如何选择?在何种触发方式下,需要在外部设置中断请求触发器?为什么?

6. 设在单片机的 P1.0 口接一个开关,用 P1.1 口控制一个发光二极管。要求当开关按下时 P1.1 口能输出低电平,控制发光二极管发亮,编制一个查询方式的控制程序。如果开关改接在 INT0 口,改用中断的方式,编写一个中断的方式控制程序。

7. 用两个开关在两地控制一盏楼梯路灯,用单片机控制,两个开关分别接在 1NT0 和 INT1,采用中断方式编写控制程序。

第5章 单片机的定时器/计数器

本章要点：

- 理解定时器/计数器的工作原理；
- 掌握定时器/计数器寄存器的设置；
- 掌握定时器/计数器的编程。

在测控系统中，经常需要定时检测某些物理参数，或间隔一定时间来进行某种控制。这些定时任务可以通过编写延时程序的方法实现，但该方法占用 CPU 时间，影响 CPU 的工作效率，同时该延时的时间不精确，不适合用于实时控制。51 单片机内置了两个可编程的16 位定时器/计数器 T0 和 T1，可用作定时控制以及对外部事件的计数。

5.1 定时器/计数器结构及功能

51 单片机定时器/计数器的逻辑结构如图 5-1 所示。

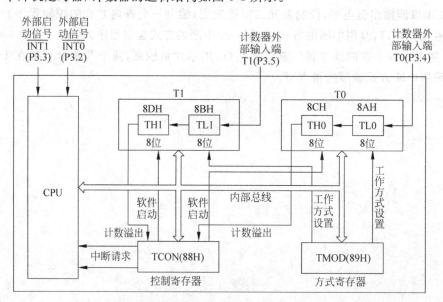

图 5-1　定时器/计数器结构框图

16 位的定时器/计数器分别由两个 8 位专用寄存器组成，即 T0 由 TH0 和 TL0 构成，T1 由 TH1 和 TL1 构成，每个寄存器均可单独访问。这些寄存器用于存放定时或计数初值。内部有一个 8 位的定时器方式寄存器 TMOD 和一个 8 位的定时控制寄存器 TCON。

这些寄存器之间是通过内部总线和控制逻辑电路连接起来的。

定时器/计数器实质上是一个加1计数器,其控制电路受软件控制、切换。

小提示:

定时器类似一个电子表,看下面比较:

电子表	定时器 T0
先安上电池后开始自动计时	使 TR0 置 1 后,定时器开始工作
时间计数值根据秒自动地变换	每个机器周期使时间标记加1(TH0、TL0)
电子表计时到 24 点时溢出	到溢出点产生溢出标记
溢出后时间值恢复到 0	TH0 和 TL0 都是 0
可以调整电子表当前的时间初始值	根据定时的时间长短修改 TH0、TL0

单片机的两个定时器/计数器均有两种工作方式,即定时工作方式和计数工作方式。这两种工作方式由 TMOD 的 D6 位和 D2 位选择,即 C/$\overline{T}$ 位,其中 D6 位选择 T1 的工作方式,D2 位选择 T0 的工作方式。工作原理见图 5-2。

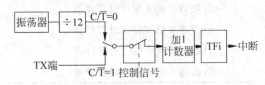

图 5-2　工作原理图(TX 代表 T1 或 T0)

1) 计数功能

当定时器/计数器设置为计数工作方式时,计数器对来自输入引脚 T0(P3.4)和 T1(P3.5)的外部信号计数,外部脉冲的下降沿将触发计数。此时,单片机在每个机器周期对外部计数脉冲进行采样。如果前一个机器周期采样为高电平,后一个机器周期采样为低电平,即为一个有效的计数脉冲,在下一个机器周期进行计数,TH0、TL0(TH1、TL1)加 1。可见采样计数脉冲是在 2 个机器周期进行的,因此计数脉冲频率不能高于晶振频率的 1/24。

2) 定时功能

当定时器/计数器设置为定时工作方式时,TH0、TL0(TH1、TL1)计数器对内部机器周期计数,计数脉冲输入信号由内部时钟提供,每过一个机器周期,计数器增 1,直至计满溢出。

定时器的定时时间与系统的振荡频率紧密相关,因为每个机器周期有固定时间,即一个机器周期由晶振的 12 个振荡脉冲组成。如果单片机系统采用 $f_{osc}=12\text{MHz}$ 晶振,则计数器的计数频率 $f_{cont}=f_{osc}\times 1/12$ 为 1MHz,计数器计数脉冲的周期等于机器周期,即:

$$T_{cont}=1/f_{cont}=1/(f_{osc}\times 1/12)=12/f_{osc}$$

式中 f_{osc} 为单片机振荡器的频率;f_{cont} 为计数脉冲的频率。

这是最短的定时周期,适当选择定时器的初值可获取各种定时时间。MCS-51 单片机的定时器/计数器工作于定时方式时，其定时时间由计数初值和所选择的计数器的长度（如8位、13位或16位）来确定。

每一个机器周期都使计数器加1，直到计数器计满为止。当计数器计满后，下一个机器周期使计数器清零，即溢出过程。

由开始计数到溢出，这段时间就是"定时"时间。定时时间长短与计数器预先装入的初值有关。初值越大，定时越短；初值越小，定时越长。最大定时时间为65 536个机器周期。

5.2 定时器/计数器相关的控制寄存器

T0/T1工作过程是通过一些控制寄存器实现的，相关寄存器如表5-1所示。

表 5-1 定时器/计数器相关的寄存器

名称	功 能 描 述
TCON	计数器控制寄存器，用于控制定时器的启动与停止
TMOD	用于设置定时器的工作方式
TH0	计数器0高8位计时寄存器
TL0	计数器0低8位计时寄存器
TH1	计数器1高8位计时寄存器
TL1	计数器1低8位计时寄存器

1. 方式控制寄存器 TMOD

TMOD为8位寄存器，用于控制T0和T1的工作方式和工作模式。低4位用于T0，高4位用于T1。该寄存器不能按位寻址，各位含义如下。

B7	B6	B5	B4	B3	B2	B1	B0
GATE	$C/\overline{T}$	M1	M0	GATE	$C/\overline{T}$	M1	M0
决定 T1 的工作方式				决定 T0 的工作方式			

GATE：门控位，当GATE＝1时，INT0或INT1引脚为高电平，同时TCON中的TR0或TR1控制位为1时，定时器/计数器0或1才开始工作。若GATE＝0，则只要将TR0或TR1控制位设为1，定时器/计数器0或1就开始工作。

$C/\overline{T}$：定时器或计数器功能的选择位。$C/\overline{T}＝1$为计数器，通过外部引脚T0或T1输入计数脉冲。$C/\overline{T}＝0$时为定时器，由内部系统时钟提供计时工作脉冲。

M1、M0：工作模式选择。

M1M0＝00：工作模式0，13位定时器/计时器；

M1M0＝01：工作模式1，16位定时器/计时器；

M1M0＝10：工作模式2，8位自动加载定时器/计时器；

M1M0＝11：工作模式3,计数器1本身停止计时的工作,而计数器0分为两个独立的8位计数器,由 TH0、TL0 来负责计时的任务。

2. 定时器/计数器器控制寄存器 TCON

TCON 各位含义如下：

B7	B6	B5	B4	B3	B2	B1	B0
TF1	TR1	TF0	TR0	IE1	IT1	IE0	IT0

TF0/TF1：定时器/计数器溢出中断请求标志位。当计数器计数溢出时,单片机将该位置1。使用查询方式时,此位作状态位可供查询,但应注意查询有效后应采用软件将该位清零；使用中断方式时,此位作中断标志位,在进入中断服务程序时由片内硬件自动清零。

TR0/TR1：定时器/计数器运行控制位。TR0(TR1)＝0 时,停止定时器/计数器工作；TR0(TR1)＝1 时,启动定时器/计数器工作。该位根据需要由软件方法使其置1或清零。

小知识

定时器/计数器是内部集成的器件,使用时只需设置即可使用。

TH0、TL0 是两个8位计数器,最大值是 65 535,不可能是 65 536。65 535 再加1时计数器值会变成0。这就是计数器的溢出。

5.3 定时器/计数器的工作模式

定时器/计数器有4种工作模式。

1. 工作模式0

图 5-3 是 T0 在定时工作方式0下的逻辑结构。方式0是对两个8位计数器 TH0、TL0(或 TH1、TL1)进行计数操作。其中高8位用8位,低8位只用低5位,从而构成了一个13位计数器。

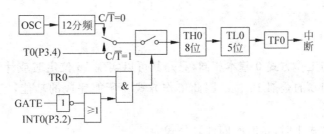

图 5-3 T0 在工作方式 0 下的逻辑结构

计数时低 8 位 TL0(TL1)中低 5 位计满向高 8 位 TH0(TH1)进位,TH0(TH1)计满则使标志位 TF0 或 TF1 置 1,在允许中断的情况下产生中断申请。

1) 定时功能

$C/\overline{T}=0$,定时器对机器周期计数。定时时间的计算公式为:

$$(2^{13}-\text{计数初值})\times\text{晶振周期}\times12$$
$$(2^{13}-\text{计数初值})\times\text{机器周期}$$

2) 计数功能

$C/\overline{T}=1$,控制开关接通计数引脚 T0(P3.4)或 T1(P3.5),此时在 T0 即计数 P3.4(或 P3.5)引脚上到来的脉冲个数,每检测到一个脉冲下降沿,就执行一次加 1。即它作为计数器使用外部计数脉冲通过引脚供 13 位计数器使用。计数值的范围是 $1\sim8192(2^{13})$。

例如,设 51 单片机晶振频率为 6MHz,使用定时器 1 以方式 0 产生周期为 $500\mu s$ 的等宽正方波脉冲,在 P1.7 端输出。

欲产生周期为 $500\mu s$ 的等宽正方波脉冲,只需在 P1.7 端以 $250\mu s$ 为周期交替输出高低电平即可,因此定时时间应为 $250\mu s$。设待求计数初值为 N,则:

$$(2^{13}-N)\times2\times10^{-6}=250\times10^{-6}$$
$$N=8067$$

则 TL1=03H,TH1=FCH。

小提示——关于初始值的计算

定时器计时时间是从初始值到溢出点的时间,许多初学者觉得不理解。

为什么不是从 0 开始,而是要到溢出点呢? 这与单片机的硬件设计方面有关。当定时器 T0 或 T1 溢出时,单片机硬件会产生 TF0、TF1 标记并可以产生中断。为了使用这些溢出标记,所以使用定时器进行编程时一般先设置定时器的初始值,然后到溢出点时检测 TF0(TF1)或进行中断处理。

定时器运行时 TH0、TL0 的值在不断加 1,最后加到溢出点。每加一次的时间为一个机器周期的时间。

实际上,如果不使用 TF0、TF1 标记(中断),我们可以随时读出 TL0、TH0 的值,并且通过计算 TL0、TH0 的增加值得出定时器走过的时间。

---

2. 工作模式 1

工作方式 1 与工作方式 0 基本相同,只是其可以实现 16 位定时或计数,即在这种方式下使用 TH0 与 TL0 的全部 16 位。因此工作方式 0 所能完成的功能,工作方式 1 都可以实现。

定时器工作方式 1 时,定时时间计算公式为:

$$(2^{16}-\text{计数初值})\times\text{晶振周期}\times12$$
$$(2^{16}-\text{计数初值})\times\text{机器周期}$$

当计数器工作在方式 1 时,计数值的范围是 1～65 536(2^{16})。

上例中,计数器工作在方式 1 时,$N=65\,411$。可以计算出:TL1=83H,TH1=FFH。

3. 工作模式 2

图 5-4 是 T0 在工作方式 2 下的逻辑结构。工作方式 2 能自动加载计数初值。这种工作方式将 16 位计数器分为两部分,即以 TL0(TL1)作计数器,以 TH0(TH1)作预置计数器,初始化时把计数初值分别装入 TL0(TL1)和 TH0(TH1)中。当计数器溢出时,通过片内硬件控制自动将 TH0(TH1)中的计数初值重新装入 TL0(TL1)中,然后 TL0(TL1)又重新计数。

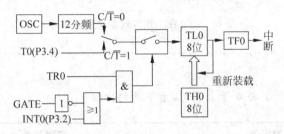

图 5-4　T0 在工作方式 2 的逻辑结构

定时时间的计算公式:

$$(256-计数初值)\times 晶振周期\times 12$$
$$(256-计数初值)\times 机器周期$$

当 8 位计数器工作在方式 2 时,计数值的范围是 1～256。

这种自动重新加载初始值的工作方式非常适用于循环或循环计数应用,例如用于产生固定脉宽的脉冲。此外,对于 T1 可以作为串行数据通信的波特率发生器使用。

4. 工作模式 3

图 5-5 是 T0 在定时工作方式 3 下的逻辑结构。模式 3 的工作和前面所介绍的 3 种模式不太一样,计数器 0 被分为 2 个独立的 8 位计数器,分别由 TL0 及 TH0 来做计数。其中,TL0 仍然使用 T0 的各控制位、引脚和中断溢出标志,而 TH0 要占用 T1 的 TR1 和 TF1。

其中 TL0 用原 T0 的各控制位、引脚和中断源,即 C/$\overline{\text{T}}$、GATE、TR0、TF0 和 T0(P3.4)引脚、INT0(P 3.2)引脚。TL0 除仅用 8 位寄存器外,其功能和操作与方式 0(13 位计数器)、方式 1(16 位计数器)完全相同,可设置为定时器方式或计数器方式。

TH0 只有简单的内部定时功能,它占用了定时器 T1 的控制位 TR1 和 T1 的中断标志位 TF1,其启动和关闭仅受 TR1 的控制。

计数器 1 仍然可以在模式 0,1,2 下工作,但是没有中断功能。这样 51 单片机的计时器在模式 3 工作时最多可以同时有 3 组计数器在工作。

工作方式 3 只适用于定时器 0。如果使定时器 1 为工作方式 3,则定时器 1 将处于关闭状态。

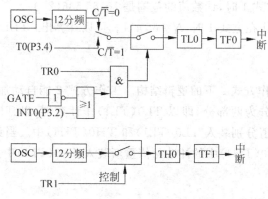

图 5-5　T0 在工作方式 3 的逻辑结构

小提示

定时器初始值计算与电子表类似，看下面的比较。

电子表的操作	定时器的操作
看一下几点了	读一下寄存器 TH0、TL0（TH1、TL1）
显示时间不停地一秒一秒地增加	定时器的 TH0、TL0 在不断地加 1 操作
在 12 点有人请科室的同事吃饭	定时器在计数溢出时会产生 TF0 或 TF1 标志，并可产生中断
离吃饭地点有 45 分钟的路程，需要几点出发	离溢出点需要 30ms，假如使用 12MHz 的晶振，能计算出此时 TH0、TL0 应是什么值

5.4　C 语言对定时器/计数器的编程

C51 对定时器/计数器的编程过程可分为查询法和中断法。编程需要考虑下面问题：

（1）是否需要中断。定时器/计数器在计数溢出时可以产生中断，如果需要该中断，则设置 IE 寄存器，使能对应的定时器/计数器中断；

（2）是否需要 GATE；

（3）是定时状态，还是计数状态，并设置 C/$\overline{T}$ 位。

1. 查询法的编程

基本步骤如下：

（1）设置 TMOD 寄存器，设置定时器/计数器工作方式；

（2）根据定时时间/计数大小，计算出 TH0、TL0 或 TH1、TL1 初值；

（3）设置 TR0 或 TR1，启动对应的定时器/计数器；

（4）循环查询 TF0 或 TF1 的状态，如果为 1 则说明溢出；

(5) 如果溢出,使 TF0 或 TF1 置 0,执行相应代码。

具体格式如下:

```
#include <REGX51.H>
void main(void)
{
  TMOD= ... ;            //设定工作模式
  TR0=1;                 //启动定时器
  while(1)
  {
    TH0= ... ;
    TL0= ... ;           //根据定时时间赋初始值
    while(!TF0);         //判断是否已经到溢出点,没到则一直循环
    ... ;                //输出结果
    TF0=0;               //人工将 TF0 置位
  }
}
```

2. 中断法的编程

主程序初始化定时器/计数器及中断系统,初始化基本步骤如下:

(1) 设置 IE 寄存器,置位相应 ET0 或 ET1 标志位及 EA 位,使能相关中断;

(2) 设置 TMOD 寄存器,设置定时器/计数器工作方式;

(3) 根据定时时间/计数大小,计算出 TH0、TL0 或 TH1、TL1 初始值;

(4) 设置 TR0 或 TR1,启动对应的定时器/计数器;

(5) 单独编写中断服务函数。

具体格式如下:

```
#include <REGX51.H>
void time(void) interrupt 1(或 3)   //定时器中断
{
...                                  //定时器/计数器服务代码
}

void main(void)
{
  TMOD= ... ;            //设定工作模式
  TH0= ... ;
  TL0= ... ;            //根据定时时间赋初始值
  IE= ... ;             //允许定时器中断
  TR0=1;                //启动定时器
  while(1);
}
```

下面举例说明各种工作方式下的编程。

【例 5-1】　定时状态下,工作方式 1 的编程。

设单片机晶振频率为 6MHz,使用工作方式 1,产生周期为 $500\mu s$ 的等宽正方波,并由 P1.0 输出。

分析：题目的要求可用图 5-6 来表示。

由图 5-6 可以看出，只要使 P1.0 的电位每隔 $250\mu s$ 取一次反即可。所以，定时时间应取 $250\mu s$。

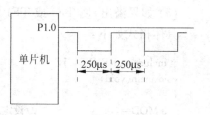

图 5-6　方波输出电路设计

（1）计算计数初值。设计数初值为 X，由定时计算公式知：

$(2^{16}-X)\times2\mu s=250\mu s$

X=65411D

X=1111 1111 1000 0011B

X=0FF83H，TH1=0FFH，TL1=83H

（2）专用寄存器的初始化。

TMOD 设置的对应值如下：

GATE	C/$\overline{\text{T}}$	M1	M0	GATE	C/$\overline{\text{T}}$	M1	M0
0	0	0	1	0	0	0	0

所以，TMOD 应设置为 10H。

方法一：以查询方式编程。程序如下：

```
#include <REGX51.H>
void main(void)
{
    TMOD=0x10;          //设定工作模式
    TR1=1;              //启动定时器
while(1)
    {
        TH1=0xFF;
        TL1=0x83;       //根据定时时间赋初始值
        while(!TF1);     //判断是否已经到溢出点，没到一直循环
        P1_0=!P1_0;      //输出结果
        TF1=0;          //人工将 TF1 置位
    }
}
```

"while(!TF1);"语句的功能是查询 T1 是否已经到溢出点。当定时器没有到溢出点时，TF1 的值是 0，"!TF1"的值是 1，因此 while()语句的条件满足，此时单片机一直处在 while()语句的循环状态。只有当定时器溢出后，TF1 的值变为 1，while()语句的条件不满足，程序才跳出该循环。定时器溢出表示定时时间到，"P1_0=!P1_0;"语句是输出结果。定时器溢出后因为 TF1 的值是 1，所以使用"TF1=0;"语句人工将 TF1 置位。

方法二：以中断方式编程。利用定时器 T0 作 $250\mu s$ 定时，达到定时值后引起中断，在中断服务程序中，使 P1.0 的状态取一次反，并再次定时 $250\mu s$。TMOD 应设置为 01H。程序如下：

```
#include <REGX51.H>
void time(void) interrupt 1       //T0 中断
```

```
{
  P1_0=!P1_0;
  TH0=0xFF;
  TL0=0x83;
}
void main(void)
{
  TMOD=0x01;            //设定工作模式
  P1_0=0;
  TH0=0xFF;
  TL0=0x83;             //根据定时时间赋初始值
  IE=0x82;              //允许定时器中断
  TR0=1;                //启动定时器
  while(1);
}
```

【例 5-2】 工作方式 2 的应用。

> **小经验——使用定时器的工作方式 2 实现更精确的定时**
>
> 当模式 0、模式 1 用于循环重复定时计数时,每次计数满溢出,寄存器全部为 0,第二次计数还得重新装入计数初值。这样编程麻烦,而且影响定时时间精度,而模式 2 解决了这种缺陷。

设单片机晶振频率为 6MHz,使用工作方式 2,产生周期为 $500\mu s$ 的等宽正方波,并由 P1.0 输出。

解:用定时器 1,工作方式 2,由 T1 的中断来实现。

计数初值:X1=256-125=131=83H,所以 TH1=TL1=83H。

设置 TMOD:GATE=0;C/$\overline{T}$=0;M1M0=10B,TMOD=20H(定时方式,模式 2)。

程序代码如下:

```
#include <REGX51.H>
void time(void) interrupt 3      //T1 中断
{
  P1_0=!P1_0;                    //P1.0 取反输出
}
void main(void)
{
  TMOD=0x20;
  TH0=0x83;
  TL0=0x83;                      //T1 计数初值
  IE=0x82;
  TR1=1;                         //启动 T1
  while(1);
}
```

可以看出模式 2 下,定时器每次溢出后不用人工装入定时器初始值。计数的最高值是 256,其他与模式 1 相同。

> **小经验——定时器一般使用工作方式 1 和工作方式 2，其他两种方式一般不用。**

【例 5-3】　模式 3 的应用。

通常情况下，T0 不运行于工作方式 3，只有在 T1 处于工作方式 2，并不要求中断的条件下才可能使用。这时，T1 往往用作串行口波特率发生器，TH0 用作定时器，TL0 作为定时器或计数器。方式 3 是为了使单片机有 1 个独立的定时器/计数器、1 个定时器以及 1 个串行口波特率发生器的应用场合而特地提供的。这时，可把定时器 1 用于工作方式 2，把定时器 0 用于工作方式 3。

程序代码如下：

```
#include <REGX51.H>
void time(void) interrupt 1        //T0 中断
{
    TL0=0xFA;                      //T0 重赋初值
    P1_0=!P1_0;                    //P1.0 取反输出
}

void time(void) interrupt 3        //T1 中断
{
    TH0=0x9C;                      //T1 重赋初值
    P1_2=!P1_2;                    //P1.20 取反输出
}
void main(void)
{
    TMOD=0x23;                     //T0 模式3,定时,T1 模式2,定时
    TH0=0x9C;                      //T1 计数初值
    TL0=0xFA;                      //T0 计数初值
    //下面是设置 T0、T1 定时器
    IE=0x8a;                       //开放 T0、T1 中断
    TR1=1;                         //启动 T1
    TR0=1;                         //启动 T0
    //下面是设置波特率
    SCON=0x40;
    TMOD=0x20;
    TH1=0xe8;
    TL1=0xe8
    while(1);
}
```

【例 5-4】　TMOD 寄存器中 GATE 位的应用。

> **小知识——GATE 位的作用**
>
> GATE 位是 TMOD 寄存器的一位，可以设置为 0、1 两种状态，其作用如下图所示。当 GATE=0 时，只有 TR1 位控制定时器/计数器的开关。当 GATE=1 时，除了 TR1 位外，还有 INT1 引脚的电平同时控制定时器/计数器的开关。

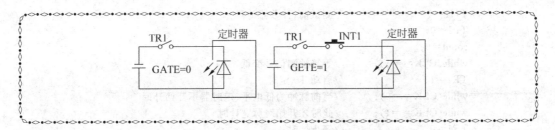

题目：利用 GATE 门控位测量从 INT1 引脚输入的正脉冲宽度。

解：脉冲信号从单片机的 INT1 中断引脚输入，这样可以通过 INT1 引脚控制定时器 T1 的启停。测量原理如图 5-7 所示。正脉冲宽度是电平从低到高开始计时(上升沿)，一直到由高到低结束(下降沿)，中间持续的时间。

图 5-7 是利用 GATE 门控位测量脉冲宽度原理。GATE 是单片机定时器的门控位，GATE=1 时，INT1 引脚为高电平，而且同时 TR1 为 1 时定时器才进行计时工作。从图 5-7 可以看出当输入脉冲为高电平时，T1 对脉冲计时。当脉冲为低电平时，尽管 TR1 为 1，T1 仍立即停止对脉冲的计时。此时再设置 TR1 为 0 并读出脉冲的定时时间。这样通过使用 GATE 位，能够在脉冲高电平变为低电平时使定时器立即停止计时，保证了测量的准确度。

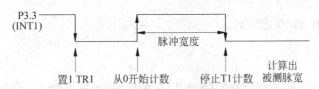

图 5-7 利用 GATE 门控位测量脉冲宽度原理

(1) 定时器 T1 工作在方式 1，计时状态，GATE＝1，方式控制字 TMOD=10010000B=90H。

(2) 计算初值。

由于被测正脉冲宽度未知，设定定时初值为 0，此时一次中断计数的值是 65 536。

程序代码如下：

```c
#include <regx51.h> /*头文件的包含*/
sbit CLK=P3^3;              //被测信号输入端
uchar count;               //T1 溢出次数
void timer1(void) interrupt 3    //定时器 T1 中断
{
count++;                  //中断计数器加 1
}

void main(void)
{
    unsigned long wide;
    TMOD=0x90;             //T1 工作于定时方式 1，GATE＝1，由 CLK 高电平启动计时
    IE=0x84;               //允许 T1 中断
    IT1=1;                 //外部中断负跳变触发
    while(1)
    {
```

```
        TH1=0;                //测试前,计数器清零
        TL1=0;
        count=0;
        while(CLK==1);        //等待被测信号变低
        TR1=1;                //启动 T0 定时
        while(CLK==0);        //当前脉冲为低电平,定时器不开始计时
        while(CLK==1);        //此时才开始对脉宽计时
        TR1=0;                //停止计时
        wide=(count * 65536)+(TH1<<8)+TL1;   //算出脉宽
        …;                    //处理结果
    }
}
```

从程序可以看出,脉宽的计算方法是 wide＝定时器中断的次数×65 536＋当前定时器的值。

5.5　定时器/计数器 T0 作跑马灯（实训六）

1. 实训题目

定时器/计数器 T0 作跑马灯。

2. 实训任务

用 AT89S51 的定时器/计数器 T0 产生 2s 的定时,当第一个 2s 定时到来时,L1 指示灯开始以 0.2s 的速率闪烁,当下一个 2s 定时到来之后,L2 开始以 0.2s 的速率闪烁,如此循环下去。0.2s 的闪烁速率也由 T0 来完成。

3. 电路原理图

在图 2-11 所示的单片机最小系统电路基础上,将 8 个发光二极管 L1～L8 分别接在单片机的 P1.0～P1.7 接口上。

4. 程序设计分析

T0 工作在方式 1(最高定时约 65ms),系统设置定时 50ms,采用中断编程。
此时 IE＝82H；TH0＝(65 536－50 000)/256；TL0＝(65 536－50 000)%256。
定时 2s 需要 40 次中断,同样 0.2s 需要 4 次中断。
由于每次 2s 定时到时,L1～L8 要交替闪烁。采用 ID 来号来识别:当 ID＝0 时 L1 在闪烁;当 ID＝8 时 L8 在闪烁。

5. C 语言参考程序

```
# include <REGX51.H>
unsigned char tcount2s;
unsigned char tcount02s;
```

```
unsigned char ID;                    //第几个灯
bit flag=0;                          //明灭状态
void TIMER0(void) interrupt 1
{
  tcount2s++;
  if(tcount2s==40)                   //2s 的定时
    {
        tcount2s=0;
        ID++;                        //决定控制第几个 LED
flag=0;                              //灯开始状态是发光
        if(ID==8) ID=0;
    }
  tcount02s++;
  if(tcount02s==4)                   //0.2s 的定时
    {
        if(flag)
P1_0=~(0x01<<ID);
        else
P1_0=0xff;                           //全灭
flag=!flag;
        tcount02s=0;
    }
}
void main(void)
{
  TMOD=0x01;
  TH0=(65536-50000)/256;
  TL0=(65536-50000)%256;
  IE=0x82;
  TR0=1;
  while(1);
}
```

小提示——~(0x01<< ID)语句是什么功能？

0x01 表示二进制 00000001。ID 表示 0~7 范围内的数，对应 8 个灯。如果是第 3 个灯，(0x01<<2)计算结果是 00000100B。

(0x01<<2)经过"~"符号按位取反后结果是 11111011B。

5.6 定时器/计数器的计数方式编程

51 单片机的两个定时器/计数器均有两种工作方式，即定时工作方式和计数工作方式。这两种工作方式由 TMOD 的 D6 位和 D2 位选择，即 C/$\overline{T}$ 位，其中 D6 位选择 T1 的工作方式，D2 位选择 T0 的工作方式。

> **小知识**
>
> 用作计数器时,对从芯片引脚 T0 或 T1 上输入的脉冲进行计数;用作定时器时,对内部机器周期脉冲进行计数,通过设置 TMOD 的 C/$\overline{\text{T}}$ 位决定。其他编程方法是一样的。

【例 5-5】   如在某啤酒自动生产线上,需要每生产 100 瓶执行装箱操作,将生产出的啤酒自动装箱,由 P1.0 引脚控制包装机的启停。试用单片机 T0 的计数器功能实现该控制要求。

硬件电路如图 5-8 所示,生产线上装有传感装置,每检测到一瓶啤酒经过就向单片机发送一个脉冲信号,这样使用计数功能就可实现。设用 T0 的工作方式 2 来完成该题目。

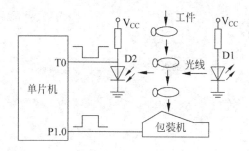

图 5-8   啤酒自动生产线

```c
#include <REGX51.H>
unsigned int count;
void time0_int(void) interrupt 1    //定时器/计数器 0 中断服务程序
{
    unsigned char i;
    count += count;                 //箱数计数器加 1
    P1_1 = 1;                       //启动外设包装
    for(i = 0;i<100;i++);           //给外设足够时间
    P1_0 = 0;                       //停止包装
}

void main()
{
    P1_0 = 0;
    count = 0;                      //箱数计数器清零
    TMOD = 0x06;                    //置定时器/计数器 0 工作方式
    TH0 = 0x9C;
    TL0 = 0x9C;                     //计数初值送计数器
    EA = 1;
    ET0 = 1;
    TR0 = 1;                        //启动定时器/计数器 0
    while(1);
}
```

5.7 定时器/计数器的应用进阶

（1）关于定时器/计数器需要理清楚的几个概念。

定时器/计数器是单片机内部已经集成的器件，不使用时不用管它，使用时直接编程使用即可。

T0、T1分别是两个独立的器件，工作方式0、1、2下编程的方法一样。T0对应的特殊功能寄存器是 TMOD 的低4位、TH0、TL0、TR0、TF0 以及 TR0、TF0，T1 对应的特殊功能寄存器是 TMOD 的低高4位、TH1、TL1、TR1、TF1 以及 TR1、TF1。

（2）T0、T1可以同时使用，互不影响。

（3）定时器/计数器的编程格式是固定的。定时器/计数器的编程有固定的语句，使用时只需按需修改参数即可。

（4）对于固定的格式，能够改变的只是设置的参数。例如，设置 TMOD 来改变定时器的工作方式，设置 TH0、TL0 改变定时器的初始值。

（5）在实际应用中，可以根据需要将某个定时器/计数器设为定时方式或计数方式。如果使用串口通信，还需要将 T1 或 T2 设为串行口波特率发生器。

5.8 使用定时器中断对红外线遥控器解码（实训七）

红外线遥控是目前使用最广泛的一种通信和遥控手段。由于红外线遥控装置具有体积小、功耗低、功能强、成本低等特点，因而，继彩电、录像机之后，在录音机、音响设备、空调以及玩具等其他小型电器装置上也纷纷采用红外线遥控。工业设备中，在高压、辐射、有毒气体、粉尘等环境下，采用红外线遥控不仅完全可靠而且能有效地隔离电气干扰。

1. 红外遥控系统

通用红外遥控系统由发射和接收两大部分组成。应用编/解码专用集成电路芯片来进行控制操作，如图5-9所示。发射部分包括键盘矩阵、编码调制、LED红外发送器；接收部分包括光、电转换放大器、解调、解码电路。

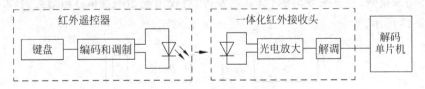

图5-9 红外线遥控系统框图

2. 红外遥控发射器及其编码

遥控发射器专用芯片很多，常见的编码方式是采用脉宽调制的串行码，以脉宽为0.565ms、间隔0.56ms、周期为1.125ms的组合表示二进制的0；以脉宽为0.565ms、间隔

1.685ms、周期为 2.25ms 的组合表示二进制的 1，其波形如图 5-10 所示。

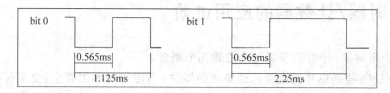

图 5-10　遥控码的 0 和 1（注：所有波形为接收端的与发射相反）

上述 0 和 1 组成的 32 位二进制码经 38kHz 的载频进行二次调制以提高发射效率，达到降低电源功耗的目的。然后再通过红外发射二极管产生红外线向空间发射，如图 5-11 所示。

图 5-11　遥控信号编码波形图

32 位二进制码组前 16 位为用户识别码，能区别不同的电器设备，防止不同机种遥控码互相干扰。该芯片的用户识别码固定为十六进制 01H；后 16 位为 8 位操作码（功能码）及其反码。

遥控器在按键按下后，周期性地发出同一种 32 位二进制码，周期约为 108ms。一组码本身的持续时间随它包含的二进制 0 和 1 的个数不同而不同，大约为 45～63ms，图 5-12 为发射波形图。

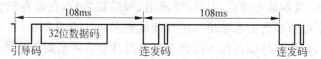

图 5-12　遥控连发信号波形

当一个键按下超过 36ms，振荡器使芯片激活，将发射一组 108ms 的编码脉冲，这 108ms 发射代码由一个引导码（9ms），一个结果码（4.5ms），低 8 位地址码（9～18ms），高 8 位地址码（9～18ms），8 位数据码（9～18ms）和这 8 位数据的反码（9～18ms）组成。如果键按下超过 108ms 仍未松开，接下来发射的代码（连发码）将仅由起始码（9ms）和结束码（2.25ms）组成，如图 5-13 所示。

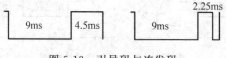

图 5-13　引导码与连发码

3. 遥控信号接收装置

接收电路可以使用一种集红外线接收和放大于一体的一体化红外线接收器，如图 5-14 所示。它将红外接收二极管、放大、解调、整形等电路做在一起，不需要其他任何外接元件，就能完成从红外线接收到输出与 TTL 电平信号兼容的所有工作,而体积和普通的塑封三极管大小一样,它适合于各种红外线遥控和红外线数据传输。

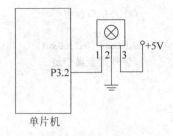

图 5-14　一体化红外线接收器与单片机的连接

接收器有 3 个引脚,即 OUT、GND、V_{CC},与单片机接口非常方便。

① 脉冲信号输出直接接单片机的 I/O 口;

② GND 接系统的地线(0V);

③ V_{CC} 接系统的电源正极(+5V)。

4．遥控信号的解码算法及程序编制

平时遥控器无键按下,红外发射二极管不发出信号,遥控接收头输出信号1。有键按下时,0 和 1 编码的高电平经遥控头倒相后会输出信号 1 和 0。由于与单片机的中断脚相连,将会引起单片机中断(单片机预先设定为下降沿产生中断)。单片机在中断时使用定时器 0 或定时器 1 开始计时。到下一个脉冲到来时,即再次产生中断时,先将计时值取出,清零计时值后再开始计时。通过判断每次中断与上一次中断之间的时间间隔,便可知接收到的是引导码还是 0 和 1。如果计时值为 9ms,接收到的是引导码;如果计时值等于 1.12ms,接收到的是编码 0;如果计时值等于 225ms,接收到的是编码 1。在判断时间时,应考虑一定的误差值。因为不同的遥控器由于晶振参数等原因,发射及接收到的时间也会有很小的误差。

以接收 TC9012 遥控器编码为例,解码方法如下:

(1)设外部中断 0(或者 1)为下降沿中断,定时器 0(或者 1)为 16 位计时器,初始值均为 0。

(2)第一次进入遥控中断后,开始计时。

(3)从第二次进入遥控中断起,先停止计时,并将计时值保存后,再重新计时。如果计时值等于前导码的时间,设立前导码标志。准备接收下面的一帧遥控数据,如果计时值不等于前导码的时间,但前面已接收到前导码,则判断是遥控数据的 0 还是 1。

(4)继续接收下面的地址码、数据码、数据反码。

(5)当接收到 32 位数据时,说明一帧数据接收完毕。此时可停止定时器的计时,并判断本次接收是否有效。如果两次地址码相同且等于本系统的地址,数据码与数据反码之和等于 0FFH,则接收的本帧数据码有效;否则丢弃本次接收到的数据。

(6)接收完毕,初始化本次接收的数据,准备下一次遥控接收。

程序代码如下(使用 12MHz 晶振):

```
#include<reg51.h>
#include<stdio.h>
```

```c
#include<intrins.h>
#define TURE 1
#define FALSE 0
sbit IR=P3^2;                      //红外接口标志
unsigned char code dofly[]=
{0x3f,0x06,0x5b,0x4f,0x66,0x6d,0x7d,0x07,0x7f,0x6f};
unsigned char irtime;             //红外用全局变量
bit irpro_ok,irok;
unsigned char IRcord[4];
unsigned char irdata[33];
void Delay(unsigned char mS);
void tim0_isr (void) interrupt 1   //定时器0中断服务函数
{
irtime++;
}
void ex0_isr (void) interrupt 0    //外部中断0服务函数
{
static unsigned char i;
static bit startflag;
if(startflag)
{
    if(irtime<42&&irtime>=33) i=0;  //引导码TC9012的头码
    irdata[i]=irtime;               //一次存储32位电平宽度
    irtime=0;
    i++;
    if(i==33)
        {
        irok=1;
        i=0;
        }
    }
  else {irtime=0;startflag=1;}
}
void TIM0init(void)                //定时器0初始化
{
TMOD=0x02;                         //定时器0工作方式2,TH0是重装值,TL0是初值
TH0=0x00;                          //reload value
TL0=0x00;                          //initial value
ET0=1;                             //开中断
TR0=1;
}
void EX0init(void)
{
IT0 = 1;                           //Configure interrupt 0 for falling edge on /INT0 (P3.2)
EX0 = 1;                           //Enable EX0 Interrupt
EA = 1;
}
void Ir_work(void)                 //红外键值散转程序
{
  switch(IRcord[2])                //判断第三个数码值
    {
```

```
            case 0:P1=dofly[1];break;    //1 显示相应的按键值
            case 1:P1=dofly[2];break;    //2
            case 2:P1=dofly[3];break;    //3
            case 3:P1=dofly[4];break;    //4
            case 4:P1=dofly[5];break;    //5
            case 5:P1=dofly[6];break;    //6
            case 6:P1=dofly[7];break;    //7
            case 7:P1=dofly[8];break;    //8
            case 8:P1=dofly[9];break;    //9
        }
    irpro_ok=0;                          //处理完成标志
}
void Ircordpro(void)                     //红外码值处理函数
{
unsigned char i, j, k;
unsigned char cord, value;
k=1;
for(i=0;i<4;i++)                         //处理 4 个字节
    {
        for(j=1;j<=8;j++)                //处理 1 个字节 8 位
        {
            cord=irdata[k];
            if(cord>7) value=value|0x80;  //大于某值为 1
                else value=value;
    if(j<8) value=value>>1;
    k++;
        }
        IRcord[i]=value;
        value=0;
    }
irpro_ok=1;                              //处理完毕标志位置 1
}
void main(void)
{
EX0init();                               //Enable Global Interrupt Flag
TIM0init();                              //初始化定时器 0
P2=0x00;                                 //1 位数码管全部显示
while(1)                                 //主循环
    {
        if(irok)
        {
            Ircordpro();                 //码值处理
            irok=0;
        }
        if(irpro_ok)                     //step press key
            Ir_work();                   //码值识别散转
    }
}
```

5.9　52 系列单片机的 T2 定时器应用

52 系列单片机比 51 系列单片机增加了一个定时器/计数器 T2。T2 和 T0、T1 的作用相同,都可以用于定时和对外部事件计数,但定时器 T2 的功能比 T1、T0 都强大。

5.9.1　T2 定时器的结构与寄存器

T2 是一个 16 位的具有自动重装和捕获能力的定时器/计数器,它的计数时钟源可以是内部的机器周期,也可以是 P1.0 输入的外部时钟脉冲,且计数器的主体都是加 1 计数器。

52 系列单片机与 T2 有关的特殊功能寄存器有以下 5 个:TH2、TL2、RCAP2H、RCAP2L 及 T2CON。TH2、TL2 组成 16 位计数器,RCAP2H、RCAP2L 组成 16 位缓冲寄存器。T2 有 3 种工作方式:捕捉方式、常数自动再装入方式和串行口波特率发生器方式。在捕捉方式时,当外部输入 T2EX(P1.1)发生负跳变(下降沿)时,将 TH2、TL2 的当前计数值锁存到 RCAP2H、RCAP2L 中。在常数自动再装入方式时,RCAP2H、RCAP2L 作为 TH2、TL2(16 位计数器)的时间初值存放的缓冲寄存器,当计数器溢出时,将 RCAP2H、RCAP2L 作为初值自动装入 TH2、TL2(16 位计数器)。

T2CON 为 T2 的状态控制寄存器,寄存器地址 0C8H,可以位寻址,格式如下:

位地址	B7	B6	B5	B4	B3	B2	B1	B0
位符号	TF2	EXF2	RCLK	TCLK	EXEN2	TR2	C/T2	CP/RL2

TF2:T2 溢出标记。当 T2 溢出时,TF2=1,TF2 只能用软件清除,当 RCLK=1 或 TCLK=1 时,TF2 将不置位。

EXF2:T2 外部标记。当 EXEN2=1 时,T2EX/P1.1 引脚上的负跳变引起 T2 的捕捉/重装操作,此时 EXF2=1。在 T2 中断允许时,EXF2=1 将引起中断,EXF2 只能用软件清除。在 T2 的向上、向下计数模式下(DCEN=1)EXF2 的置位将不引起中断。

RCLK:接收时钟允许。当 RCLK=1 时,T2 的溢出脉冲可用作串行口的接收时钟信号,适于串行口模式 1、3;当 RCLK=0 时,T1 的溢出脉冲用作串行口接收时钟信号。

TCLK:发送时钟允许。

EXEN2:T2 外部事件(引起捕捉/重装的外部信号)允许。当 EXEN2=1 时,如果 T2 没有作串行时钟输出(即 RCLK+TCLK=0),则在 T2EX/P1.1 引脚跳变将引起 T2 的捕捉/重装操作;当 EXEN2=0 时,在 T2EX 引脚的负跳变将不起作用。

TR2:T2 的启动/停止控制,C/T2:计数定时。

CP/RL2:捕捉/重装选择位。

当 CP/RL2=1 且 EXEN2=1 时,T2EX/P1.1 引脚的负跳变将引起捕捉操作;

当 CP/RL2=0 且 EXEN2=1 时,T2EX/P1.1 引脚的负跳变将引起重装操作;

当 CP/RL2=0 且 EXEN2=0 时,T2 的溢出将引起 T2 的自动重装操作;

当 RCLK+TCLK=1 时,CP/RL2 控制位不起作用,T2 被强制工作于重装方式。重装方式发生于 T2 溢出时,常用来作波特率发生器。

定时器 2 工作方式选择如表 5-2 所示。

表 5-2 定时器 2 工作方式选择

RCLK＋TCLK	CP/RL2	TR2	模式
0	0	1	16 位自动重装
0	1	1	16 位捕获
1	×	1	波特率发生器
×	×	0	关闭

5.9.2 T2 定时器的编程

1. 16 位自动重装模式的编程

16 位自动重装模式中,定时器 2 可通过 C/T2 配置为定时器或计数器,并且可编程控制递增/递减计数。计数的方向由 DCEN(递减计数使能位)确定,它位于 T2MOD 寄存器中,T2MOD 寄存器各位的功能请看下一个知识点。当 DCEN＝0 时,定时器 2 默认为向上计数;当 DCEN＝1 时,定时器 2 可通过 T2EX 确定递增或递减计数。在该模式中,通过设置 EXEN2 位进行选择。

当 EXEN2＝0 时,定时器 2 递增计数到 0FFFFH,并在溢出后将 TF2 置位,然后将 RCAP2L 和 RCAP2H 中的 16 位值作为重新装载值装入定时器 2。RCAP2L 和 RCAP2H 的值是通过软件预设。

当 EXEN2＝1 时,16 位重新装载可通过溢出或 T2EX 从 1 到 0 的负跳变实现。此负跳变同时将 EXF2 置位。如果定时器 2 中断被使能,则当 TF2 或 EXF2 置 1 时产生中断。

T2MOD 为定时器 2 模式控制寄存器,用来设定定时器 2 自动重装模式递增或递减模式,字节地址为 C9H,不可位寻址。

B7	B6	B5	B4	B3	B2	B1	B0
—	—	—	—	—	—	T2OE	DCEN

T2OE:定时器 2 输出允许位,为 1 时,P1.0/T2 引脚输出连续脉冲信号。

DCEN:为 1 时,T2 配置成向上向下计数器。

【例 5-6】 使用单片机的 T2 定时器实现 1s 的精确定时。

程序设计思路是使用单片机的 T2 中断实现 62.5ms 的延时,再使单片机循环 16 次该中断就实现 1s 的精确定时。

> **小提示**
> 要精确定时,最好用中断方式,并且工作在自动重装载方式。这里用 T2 定时器,它具有 16 位的自动重装载功能。
> T0、T1 的工作方式 2 也是自动重装载功能,但它们都是 8 位的。T2 定时器的自动重装载功能是 16 位的。因为每次处理中断都会带来一定的误差,所以 T2 带来的误差小得多。

T2 定时器预装载值的计算：

设晶振为 12MHz，每个机器周期是 $1\mu s$。而 T2 是 16 位的定时器，最多计数每 65 536 次，即最多 65ms。要实现 1s 的定时，取 60ms 的定时时间。

每次溢出 62 500 个机器周期，65 535－62 500－3035，即初始值是 3035。

RCAP2H×256＋RCAP2L＝30 335＝0x767f；

RCAP2H＝0x76；RCAP2L＝0x7f。

程序代码如下：

```
#include <reg52.h>
sbit Led=P1^0;              //定义 LED 位
void T2_init()              //T2 初始化
{
    RCAP2H=0x76;
    RCAP2L=0x7f;            //重装载计数器赋初值
    ET2=1;                  //开定时器 2 中断
    EA=1;                   //开总中断
    TR2=1;                  //开启定时器,并设置为自动重装载模式
}
void Timer2() interrupt 5   //调用定时器 2,自动重装载模式
{
    unsigned char i=0;      //定义静态变量 i
    TF2=0;                  //定时器 2 的中断标志要软件清零
    i++;                    //计数标志自加 1
    if(i==16)               //判断是否到 1s
    {
        i=0;                //将静态变量清零
        Led=~Led;           //LED 位求反
    }
}
void main()
{
    T2_init();              //T2 初始化函数
    while(1);
}
```

注意程序中语句"TF2=0;"，即 T2 寄存器的中断标志位 TF2 要软件清零。

小知识——什么是捕获？

通俗地讲，捕获就是捕捉某一个瞬间的值，通常用它来测量外部某个脉冲的宽度或周期。使用捕获功能可以非常准确地测量出脉冲宽度或周期，它的工作原理是：单片机内部有两组寄存器，其中一组的内部数值是按固定机器周期递增或递减，通常这组寄存器就是定时器的计数器寄存器(TLX、THX)，当与捕获功能相关的外部某引脚有一个负跳变时，捕获便会立即将此时第一组寄存器中的数值准确地获取，并且存入另一组寄存器中，这组寄存器通常被称为"陷阱寄存器"(RCAPXL、RCAPXH)，同时向 CPU 申请中断，以方便软件记录。当该引脚的下一次负跳变来临时，便会产生另一个捕获，再次向 CPU 申请中断，软件记录两次捕获之间数据后，便可以准确地计算出该脉冲的周期。

2. 捕获模式

要使用捕获模式,需要通过 T2CON 中的 EXEN2 设置两个选项。

当 EXEN2＝0 时,定时器 2 作为一个 16 位定时器或计数器(由 T2CON 中 C/T2 位选择),溢出时置位 TF2(定时器 2 溢出标志位)。该位可用于产生中断(通过使能 IE 寄存器中的定时器 2 中断使能位)。

当 EXEN2＝1 时,与以上描述相同,但增加了一个特性,即外部输入 T2EX 由 1 变 0 时,将定时器 2 中 TL2 和 TH2 的当前值各自捕获到 RCAP2L 和 RCAP2H。另外,T2EX 的负跳变使 T2CON 中的 EXF2 置位,EXF2 也像 TF2 一样能够产生中断(其中断向量与定时器 2 溢出中断地址相同,在定时器 2 中断服务程序中可通过查询 TF2 和 EXF2 来确定引起中断的事件)。在捕获模式中,TL2 和 TH2 无重新装载值,甚至当 T2EX 引脚产生捕获事件时,计数器仍以 T2 脚的负跳变或振荡频率的 1/12 计数。

3. 串行口波特率发生器方式

寄存器 T2CON 的 TCLK 和 RCLK 位允许从定时器 1 或定时器 2 获得串行口发送和接收的波特率。当 TCLK＝0 时,定时器 1 作为串行口发送波特率发生器;当 TCLK＝1 时,定时器 2 作为串行口发送波特率发生器。RCLK 对串行口接收波特率有同样的作用。通过这两位,串行口能得到不同的接收和发送波特率,一个通过定时器 1 产生,另一个通过定时器 2 产生。

定时器 2 工作在波特率发生器模式时与 T1 的自动重装模式相似,当 TH2 溢出时,波特率发生器模式使定时器 2 寄存器重新装载来自寄存器 RCAP2H 和 RCAP2L 的 16 位的值,寄存器 RCAP2H 和 RCAP2L 值由软件预置。

当定时器 2 配置为计数方式时,外部时钟信号由 T2 引脚进入,当工作于模式 1 和模式 3 时,波特率由下面给出的公式所决定:

$$模式 1 和模式 3 的波特率＝定时器 2 的溢出率/16$$

定时器/计数器可配置成"定时"或"计数"方式,在许多应用上,定时器被设置在"定时"方式(C/T2 ＝0)。当定时器 2 作为定时器时,它的操作不同于波特率发生器。通常定时器 2 作为定时器时,它会在每个机器周期递增(1/12 振荡频率);当定时器 2 作为波特率发生器时,它以 1/2 振荡器频率递增,这时计算波特率的公式如下:

$$模式 1 和模式 3 的波特率＝f_{osc}/32×[65\,536－(RCAP2H,RCAP2L)]$$

式中,(RCAP2H,RCAP2L)是 RCAP2H 和 RCAP2L 的内容,为 16 位无符号整数。定时器 2 是作为波特率发生器,仅当寄存器 T2CON 中的 RCLK 或 TCLK＝1 时,定时器 2 作为波特率发生器才有效。

【例 5-7】　使用 T2 作为波特率发生器。

```
#include <REGX52.H>          //52 系列单片机
#define uchar unsigned char
#define uint unsigned int
sbit DULA=P2^6;
sbit WELA=P2^7;
uchar str[ ]="hello!";
```

```
    uchar i;
    void delay_ms(uint xms)              //延时函数
    {
        uint x,y;
        for(x=xms; x>0; x--)
            for(y=248; y>0; y--);
    }
    void init()                          //12MHz 晶振 14 400bps 波特率,有误差
    {
        DULA=0;
        WELA=0;
        delay_ms(1);
        SCON=0x50;                       //参考串口一章
        RCAP2H=(65536-26)/256;
        RCAP2L=(65536-26)%256;           //T2 初始值
        TH2=RCAP2H;
        TL2=RCAP2L;                      //T2 初始值
        T2CON=0x34;                      //T2 设置
        delay_ms(1);
    }
    void main()
    {
        main_init();

        i=0;
        while(str[i] != '\0')
        {
            TI=0;
            SBUF=str[i];                 //发送数据
            while(!TI);                  //检测是否发送结束
            TI=0;
            i++;
        }
        while(1);
    }
```

思考与练习

1. 51 系列单片机内部有几个定时器/计数器？它们分别有几种操作方式,如何选择和设定？

2. 51 系列单片机定时方式和计数方式的区别是什么？

3. 试说明方式寄存器 TMOD 和控制寄存器 TCON 各位的功能。

4. 以计数器 0 工作模式 0 设计一个程序产生 3ms 宽的方波信号。

5. 设晶振主频为 12MHz,定时 1min,必须用到定时器/计数器 0,试设计方案并编程序。

6. 晶振主频为 12MHz,要求 P1.0 输出周期为 1ms 对称方波；要求 P1.1 输出周期为 3ms 不对称方波,占空比为 1∶2(高电平短、低电平长),试用定时器的方式 1 编程。

第6章

51单片机串行接口

本章要点:

- 了解单片机串行口的结构;
- 理解单片机串行口的寄存器;
- 掌握单片机串行口的编程。

单片机通信是指单片机与计算机或单片机与单片机之间的信息交换,通常单片机与计算机之间的通信使用得比较多。随着单片机的广泛应用和计算机网络技术的普及,单片机的通信功能越来越重要。

通信的传输方式可以分为两大类:并行通信与串行通信。在单片机系统中,信息的交换多采用串行通信方式。

并行通信是将数据字节的各位用多条数据线同时进行传送。并行通信的优点是控制简单、传输速度快。并行通信是将构成数据信息的各位同时进行传送的通信方式,例如8位数据或16位数据并行传送。图 6-1(a)为并行通信方式的示意图。其特点是传输速度快;缺点是需要多条传输线,当距离较远、位数又多时,导致通信线路复杂且成本高。在单片机中,一般用于 CPU 与 LED、LCD 显示器的连接,CPU 与 A/D、D/A 转换器之间的数据传送等并行接口方面。

串行通信是数据一位接一位地顺序传送。图 6-1(b)为串行通信方式的示意图。其特点是通信线路简单,只要一对传输线就可以实现通信(如电话线),从而大大地降低了成本,特别适用于远距离通信;缺点是传送速度慢。

(a) 并行通信 (b) 串行通信

图 6-1 通信的两种基本方式

单片机内部有一个全双工的串行接口。应用该串行接口,可以实现单片机与其他外部设备(如变频器)的通信,可以与计算机之间进行信息交换。

6.1 串行通信基础知识

对于串行通信,数据信息、控制信息要在一条线上依次传送,为了对数据和控制信息进行区分,收发双方要事先约定共同遵守的通信协议。通信协议约定的内容包括数据格式、同步方式、传输速率、校验方式等。依据发送与接收设备时钟的配置情况，串行通信可以分为异步通信和同步通信。

6.1.1　异步通信

异步通信是指通信的发送与接收设备分别使用各自的时钟去控制数据的发送和接收过程。为使双方的收发协调，要求发送和接收设备的时钟尽可能一致。异步通信示意图如图 6-2 所示。

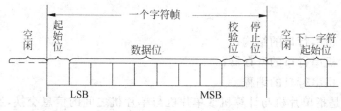

图 6-2　异步通信的格式

异步传送的特点是数据在线路上的传送不连续，在传送时，数据是以字符为单位组成字符帧进行传送的。字符帧由发送端一帧一帧地发送，每一帧数据位均是低位在前高位在后，通过传输线被接收端一帧一帧地接收。发送端和接收端可以由各自独立的时钟来控制数据的发送和接收，这两个时钟彼此独立，互不同步。

在异步通信中，接收端是依靠字符帧格式来判断发送端是何时开始发送，何时结束发送的。字符帧格式是异步通信的一个重要指标，是 CPU 与外设之间事先的约定。

字符帧也叫数据帧，由起始位、数据位、奇偶校验位和停止位 4 个部分组成。图 6-2 为异步传送的字符帧格式。

起始位：位于字符帧开始，起始位为 0 信号，只占 1 位，用于表示发送字符的开始；

数据位：紧接起始位之后的就是数据位，它可以是 5 位、6 位、7 位或 8 位，传送时低位在先、高位在后；

奇偶校验位：数据位后面的 1 位为奇偶校验位，可 0 也可 1，可要也可以不要，由用户决定；

停止位：位于字符帧最后，它用信号 1 来表示 1 帧字符发送的结束，可以是 1 位、1 位半或 2 位。

> **小知识——奇偶校验**
> 在发送数据时，数据位尾随的 1 位为奇偶校验位（1 或 0）。奇校验时，数据中 1 的个数与校验位 1 的个数之和应为奇数；偶校验时，数据中 1 的个数与校验位 1 的个数之和应为偶数。接收字符时，对 1 的个数进行校验，若发现不一致，则说明传输数据过程中出现了差错。

在串行通信中，两相邻字符帧之间，可以没有空闲位，也可以有若干空闲位，这由用户来决定。

异步通信的特点是不要求收发双方时钟的严格一致,实现容易,设备开销较小,但每个字符要附加2～3位用于起止位,各帧之间还有间隔,因此传输效率不高。

6.1.2 同步通信

同步通信时要建立发送方时钟对接收方时钟的直接控制,使双方达到完全同步。此时,传输数据位之间的距离均为"位间隔"的整数倍,同时传送字符间不留间隙,即保持位同步关系,也保持字符同步关系。发送方对接收方的同步可以通过两种方法实现。

(1) 外同步:在发送方和接收方之间提供单独的时钟线路,发送方在每个比特周期都向接收方发送一个同步脉冲。接收方根据这些同步脉冲来完成接收过程。由于长距离传输时,同步信号会发生失真,所以外同步方法仅适用于短距离的传输。

(2) 自同步:利用特殊的编码(如曼彻斯特编码),让数据信号携带时钟(同步)信号。

6.1.3 串行通信的传输方向

串行通信依数据传输的方向及时间关系可分为:单工、半双工和全双工,如图6-3所示。

1) 单工

单工是指数据传输仅能沿一个方向,不能实现反向传输,如图6-3(a)所示。

2) 半双工

半双工是指数据传输可以沿两个方向,但需要分时进行,如图6-3(b)所示。

3) 全双工

全双工是指数据可以同时进行双向传输,如图6-3(c)所示。

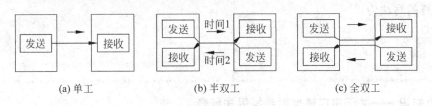

(a) 单工   (b) 半双工   (c) 全双工

图 6-3 3种传输模式

6.1.4 传输速率

串行通信的速率用波特率来表示。波特率即数据传送的速率,其定义是每秒钟传送的二进制数的位数,单位是bps。例如,数据传送的速率是240字符/秒,而每个字符如上述规定包含10位,则传送波特率为:

$$10 \text{ 位} \times 240 \text{ 字符/秒} = 2400 \text{bps}$$

典型串行传输的波特率有 110bps、150bps、300bps、1200bps、2400bps、4800bps、9.6kbps、19.2kbps、28.8kbps、33.6kbps。

6.2　串行口及其有关的寄存器

51 单片机内部提供了一个标准的外围串行接口，称为 UART。UART 是一个全双工串行接口，能够在同一时间内同时传送和接收数据。单片机串行口的引脚是 RXD(P3.0)引脚和 TXD(P3.0)引脚。与单片机串行口接收/发送有关的寄存器共有 3 个，即特殊功能寄存器的 SBUF、SCON 和 PCON。

6.2.1　串行数据缓冲寄存器

串行数据缓冲寄存器(SBUF)是两个在物理上独立的接收、发送寄存器，一个用于存放接收到的数据，另一个用于存放待发送的数据，因此单片机可同时发送和接收数据。当程序想通过串口发送一个字节的数据时，只要使用语句将这个字节写入 SBUF 寄存器即可，单片机硬件就会将这个字节转换成串行数据从 TXD 引脚自动传送出去。当单片机接收其他设备传送过来的串行数据时，单片机通过 RXD 引脚收集该数据，并将这些串行位收集成一个字节，然后放到 SBUF 寄存器，等待 CPU 的读取。

通过对 SBUF 的读、写语句来区别是对接收缓冲器还是发送缓冲器进行操作。CPU 在写 SBUF 时，操作的是发送缓冲器；读 SBUF 时，就是读接收缓冲器的内容。

【例 6-1】　单片机通过串行口发送数据 0xaa，C 语言的写法为：

```
SBUF＝0xaa;
```

单片机会自动将 0xaa 转换成标准的串行数据格式发送出去。

【例 6-2】　单片机串口已经接收到了一字节数据，如果想读出该数据并放到变量 rec 中，C 语言的写法为：

```
unsingned char rec;
rec＝SBUF;
```

> **小知识——关于串口通信时数据丢失问题**
>
> SBUF 是两个在物理上独立的接收、发送寄存器。单片机在发送数据时，访问串行发送寄存器；接收数据时，访问串行接收寄存器。接收器具有双缓冲结构，即在从接收寄存器中读出前一个已收到的字节之前，便能接收第二个字节，如果第二个字节已经接收完毕，第一个字节还没有读出，则将丢失其中一个字节，编程时应特别注意。对于发送器，因为数据是由 CPU 控制并发送的，所以不需要考虑发送时的数据丢失。

6.2.2　串行口控制寄存器

串行口控制寄存器(SCON)寄存器的结构如下：

B7	B6	B5	B4	B3	B2	B1	B0
SM0	SM1	SM2	REN	TB8	RB8	TI	RI

SM0、SM1：控制串行口的工作方式。其功能详见串行口工作方式部分。

SM2：允许方式2和方式3进行多机通信控制位。在方式2或方式3中,如SM2＝1,则接收到的第9位数据(RB8)为0时不激活RI；在方式1时,如SM2＝1,则只有收到有效停止位时才会激活RI。若没有接收到有效停止位,则RI清零；在方式0中,SM2应为0。

REN：允许串行接收控制位。由软件置位时允许接收,由软件清零时终止接收。

TB8：是工作在方式2和方式3时要发送的第9位数据,根据需要由软件置位或复位。

RB8：是工作在方式2和方式3时,接收到的第9位数据。在工作方式1,如果SM2＝0,RB8是接收到的停止位；在工作方式0,不使用RB8。

TI：发送中断标志位。由片内硬件在方式0串行发送第8位结束时置1,或在其他方式串行发送停止位的开始时置1。在转向中断服务程序后必须由软件清零。

RI：接收中断标志位。由片内硬件在方式0串行接收到第8位结束时置1,其他工作方式在串口接收到停止位的中间时置1。该位在转向中断服务程序后必须由软件清零。

SCON的所有位复位时被清零。

【例6-3】 设定串口的工作模式为工作模式1,可以接收串行数据。

SCON寄存器各位设置如下：

SM0＝0；SM1＝1；REN＝1；TI＝1；

C语言的写法为：

SCON＝0x52；

6.2.3 电源控制寄存器

电源控制寄存器(PCON)没有位寻址功能,与串行接口有关的只有D7位SMOD,其结构如下：

B7	B6	B5	B4	B3	B2	B1	B0
SMOD	—	—	—	GF1	GF0	PD	IDL

SMOD：波特率选择位,为波特率倍增位。当SMOD＝1时,串行口波特率增加一倍。当SMOD＝0时,串行口波特率为正常设定值。当系统复位时,SMOD＝0。

6.3 串行接口的工作方式

51单片机串行接口的工作方式有4种,由SCON中的SM0、SM1定义,如表6-1所示。4种工作方式中,串行通信只使用方式1、2、3。方式0主要用于扩展并行输入/输出口。

表 6-1　串行口工作方式

SM0	SM1	方式	功能说明	波　特　率
0	0	方式 0	移位寄存器方式	$f_{osc}/12$
0	1	方式 1	8 位 UART	可变
1	0	方式 2	9 位 UART	$f_{osc}/64$ 或 $f_{osc}/32$
1	1	方式 3	9 位 UART	可变

1. 串行工作方式 0

工作方式 0 是同步移位寄存器方式，工作时序图如图 6-4 所示。在此模式下，通信的串行数据通过 RXD 引脚输入或输出，而 TXD 引脚输出同步移位脉冲。每次接收或发送的数据都是 8 位，没有起始位和结束位，8 位的传送顺序是 LSB(D0) 最先。方式 0 的功能是应用在作 I/O 口的扩充，与前面所讲的串行式 I/O 无关。

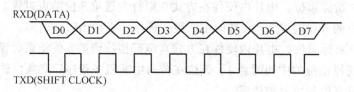

图 6-4　工作方式 0 的时序图

1) 使用 74LS164 扩展输出口

电路图如图 6-5 所示，将单片机的 TXD 和 RXD 接到外部的一个 8 位串入并出 (74LS164) 寄存器，就可以使用方式 0 输出数据。当数据写入 SBUF 后，数据从 RXD 端在移位脉冲(TXD)的控制下，逐位移入 74LS164，74LS164 能完成数据的串并转换。当 8 位数据全部移出后，TI 由硬件置位，发生中断请求。若 CPU 响应中断，则开始执行串行口中断服务程序，数据由 74LS164 并行输出。

2) 使用 74LS165 扩展输入口

电路图如图 6-6 所示，使用并入串出芯片(74LS165)。它是利用 TXD 引脚输出移位脉冲，以控制外部的并入串出电路，将输入端口上的 8 位数据从 RXD 引脚读进来。要实现接收数据，需激活串行输入的功能，具体是由软件设定 REN=1、RI=0。当 REN 设置为 1 时，数据就在移位脉冲的控制下，从 RXD 端读入 8 位数据。当单片机接收到 8 位数据时，置位接收中断标志位 RI，发生中断请求。

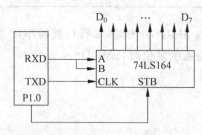

图 6-5　使用 74LS164 扩展输出口

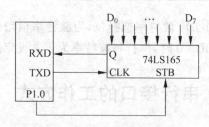

图 6-6　使用 74LS165 扩展输入口

2. 串行工作方式 1

方式 1 是 10 位为一帧的异步串行通信方式。在此模式下,串口通过 TXD 引脚传送数据到外部,RXD 引脚则接收外面所送过来的串行数据。其帧格式如图 6-7 所示,由 10 位组成,1 个起始位、8 个数据位(低位在前)和 1 个停止位。

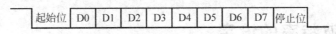

图 6-7　工作方式 1 的帧格式

工作方式 1 传送或接收位数据的波特率由定时器 1 控制,因此其传送速率是可变的。

串行口工作在方式 1 时,单片机会检查 RXD 引脚上是否有如图 6-7 的串行脉冲输入。当 REN＝1 且接收端检测到 RXD 引脚上有高电平到低电平的变化(起始位),单片机串口接收端会分成 8 次读入 D0～D7,当成一个字节,然后将这个接收到的 8 位数据放入 SBUF 寄存器中,把停止位送入 RB8 中,并且将 SCON 寄存器里的 RI 位置 1,等待 CPU 来读取。因此编程时只要检查 RI 位,就可以确定 SUBF 寄存器的内容是否有效。

要将一个字节的数据通过串行口传送出去时,只要将该数据写入单片机的 SBUF 寄存器,串行口就会将这个数据转换成图 6-7 的一帧数据从 TXD 引脚输出。输出一帧数据后,TXD 保持在高电平状态下,并将 TI 置位,通知 CPU 可以进行下一个字符的发送。

3. 串行工作方式 2

与工作方式 1 不同,方式 2 是 11 位为一帧的异步串行通信方式。其帧格式如图 6-8 所示,为 1 个起始位、8 个数据位、1 个 D8 位和 1 个停止位。D8 位是在 SCON 寄存器里的一个位(TB8、RB8),是 51 单片机为多个 CPU 之间的通信所设计的一个特殊位,如果不做多处理结构通信时,该位可以用来当作奇偶校验位或停止位使用。

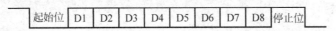

图 6-8　工作方式 2 的帧格式

在发送数据时,应先在 SCON 的 TB8 位中把第 9 个数据位的内容准备好。这可使用如下指令完成:

```
TB8＝1;          //TB8 位置 1
TB8＝0;          //TB8 位置 0
```

发送数据(D0～D7)由“SBUF＝…;”语句向 SBUF 写入,而 D8 位的内容则由硬件电路从 TB8 中直接送到发送移位器的第 9 位,并以此来启动串行发送。一个字符帧发送完毕后,将 TI 位置 1,其他过程与方式 1 相同。

方式 2 的接收过程也与方式 1 基本类似,所不同的只在第 9 数据位上,串行口把接收到的前 8 个数据位送入 SBUF,而把第 9 数据位送入 RB8。

方式 2 的波特率是固定的,而且有两种,即 $f_{osc}/32$ 和 $f_{osc}/64$。

4. 串行工作方式 3

工作方式 3 与工作方式 2 的动作与功能完全一样，差别是工作方式 3 的数据传输速率是由定时器 1 所控制（在 8052 可以使用定时器 2 来控制），因此工作方式 3 的波特率是可变的。其波特率的确定同方式 1。

6.4 通信波特率的设定

1. 方式 0 的波特率

方式 0 的波特率固定在 $f_{osc}/12$，即晶振的 12 分频。如果晶振为 12MHz，则波特率为 1MHz。

2. 方式 2 的波特率

方式 2 的波特率是固定的，用公式表示则为：

$$波特率 = \frac{2^{SMOD}}{64} \times f_{osc}$$

SMOD 为 PCON 寄存器的第 7 位，其值为 1 或 0。由此公式可知，当 SMOD 为 0 时，波特率为 $f_{osc}/64$；当 SMOD 为 1 时，波特率为 $f_{osc}/32$。

【例 6-4】 串口工作方式 2，石英振荡器频率为 12MHz 时，SMOD＝1，则波特率为 375kbps。

3. 方式 1 和方式 3 的波特率

方式 1 和方式 3 的波特率是可变的，由单片机的定时器 T1 作为波特率发生器。波特率的计算公式为：

$$波特率 = \frac{2^{SMOD}}{32} \times （定时器 1 的溢出率）$$

定时器 T1 一般选用工作方式 2，因为方式 2 为自动重装入初值的 8 位定时器/计数器模式，这样可以避免通过程序反复装入定时初值所引起的定时误差，使波特率更加稳定，所以用它来做波特率发生器最合适。此时波特率的计算公式为：

$$波特率 = \frac{2^{SMOD}}{32} \times \frac{f_{osc}}{12 \times (256 - X)}$$

【例 6-5】 已知串口通信在串口方式 1 下，波特率为 9600bps，系统晶振频率为 11.0592MHz，求 TL1 和 TH1 中装入的数值是多少？

解：设所求的数为 X，则定时器每计 $256-X$ 个数溢出一次，每计一个数的时间为一个机器周期，一个机器周期等于 12 个时钟周期，所以计一个数的时间为

$$12/11.0592MHz$$

那么定时器溢出一次的时间为

$$(256-X) \times 12/11.0592MHz$$

T1 的溢出率就是它的倒数，这里取 SMOD＝0，则 $2^{SMOD}=1$，将已知的数代入公式后得

$X=253$，转换成十六进制为 $0xFD$。

上面若将 SMOD 置 1 的话，那么 X 的值就变成 250 了。

可见，在不变化 X 值的状态下，SMOD 由 0 变 1 后，波特率便增加一倍。

表 6-2 列出了定时器 T1 工作于方式 2 常用波特率及初值。

表 6-2　定时器 T1 工作于方式 2 常用波特率及初值

波特率 /bps	晶振频率 /MHz	初值		误差/(%)	晶振 /MHz	初值		误差/(%)	
		(SMOD=0)	(SMOD=1)	(%)		(SMOD=0)	(SMOD=1)	(SMOD=0)	(SMOD=1)
300	11.0592	0xA0	0x40	0	12	0x98	0x30	0.16	0.16
600	11.0592	0xD0	0xA0	0	12	0xCC	0x98	0.16	0.16
1200	11.0592	0xE8	0xD0	0	12	0xE6	0xCC	0.16	0.16
1800	11.0592	0xF0	0xE0	0	12	08EF	0xDD	2.12	−0.79
2400	11.0592	0xF4	0xE8	0	12	0xF3	0xE6	0.16	0.16
3600	11.0592	0xF8	0xF0	0	12	0xF7	0xEF	−3.55	2.12
4800	11.0592	0xFA	0xF4	0	12	0xF9	0xF3	−6.99	0.16
7200	11.0592	0xFC	0xF8	0	12	0xFC	0xF7	8.51	−3.55
9600	11.0592	0xFD	0xFA	0	12	0xFD	0xF9	8.51	−6.99
14400	11.0592	0xFE	0xFC	0	12	0xFE	0xFC	8.51	8.51
19200	11.0592	—	0xFD	0	12	—	0xFD		8.51
28800	11.0592	0xFF	0xFE	0	12	0xFF	0xFE	8.51	8.51

小知识——为什么许多单片机系统选用 11.0592MHz 的晶振

为什么许多单片机系统选用时钟频率为 11.0592MHz 的晶振？这与波特率有关。

常用波特率通常按规范取为 1200bps、2400bps、4800bps、9600bps 等。若单片机晶振的频率为 12MHz 或 6MHz，计算得出的 T1 定时初值将不是一个整数，这样通信时便会产生累积误差，进而产生波特率误差，影响串行通信的同步性能。解决的方法只有调整晶振的时钟频率，通常采用 11.0592MHz 晶振。因为用它能够非常准确地计算出 T1 定时初值，包括较高的波特率（如 19 600bps、19 200bps）。

6.5　串行通信的编程

C51 对定时器/计数器的编程过程可分为查询法和中断法，编程过程如下所述。

1. 查询法

基本步骤如下：

(1) 设定控制寄存器 SCON，设串行通信的工作模式，是否允许接收；

(2) 根据波特率，确定 SMOD 值，计算出 TH1、TL1 初始值；

(3) 设置 PCON 寄存器的 SMOD 项；

（4）设置 TMOD 寄存器，设定计时器 1 为工作模式 2（自动重新载入计数值）；

（5）送 TH1、TL1 初始值；

（6）设置 TR1=1，启动波特率发生器；

（7）循环查询 RI 或 TI 的状态，如果为 1 则说明发送或接收成功；

（8）如果 RI=1，从 SBUF 读出接收到的数据。

语句形式为：

变量=SBUF;

2. 中断法

主程序初始化串口、定时器/计数器及中断系统，初始化基本步骤如下：

（1）设置 IE 寄存器，置位相应 ES 标志位及 EA 位，使能串口中断；

（2）设定控制寄存器 SCON，设串行通信的工作模式，是否允许接收；

（3）根据波特率，确定 SMOD 值，计算出 TH1、TL1 初始值；

（4）设置 PCON 寄存器的 SMOD 项；

（5）设置 TMOD 寄存器，设 T1 为工作模式 2；

（6）送 TH1、TL1 初始值；

（7）设置 TR1=1，启动波特率发生器。

单独编写串口中断服务函数方式如下：

```
void time(void) interrupt 4 using m
{
    ...              //串口中断服务代码
}
```

6.6　串口方式 0 编程实例（实训八）

1. 实训题目

使用 74LS164 的并行输出端接 8 个发光二极管，利用它的串入并出功能，把发光二极管从左到右依次点亮，并反复循环。假定发光二极管为共阴极接法。电路如图 6-9 所示。

2. 题目分析

此题主要练习串口工作方式 0 的编程。设置串口工作在方式 0，通过串口发出串行数据，经串入并出芯片 74LS164 转换后，驱动发光二极管（逻辑 0 亮）。要反复循环点亮，需要不断变换。

程序代码如下：

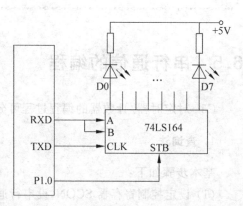

图 6-9　74LS164 的并行输电路图

```
#include <REGX51.H>
unsigned char temp;
void DELAY(unsigned int x)
{
    unsigned int i,j;
    for( i =0;i < x;i++)
    {
        for( j =0;j<110;j++);
    }
}
void main(void)
{   temp=0x7f;                                //发光二极管从左边亮起
    SCON=0x00;                                //串行口工作在方式0
    ES=0;                                     //禁止串行中断
    while(1)
    {
      P1_0=0;                                 //关闭并行输出
      P2=temp;                                //串行输出
      while(TI==0);                           //状态查询
      P1_0=1;                                 //开启并行输出
      DELAY(1000);                            //调用延时子程序
      TI=0;                                   //清发送中断标志
      temp= (temp>>1)+(temp<<7);              //发光右移

    }
}
```

6.7 串口方式 1 编程实例(实训九)

6.7.1 实训题目 1

通过单片机传送出一个字符。设定 51 单片机的时钟＝11.059MHz,串行传输波特率＝1200bps,起始位＝1,8 个数据位,1 个停止位。

1. 题目分析

此题主要练习串口在工作方式 1 时,串行传输的设定与程序编写。

1) 串行端口模式的设定

设置 SCON 寄存器。

设定为工作模式 1：SM0=0,SM1=1,SM2=0; 即 SCON=0x40。

2) 波特率的设定

单片机时钟＝11.059MHz,波特率＝1200,则：SMOD=0,TMOD=0x20。

TL1=TH1=232=0xe8。

PCON 于 CPU 复位时为 0,故可省略而不必设定。

激活计时器 1,TR1=1。

2. 程序代码

```
#include <REGX51.H>
unsigned char temp;
//初始化串口
void initsend(void)
{
    SCON=0x40;
    TMOD=0x20;
    TH1=0xe8;
    TL1=0xe8;
    TR1=1;
    PCON=0x00;
}
//从串口发出1字节数据
void send_char_com(unsigned char temp)
{
    SBUF= temp;
    while(TI==0);
    TI=0;
}
void main(void)
{
    initsend();
    send_char_com(0xea);
}
```

6.7.2　实训题目2

通过单片机串口采用中断方式接收一个字符。设定51单片机的时钟=11.059MHz，串行传输波特率=1200bps，起始位=1，8个数据位，1个停止位。

1. 题目分析

此题主要练习串口在工作方式1时，串行接收的设定与程序编写。

1）串行端口模式的设定

设置SCON寄存器。

设定为工作模式1，SM0=0，SM1=1，SM2=0，REN=1；激活计时器1，TR1=1，即SCON=0x52。

2）波特率的设定

单片机时钟=11.059MHz，波特率=1200，则：SMOD=0，TMOD=0x20，TL1=TH1=232=0xe8。

3）中断的设定

IE=0x90；

当CPU复位时PCON寄存器为0，故可省略而不必设定。

4）变量的设定

设置两个全局变量 temp、read_flag。接收中断执行后，temp 用于存储接收到的一个字符，同时置 read_flag 为 1。主程序检测到 read_flag=1，读取 temp 变量。

2. 程序代码

```
#include <REGX51.H>
unsigned char temp;
//初始化串口
void init(void)
{
    SCON = 0x52;
    TMOD = 0x20;
    PCON = 0x00;
    TH1 = 0xe8;
    TL1 = 0xe8;
    IE = 0x90;
    TR1 = 1;

}
//串口中断子程序
void serial () interrupt 4 using 3
{
    if(RI)
    {
        temp = SBUF;
        while(RI==0);
        RI = 0;
    }
}
void main(void)
{
  init();
  while(1)
  {
    ...                              //根据 temp 值处理数据
  }
}
```

6.8　工程中串行通信的几种接口标准

在单片机应用系统中，数据通信多采用异步串行通信。在设计通信接口时，必须根据需要选择标准接口，同时，要考虑传输介质、电平转换等问题。

　　51单片机的串行接口输入/输出均为 TTL 电平。这种以 TTL 电平传输数据的方式，抗干扰性差，传输距离短。为了提高串行通信的可靠性，增大通信距离，可采用其他标准串行接口。

　　标准串行通信接口电路有多种，异步串行通信接口主要有 RS-232C 接口、RS-422A、RS-423A 接口以及 20mA 电流环等类型。采用标准接口后，能够方便地把单片机和外设、测量仪器等有机地结合起来，从而构成一个测控系统。例如，当需要单片机和 PC 通信时，通常采用 RS-232C 接口进行电平转换。下面对上述几种接口电路进行简单介绍。

6.8.1　RS-232C 接口

　　RS-232 接口中 RS 表示是 EIA 的"推荐标准"，232 为标准的编号。RS-232C 定义了数据终端设备（DTE）与数据通信设备（DCE）之间的物理接口标准，如图 6-10 所示，接口标准包括机械特性、功能特性和电气特性几方面内容。

1. 机械特性

　　RS-232C 接口规定使用 25 针连接器，连接器的尺寸及每个插针的排列位置都有明确的定义。在一般的应用中并不一定用到 RS-232C 标准的全部信号线，连接器引脚定义如图 6-10 所示。

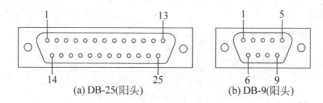

(a) DB-25(阳头)　　　　(b) DB-9(阳头)

图 6-10　通信连接器引脚定义

2. 功能特性

　　RS-232C 接口的主要信号线功能定义如表 6-3 所示。

表 6-3　RS-232C 标准接口主要引脚定义

插针序号	信号名称	功　　能	信号方向
1	PGND	保护接地	DTE→DCE
2(3)	TXD	发送数据（串行输出）	DTE←DCE
3(2)	RXD	接受数据	DTE→DCE
4(7)	RTS	请求发送	DTE←DCE
5(8)	CTS	允许发送	DTE←DCE
6(6)	DSR	DCE 就绪（数据建立就绪）	DTE←DCE
7(5)	SGND	信号接地	
8(1)	DCD	载波检测	DTE←DCE
20(4)	DTR	DTE 就绪（数据终端准备就绪）	DTE→DCE
22(9)	RI	振铃指示	DTE←DCE

3. 电气特性

RS-232C 采用负逻辑电平,规定 DC(-3~-15V)为逻辑 1,DC($+3$~$+15$V)为逻辑 0。-3~$+3$V 为过渡区,不作定义。

RS-232C 发送方和接收方之间的信号线采用多芯信号线,要求多芯信号线的总负载电容不能超过 250pF。通常 RS-232C 的传输距离为几十米,传输速率小于 20kbps。

4. 过程特性

过程特性规定了信号之间的时序关系,以便正确地接收和发送数据。如果通信双方均具备 RS-232C 接口,则二者可以直接连接,不必考虑电平转换问题。但是对于单片机与计算机通过 RS-232C 的连接,则必须考虑电平转换问题,因为 51 系列单片机串行口不是标准 RS-232C 接口。

5. RS-232C 电平与 TTL 电平转换驱动电路

如上所述,51 单片机串行接口与 PC 的 RS-232C 接口不能直接对接,必须进行电平转换,MAX232 芯片是 MAXIM 公司生产的,包含两路接收器和驱动器的 IC 芯片,且仅需要单一电源$+5$V,片内有 2 个发送器,2 个接收器,使用比较方便。

MAX232 芯片内部有两路电平转换电路。引脚 T1IN 或 T2IN 可以直接接 TTL/CMOS 电平的单片机的串行发送端 TXD;R1OUT 或 R2OUT 可以直接接 TTL/CMOS 电平的单片机的串行接收端 RXD;T1OUT 或 T2OUT 可以直接接计算机的 RS-232 串行口的接收端 RXD;R1IN 或 R2IN 可以直接接计算机的 RS-232 串行口的发送端 TXD,如图 6-11 所示。

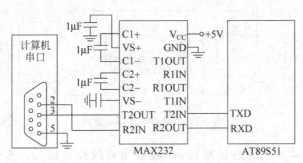

图 6-11　PC、单片机与 MAX232 的连接图

6.8.2　RS-422A 接口

针对 RS-232C 总线标准存在的问题,EIA 协会制定了新的串行通信标准 RS-422A。它是平衡型电压数字接口电路的电气标准,如图 6-12 所示。RS-422A 文本给出了 RS-449 中对于通信电缆、驱动器和接收器的要求,规定双端电气接口形式,其标准是双端线传送信号。它具体通过传输线驱动器,将逻辑电平变换成电位差,完成发送端的信息传递;通过传输线接收器,把电位差变换成逻辑电平,完成接收端的信息接收。RS-422A 比 RS-232C 传输距离长、速度快,传输速率最大可达 10Mbps,在此速率下,电缆的允许长度为 12m,如果采用

低速率传输，最大距离可达 1200m。

　　RS-422A 和 TTL 进行电平转换最常用的芯片是传输线驱动器 SN75174 和传输线接收器 SN75175，这两种芯片的设计都符合 EIA 标准 RS-422A，均采用＋5V 电源供电。RS-422A 的接口电平转换电路如图 6-12 所示，发送器 SN75174 将 TTL 电平转换为标准的 RS-422A 电平；接收器 SN75175 将 RS-422A 接口信号转换为 TTL 电平。

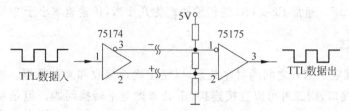

图 6-12　RS-422A 接口电平转换电路

　　RS-422A 与 RS-232C 相比信号传输距离远、速度快。传输距离为 120m 时，传输速率可达 1Mbps；降低传输速率(90kbps)时，传输距离可达 1200m。

6.8.3　RS-485 接口

　　RS-485 是 RS-422A 的变形。RS-422A 用于全双工，而 RS-485 则用于半双工。RS-485 是一种多主发送器标准，在通信线路上最多可以使用 32 对差分驱动器/接收器，如图 6-13 所示。如果在一个网络中连接的设备超过 32 个，还可以使用中继器。传输线采用差动信道，所以它的干扰抑制性极好，又因为它的阻抗低，无接地问题，所以传输距离可达 120m，传输速率可达 1Mbps。

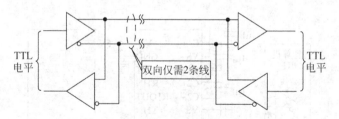

图 6-13　RS-485 接口示意图

　　RS-485 是一点对多点的通信接口，一般采用双绞线的结构。普通的 PC 一般不带 RS-485 接口，因此要使用 RS-232C/RS-485 转换器。对于单片机可以通过芯片 MAX485 来完成 TTL/RS-485 的电平转换。

6.8.4　传输距离与传输率的关系

　　串行接口或终端直接传送串行信息位流的最大距离与传输速率及传输线的电气特性有关。在实际应用中，为减少误码率，通信距离越远，通信速率应取低一些。例如，RS-485/RS-422 规定：若通信距离为 120m 时，最大通信速率为 1Mbps；若通信距离为 1.2km 时，则最大通信速率为 90kbps；若传输距离超过最大通信距离，则应采用线转发器。

6.9　单片机与计算机的 RS-232C 口通信（实训十）

6.9.1　计算机的串行通信接口 RS-232C

RS-232C 定义了 20 根信号线，实际使用中，一般采用三线制连接串口。计算机的 DB9 口只连接其中的 3 根线：第 5 脚的 GND、第 2 脚的 RXD、第 3 脚的 TXD。各引脚功能如下：

TXD：发送串行数据；RXD：接收串行数据；信号地：通信双方统一使用的信号地。

用 RS-232C 标准进行单向数据传输时，最大数据传输速率为 20kbps，最大传送距离为 15m。

改用类似的 RS-422A 标准时，最大传输速率可达 10Mbps，最大传送距离为 300m，适当降低数据传输速率，传送距离可达到 1200m。

6.9.2　单片机与计算机通信的电路

51 单片机的串口是通过 TXD、RXD 引脚实现的，单片机的电平信号为 TTL 电平，即 0V 是逻辑 0，5V 是逻辑 1。RS-232C 的标准电平：−15～−5V 是逻辑 1，+5～+15V 是逻辑 0。单片机与计算机通信时必须把单片机输出的 TTL 电平转换为 RS-232 标准电平。

MAX232 系列芯片为 MAXIM（美信）公司生产的，包含两路接收器和驱动器的单电源电平转换芯片，适用于各种 RS-232C 接口，可以把单片机输入的 +5V 电源电压转换成 RS-232C 输出电平所需的 +10V 或 −10V 电压。封装图如图 6-14 所示，表 6-4 是引脚功能说明。

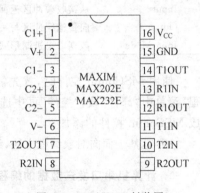

图 6-14　MAX232 封装图

表 6-4　MAX232 引脚说明

引　　脚	描　　述
V_{CC}	供电电压
GND	地
C+、C−	外围电容
T1IN	第一路 TTL/CMOS 驱动电平输入
T1OUT	第一路 RS-232 电平输出
R1IN	第一路 RS-232 电平输入
R1OUT	第一路 TTL/CMOS 驱动电平输出
T2IN	第二路 TTL/CMOS 驱动电平输入
T2OUT	第二路 RS-232 电平输出
R2IN	第二路 RS-232 电平输入
R2OUT	第二路 TTL/CMOS 驱动电平输出

应用电平转换芯片 MAX232 进行点对点串行通信的电路如图 6-11 所示。其中各电容值的值根据具体所选用的 MAX232 系列芯片的不同而不同。

6.9.3　VB 对计算机串口的编程

VB 在标准串口通信方面提供了具有强大功能的通信控件 MSComm，文件名为 MSComm.OCX。该控件是将 RS-232 的初级操作予以封装，用户通过高级的 Basic 语言即可实现 RS-232 串行通信的数据发送和接收，并不需要了解其他有关的初级操作，因此使用起来非常方便。

MSComm 控件的主要属性以及本系统中对其属性的设置如表 6-5 所示。

表 6-5　MSComm 控件的主要属性

属　　性	说　　明	设　置　举　例
CommPort	设置并返回通信端口号(1 或 2)	用户设置
Settings	以字符串的形式设置波特率、奇偶校验、数据位、停止位	9600,n,8,1
PortOpen	设置并返回通信端口的状态。也可以打开和关闭端口	True
Input	从接收缓冲区返回字符	接收数据用
Output	向传输缓冲区写一个字符	发送数据用
InputMode	数据以二进制形式存取	1

使用 MSComm 控件时，首先需要向工具箱添加 MSComm 控件。方法如下：选择"工程"菜单中"部件"项，"控件"页中选中 Microsoft Comm Control 5.0 项，单击"确定"按钮，完成 MSComm 控件的添加。

VB 是基于面向对象编程方法，编程时只需修改 MSComm 对象的属性值即可（见表 6-4）。

1. 计算机串口发送数据的编程

利用 MSComm 控件发送数据只需要向控件的 Output 属性写入输出的二进制数据即可，VB 代码如下：

```
MSc1.Output= 要输出的二进制数据
```

其中 MSc1 是 MSComm 控件的对象名，Output 是 MSComm 控件对象的属性。

2. 计算机串口接收数据的编程

MSComm 控件在接收数据方面提供两种处理通信的方式。

（1）事件驱动通信，即发送或接收数据过程中触发 OnComm 事件，通过编程访问 CommEvent 属性了解通信事件的类型，分别进行各自的处理；

（2）查询方式，即通过检查 CommEvent 属性的值来查询事件和错误。

采取事件驱动方式的 VB 代码如下：

```
Public Sub msc1_OnComm()              '接收数据触发 OnComm()事件
  Select Case MSc1.CommEvent          '在 CommEvent 中接收数据
  Case comEvReceive
    av = MSc1.Input                   'av 是接收到的数据
```

　　　　　…　　　　　　　　　　　'根据接收到的数据进行处理
　　End Select
　　End Sub

MSc. Output= 要输出的二进制数据。

思考与练习

1. 异步传送和同步传送有什么不同?
2. 单工、半双工和全双工通信方式有什么区别?
3. 51单片机串行口由哪些功能寄存器控制? 它们各有什么作用?
4. 51串行口有几种工作方式? 各自特点是什么?
5. 试述串行口方式0和方式1发送与接收的工作过程。
6. 设计一个发送程序,将1~100顺序从串行口输出。
7. 设串行口上外接一个串行输入的设备,单片机和该设备之间采用9位异步通信方式,波特率为2400bps,晶振为11.0592MHz,编写接收程序。

第7章 单片机接口技术

本章要点：

- 掌握键盘接口技术；
- 掌握显示接口技术；
- 掌握转换器的接口技术。

单片机应用系统常需要连接键盘、显示器、打印机、A/D 和 D/A 转换器以及功率器件等外设。其中键盘、显示器是使用最频繁的外设，它们是构成人机对话的基本方式。常用的输入设备有键盘、BCD 码拨盘等；常用的输出外部设备有 LED 数码管、LED 大屏幕显示器、LCD 显示器等。本章主要介绍单片机与各种输入外部设备、输出设备的接口电路设计以及软件编程。

7.1 键盘接口技术

键盘是单片机应用系统中一种常用的输入设备。键盘由一组规则排列的按键组成，一个按键实际上是一个开关元件。键盘通常包括有数字键(0～9)、字母键(A～Z)以及一些功能键。操作人员可以通过键盘向计算机输入数据、地址、指令或其他的控制命令，实现简单的人机对话。本节主要介绍键盘的结构、单片机与非编码键盘的接口技术及其程序设计。

7.1.1 键盘工作原理

1. 按键的分类

按键按照结构原理的不同可分为两类：一类是机械触点式开关按键，如机械式开关、导电橡胶式开关等；另一类是无触点式开关按键，如电气式按键、磁感应按键等。前者造价低，后者寿命长。目前，微机系统中最常见的是机械触点式开关按键。

用于计算机系统的键盘通常有两类，按照识别按键方法的不同，分为编码键盘和非编码键盘，这两类键盘的主要区别是识别键符及给出相应键码的方法不同。

1) 编码键盘的特点

按键的识别由专用的硬件实现，并能产生键值的称为编码键盘，编码键盘每按下一个键，键盘能自动生成键盘代码。

编码键盘能够由硬件逻辑自动提供与键对应的编码，此外，一般还具有去抖动和多键、窜键保护电路。这种键盘使用方便，但需要较多的硬件，价格较贵，一般的单片机应用系统较少采用。

2) 非编码键盘的特点

自编软件识别的键盘称为非编码键盘。非编码键盘只简单地提供行和列的矩阵,其他工作均由软件完成。非编码键盘具有结构简单、价格便宜等特点,因此在单片机系统中普遍采用非编码键盘。非编码键盘的按键排列有独立式和矩阵式两种结构,非编码键盘在接口设计中要着重解决键的识别、键抖的消除、键的保护等问题。

2. 按键的输入与识别

在单片机应用系统中,除了复位按键有专门的复位电路及专一的复位功能外,其他按键都是以开关状态来设置控制功能或输入数据的。当所设置的功能键或数字键按下时,计算机应用系统应完成该按键所设定的功能,键信息输入是与软件结构密切相关的过程。

对于一组键或一个键盘,总有一个接口电路与 CPU 相连。CPU 可以采用查询或中断方式了解有无键输入,并检查是哪一个键按下,将该键号送入累加器 ACC,然后通过跳转指令转入执行该键的功能程序,执行完后再返回主程序。

非编码式键盘识别按键的方法主要有扫描法和线反转法两种。扫描法键盘结构简单,线反转法比行扫描法速度要快,但在硬件电路上要求行线与列线均需有上拉电阻,故比行扫描法稍复杂些。

3. 按键的编码以及键盘程序的编制

一组按键或键盘都要通过 I/O 口线查询按键的开关状态。根据键盘结构的不同,采用不同的编码。无论有无编码以及采用何种编码,最后都要转换成为与累加器中数值相对应的键值,以实现按键功能程序的跳转。

一个完善的键盘控制程序应具备以下功能:

(1) 检测有无按键按下,并采取硬件或软件措施,消除键盘按键机械触点抖动的影响。

(2) 有可靠的逻辑处理办法。每次只处理一个按键,其间对任何按键的操作都对系统不产生影响,且无论一次按键时间有多长,系统仅执行一次按键功能程序。

(3) 准确输出按键值(或键号),以满足跳转指令要求。

4. 常用接口方式和键盘接口功能

单片机与键盘的接口通常直接通过并行接口、串行口与键盘接口,或采用专用芯片与键盘接口。在键盘接口设计中,为了保证能可靠、正确地判断输入的键值,键盘接口应具有如下功能:

(1) 键扫描和识别功能。即检测是否有键按下,确定被按下键所在的行列位置。

(2) 产生相应键的代码(键值)。

(3) 消除按键弹跳以及能够识别多键及串键(复合按键)。

5. 按键抖动现象的消除

当按键按下和释放时,会向单片机 CPU 输入一个 0 或 1 的电平,CPU 根据收到的 0 或 1 的电平信号,决定具体的操作。但是,按键按下或释放时,开关的机械触点会产生抖动,抖动时间的长短与开关的机械特性有关,一般为 5~10ms,其抖动波形如图 7-1 所示。

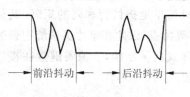

图 7-1　抖动波形示意图

在触点抖动期间，CPU 不能接收到稳定的电平信号，会引起 CPU 对一次按下键或断开键进行多次处理，从而导致判断出错，因此，必须对按键采取去抖动措施。消除键抖动有硬件和软件两种处理方法，在键数较少时，可采用硬件去抖，而当键数较多时，采用软件去抖。软件处理方法更方便、更常用，但要根据键盘结构来设计去抖程序。

1）硬件去抖

硬件去抖方法很多，在按键输出端加双稳态触发器、单稳态触发器或 RC 积分电路都可构成去抖电路。

图 7-2 是一个利用 RC 积分电路构成的滤波去抖动电路。RC 积分电路具有吸收干扰脉冲的滤波作用，只要适当选择 RC 电路的时间常数，就可消除抖动带来的不良后果。当按键未按下时，电容 C 两端的电压为零，经"非"门后输出为高电平。当按键按下后，电容 C 两端的电压不能突变，单片机不会立即接受信号，电源经 R_1 向 C 充电，若此时按键按下的过程中出现抖动，只要 C 两端的电压波动不超过门开启电压（TTL 为 0.8V），非门的输出就不会改变。一般 R_1C 应大于 10ms，且 $V_{CC} \times R_2/(R_1+R_2)$ 的值应大于门的高电平阈值，R_2C 应大于抖动波形周期。

如图 7-3(a)所示是一种双稳态 R-S 触发器构成的去抖动电路，一旦触发器翻转，触点抖动不会对其产生任何影响。电路工作过程如下：按键未按下时，a=0，b=1，输出 Q=1。按键按下时，因按键机械弹性作用的影响，使按键产生抖动。当开关没有稳定到达 b 端时，因与非门(2)输出为 0，反馈到与非门(1)的输入端，封锁了与非门(1)，双稳态电路的状态不会改变，输出保持为 1，输出 Q 不会产生抖动的波形。当开关稳定到达 b 端时，因 a=1，b=0，使 Q=0，双稳态电路状态发生翻转。当释放按键时，在开关未稳定到达 a 端时，因 Q=0，封锁了与非门(2)，双稳态电路的状态不变，输出 Q 保持不变，消除了后沿的抖动波形。当开关稳定到达 a 端时，因 a=0，b=0，使 Q=1，双稳态电路状态发生翻转，输出 Q 重新返回原状态。由此可见，键盘输出经双稳态电路之后，输出已变为规范的矩形方波。

图 7-3(b)是单稳态消抖电路，74LS121 为具有施密特触发器输入的单稳态触发器，74LS121 经触发后，输出端就不再受输入跳变的影响。

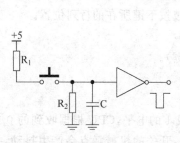

图 7-2　滤波消抖电路

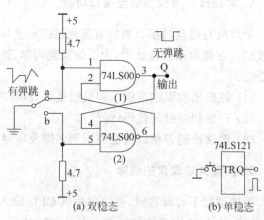

图 7-3　消抖电路

2) 软件去抖

　　硬件方法需要增加元器件，电路复杂，当按键较多时，不但实现困难，还会增加成本，甚至影响系统的可靠性，这时软件方法不失为一种有效的方法。用软件消除抖动不需要增加任何元器件，只需要编写一段延时程序，就可以达到消除抖动的作用。软件上采取的具体措施是：在 CPU 检测到有按键按下时，先调用执行一段延时程序后，再检测此按键，若仍为按下状态电平，则 CPU 确认该键确实按下；同理，在检测到该键释放后，也应采用相同的步骤进行确认，从而可消除抖动的影响。延时子程序的具体时间应根据所使用的按键情况进行调整，一般为 10ms 左右。如图 7-4 所示为软件去抖动判别程序的流程图。

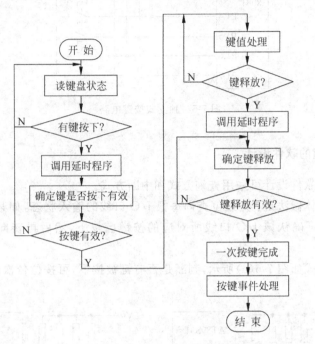

图 7-4　软件去抖动判别程序的流程图

7.1.2　独立式按键

　　非编码键盘按照结构的不同可分为独立式键盘和行列式键盘，在单片机控制系统中，往往只需要几个功能键，不超过 8 个键时，可采用独立式按键结构。

1. 独立式按键的结构

　　独立连接式按键是指直接用 I/O 端口线构成的单个按键电路。每个键单独占用一根 I/O 端口线，每根 I/O 线的工作状态不会影响其他 I/O 端口线的工作状态。独立式按键的典型应用如图 7-5 所示。没有键按下时，所有的数据输入线都处于高电平状态。当任何一个键按下时，与之相连的数据输入线将被拉成低电平，要判断是否有键按下，只需用位操作指令即可。

　　独立式按键接口电路配置灵活，软件结构简单，但每个按键必须占用一根 I/O 端口线，在键数较多时，I/O 端口线浪费比较大，故只在按键数量不多时才采用这种按键电路。在

图 7-5 所示的电路中，按键输入都采用低电平有效，上拉电阻保证了按键断开时 I/O 端口线有确定的高电平。当 I/O 内部有上拉电阻时，外电路可以不配置上拉电阻。

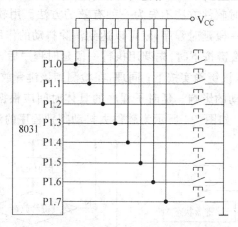

图 7-5　独立式按键电路

2. 独立式按键的软件设计

独立式按键的软件设计可采用查询方式和中断方式。

查询方式的具体做法是：先逐位查询每根 I/O 口线的输入状态，如某一根 I/O 口线的输入为低电平，则可确认该 I/O 口线所对应的按键已按下，然后再转向该键的功能处理程序。

查询检测的方式如图 7-6(a) 所示，判断是否有键被按下，可按位依次读取 I/O 的状态，直接确认按键。

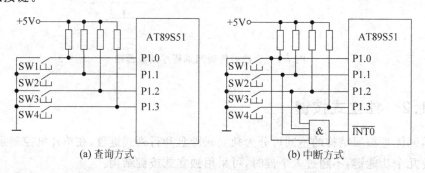

图 7-6　独立式键盘查询和中断方式连接图

中断方式下，按键往往连接到外部中断 INT0 或 INT1 和 T0、T1 等几个外部 I/O 上。编写程序时，需要在主程序中将相应的中断允许打开；各个按键的功能应在相应的中断子程序中编写完成。

如图 7-6(b) 所示的中断方式，则是有键按下后先进入中断服务程序，在中断服务程序中再依次读取 I/O 位的状态来确认按键。

需要说明的是，采用中断方式可最大程度保证检测的实时性，即系统对按键的反应迅速及时；而在实时性要求不高的条件下，采用查询方式则能节省硬件和减少软件工作。

独立式键盘中各按键互相独立,分别接一条 I/O 线,各按键的状态互不影响,电路配置灵活,键盘处理程序简单,在键数较多时,I/O 口线浪费较大,适合按键数较少(一般少于 8 个)的场合。

7.1.3 矩阵式键盘

独立式按键只能用于键盘数量要求较少的场合,在单片机系统中,当按键数较多时,为了少占用 I/O 端口线,这时常采用矩阵式键盘,又称行列式键盘。

1. 矩阵式键盘的结构和原理

矩阵式键盘即将键盘排列成行、列矩阵式,每条水平线(行线)与垂直线(列线)的交叉点处连接一个按键,即按键的两端分别接在行线和列线上,M 条行线和 N 条列线可组成 M× N 个按键的键盘,共占用 M+N 条 I/O 端口线。4×4 个按键的键盘如图 7-7 所示,一个 4× 4 的行、列结构可以构成一个含有 16 个按键的键盘。每一个按键都规定一个键号,分别为 0,1,2…15,在实际应用中,可作为数字键和功能键,定义 0~9 号按键为数字键,对应数字 0~9,而其余 6 个可以定义为具有各功能的控制键。

显然,在按键数量较多时,矩阵式键盘较之独立式按键键盘要节省很多 I/O 端口。矩阵式键盘中,行、列线分别连接到按键开关的两端,行线通过上拉电阻接+5V(或列线通过电阻接+5V)。当无键按下时,所有的行线与列线断开,行线都处于高电平状态;当有键按下时,则该键所对应的行、列线将短接导通,此时,行线电平将由与此行线相连的列线电平决定,这是识别按键是否按下的关键。然而,矩阵键盘中的行线、列线和多个键相连,各按键按下与否均影响该键所在行线和列线的电平,即各按键间将相互影响,因此,必须将行线、列线信号配合起来作适当处理,才能确定闭合键的位置。键的按下和释放会引起抖动,为了保证 CPU 对键的闭合作一次处理,必须去除抖动。

2. 矩阵式键盘按键的识别

识别按键的方法很多,其中最为常见的方法是扫描法。以图 7-7 中 8 号键的识别为例来说明利用扫描法识别按键的过程。

按键按下时,与此键相连的行线与列线导通,行线在无键按下时处在高电平。显然,如果让所有的列线也处在高电平,那么,按键按下与否不会引起行线电平的变化。因此,必须使所有列线处在低电平,只有这样,当有键按下时,该键所在的行电平才会由高电平变为低电平。CPU 根据行电平的变化,便能判定相应的行有键按下。8 号键按下时,第 2 行一定为低电平。然而,第 2 行为低电平时,能否肯定是 8 号键按下呢?

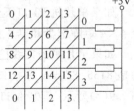

图 7-7 4×4 矩阵式

回答是否定的,因为 9、10、11 号键按下,同样会使第 2 行为低电平。为进一步确定具体键,不能使所有列线在同一时刻都处在低电平,可在某一时刻只让一条列线处于低电平,其余列线均处于高电平,另一时刻,让下一列处在低电平,依此循环,这种依次轮流每次选通一列的工作方式称为键盘扫描。采用键盘扫描后,再来观察 8 号键按下时的工作过程,当第 0 列处于低电平时，第 2 行处于低电平，而第 1、2、3 列处于低电平时，第 2 行却处在高电平，由此可判定按下的键应是第 2 行与第 0 列的交叉点，即 8 号键。

CPU 对键盘扫描可采取程序控制的随机方式，即 CPU 空闲时扫描键盘；也可以采取定时控制方式，即每隔一定时间 CPU 对键盘扫描一次；也可以采用中断方式，即每当键盘上有键闭合时，向 CPU 请求中断，CPU 响应键盘输入的中断，对键盘进行扫描，以识别哪一个键处于闭合状态，并对键盘输入的信息作出相应处理。CPU 对键盘上闭合键的键号确定，可以根据行线和列线的状态计算求得，也可以根据行线和列线状态查表求得。

3. 键盘的编码

对于独立式按键键盘，因按键数量少，可根据实际需要灵活编码。对于矩阵式键盘，按键的位置由行号和列号唯一确定，因此可分别对行号和列号进行二进制编码，然后将两值合成一个字节，高 4 位是行号，低 4 位是列号。如图 7-7 中的 8 号键，它位于第 2 行，第 0 列，因此，其键盘编码应为 20H。采用上述编码对于不同行的键离散性较大，不利于散转指令对按键进行处理。因此，可采用依次排列键号的方式对按键进行编码。以图 7-7 中的 4×4 键盘为例，可将键号编码为：01H、02H、03H、…、0EH、0FH、10H 等 16 个键号。编码相互转换可通过计算或查表的方法实现。

4. 矩阵式键盘的接口方式

单片机与矩阵式键盘的接口方式有多种，可以通过 8155、8255 等接口芯片与键盘连接，也可以用单片机的串行接口和并行接口直接与键盘接口。

对于 8051 或 8751 及 AT89C 型单片机来说，如果不再外扩程序存储器的话，则可以利用 P0、P2 口构成多达 8×8 的键盘，其中 1 个作为输出口，1 个作为输入口。矩阵键盘的行线和列线可分别由单片机的 I/O 端口来提供。如图 7-8 所示是一个 4×4 矩阵键盘和单片机的接口电路，其中键盘的 4 根行线连接到 P0.0~P0.3，4 根列线连接到 P2.0~P2.3。根据矩阵式按键的识别方法可知，行线 P0.0~P0.3 编程时作为输入口使用，列线 P2.0~P2.3 作为输出口使用。实际应用时，也可以将 4 根列线和 4 根行线共用一个 8 位的 I/O 端口，这样电路将更为简洁。图 7-8 采用编程扫描或定时扫描的工作方式。

如果单片机 P1 口不作为其他用途，则可与 4×4 的键盘相连接，如图 7-9(a) 所示就是一个 4×4 矩阵键盘和单片机的接口电路，这种接口方式也适用于 8031 单片机。

如果单片机的口线已被占用，可以通过 I/O 接口芯片来构成键盘接口电路，较为常用的是 8155、8255A 等接口芯片。采用 8155 的 8×4 行列式键盘与单片机的接口电路如图 7-9(b) 所示，其中 A 口输出 8 列扫描信号，C 口输入 4 位行扫描信号（只用了 PC0~PC3 这 4 根口线）。

5. 键盘扫描控制方式

在单片机应用系统中，键盘扫描只是 CPU 的工作内容之一。CPU 对键盘的响应取决于键的工作方式，键盘的工作方式应根据实际应用系统中 CPU 的工作状况而定，其选取的原则是既要保证 CPU 能及时响应按键操作，又不要过多占用 CPU 的工作时间。通常，键盘的工作方式有 3 种，即编程扫描、定时扫描和中断扫描。

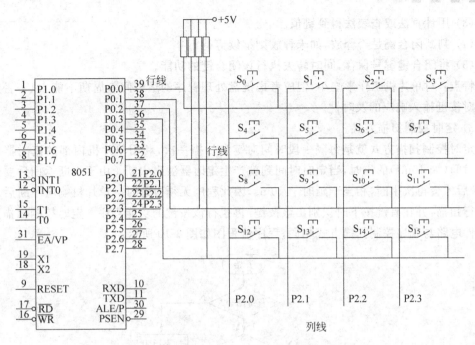

图 7-8　采用 P0 和 P2 口的 4×4 矩阵键盘接口电路图

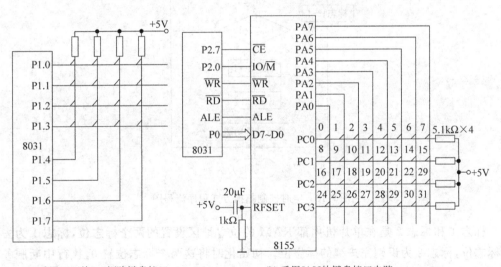

(a) 采用P1口的4×4矩阵键盘接口　　(b) 采用8155的键盘接口电路

图 7-9　其他形式的键盘接口电路

1）编程扫描方式

按键处理程序固定在主程序的某个程序段中。利用单片机完成其他工作的空余时间，调用键盘扫描子程序来响应键盘输入的要求。在执行按键功能程序时，单片机不再响应其他按键的输入要求，直到单片机重新扫描键盘为止。

键盘扫描程序一般应包括以下内容：

（1）判断有无键按下。

（2）扫描键盘，取得闭合键的行、列值。

（3）用计算法或查表法得到键值。

（4）判断闭合键是否释放，如未释放则继续等待。

（5）将闭合键键号保存，同时转去执行该闭合键的功能。

特点：对单片机工作影响小，但应考虑键盘处理程序的运行间隔周期不能太长，否则会影响对按键输入响应的及时性。

2）定时控制扫描方式

定时控制扫描方式就是每隔一段时间对键盘扫描一次，利用单片机内部的定时器产生一定时间（如 10ms）的定时，当定时时间到就产生定时器溢出中断。由于中断返回后要经过 10ms 后才会再次中断，相当于延时了 10ms，因此程序无须再延时。单片机响应中断后对键盘进行扫描，并在有键按下时识别出该按键，再执行该按键的功能程序。定时控制扫描方式的硬件电路与程序控制扫描方式相同，程序流程图如图 7-10 所示。

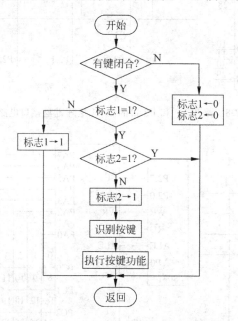

图 7-10　定时控制扫描方式程序流程图

标志 1 和标志 2 是在单片机内部 RAM 的位寻址区设置的两个标志位，标志 1 为去抖动标志位，标志 2 为识别完按键的标志位。初始化时将这两个标志位置 0，执行中断服务程序时，首先判断有无键闭合，若无键闭合，将标志 1 和标志 2 置 0 后返回；若有键闭合，先检查标志 1，当标志 1 为 0 时，说明还未进行去抖动处理，此时进行去抖动处理并置标志位 1为 1，然后中断返回。由于中断返回后要经过 10ms 后才会再次中断，相当于延时 10ms，因此，程序无须再延时。

下次中断时，因标志位 1 置 1，单片机再检查标志 2，如标志 2 为 0 说明还未进行按键的识别处理。这时，单片机先置位标志 2，然后进行按键识别处理，再执行相应的按键功能子程序，最后中断返回。如标志 2 已经置 1，则说明此次按键已作过识别处理，只是还未释放按键。当按键释放后，在下一次中断服务程序中，标志 1 和标志 2 又重新置 0，等待下一次按键。

特点：与程序控制扫描方式的区别是，在扫描间隔时间内，前者用单片机工作程序填充，后者用定时器/计数器定时控制。定时控制扫描方式也应考虑定时时间不能太长，否则会影响对按键输入响应的及时性。

3）中断控制扫描方式

采用上述两种键盘扫描方式时，无论是否按键，CPU 都要定时扫描键盘，而单片机应用系统工作时并不是经常需要键盘输入，因此，CPU 经常处于空扫描状态。为提高 CPU 的工作效率，可采用中断扫描方式。

中断控制扫描方式是利用外部中断源，响应按键输入信号。其工作过程如下：当无键按下时，CPU 处理自己的工作；当有键按下时，产生中断请求，CPU 转去执行键盘扫描子程序，并识别键号。

特点：克服了前两种控制方式可能产生的空扫描和不能及时响应键输入的缺点，既能及时处理键输入，又能提高单片机的运行效率，但要占用一个宝贵的中断资源。

7.2 单片机引脚信号的读出（实训十一）

1. 实训题目

独立式按键键盘接口设计。

2. 实训目的

将程序改为蛇形跑马灯花样。

所谓蛇形花样就是指跑马灯显示花样像一条蛇，即 4 个灯不停地向一个方向进行游走。

本例程通过读出按键信息，练习 C51 程序如何读单片机的 I/O 口，理解如何从外围电路接收逻辑信息。

3. 键盘介绍

在单片机应用系统中，为了向控制系统输入控制命令，经常使用按键。键盘实际上就是一组按键，在单片机外围电路中，通常用到的按键都是机械弹性开关，当开关闭合时，线路导通，开关断开时，线路断开。根据按键的排列方式不同，可分为独立式按键键盘和行列矩阵式键盘两种。

1）独立式按键键盘

独立式按键是直接用 I/O 口的一根线与一个按键相连，每根 I/O 口的按键状态不影响其他 I/O 口按键的状态。图 7-11 所示为具有 4 个独立按键的键盘系统。当某个键按下时，对应引脚读出的逻辑值为 0，未按下键时读出的逻辑值为 1。C51 使用"key = P1;"或"key = P1_1;"语句，即可读出 P1 口的逻辑值，并根据该值可知按键的状态。

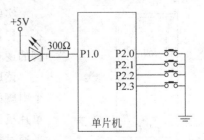

图 7-11 独立式按键键盘

下面是 4 个按键控制一个发光二极管的程序：

```c
#include <AT89X51.H>
unsigned char count=0;                    //定义二极管闪烁时间
sbit LED=P1^0;                            //定义发光二极管的名字
void Delay_xMs(unsigned int x)            //延时函数
{
    unsigned int i,j;
    for( i =0;i < x;i++ )
    {
        for( j =0;j<110;j++ );
    }
}
void key()                                //检测按键状态函数
{ //按键状态的不同,返回的 count 值也不同
  if((P2&0x0f)==0x0f) count=0;            //没有按键按下
  if(P2_0==0) count=1;                    //P2_0 按键被按下
  if(P2_1==0) count=2;                    //P2_1 按键被按下
  if(P2_2==0) count=3;                    //P2_2 按键被按下
  if(P2_3==0) count=4;                    //P2_3 按键被按下
}
void main(void)
{
    while(1)
    {
      key();
      if(count != 0)                      //当有按键按下时
        { //发光二极管闪烁,闪烁时间由 count 决定
        LED=1;                            //发光二极管灭
        Delay_xMs(count * 1000);          //保持发光二极管灭状态
        LED=0;                            //发光二极管亮
        Delay_xMs(count * 1000);          //保持发光二极管亮状态
        }
    }
}
```

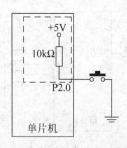

图 7-12　读取按键原理图

实验结果可以看出,有按键按下时二极管就会发光,但按键不一样,发光的时间也不同。实验说明,单片机可以读取按键引脚的逻辑状态。

读取按键的原理图如图 7-12 所示。在单片机 P2 端口的每个引脚已经有上拉电阻,当按键没有按下时,由于有上拉电阻,单片机引脚读出的逻辑值是 1；当按键被按下时,单片机引脚电平通过按键接 GND 电平,此时读出的逻辑值是 0。

小知识——单片机的按键是否需要外接上拉电阻

许多教材的按键电路图是在按键的引脚上加了一个上拉电阻,这样的电路是没错的。但实际工程中没有必要这样做,因为单片机在 P1、P2、P3 端口的内部已经有上拉电阻了。

P0 口没有内部上拉电阻,因此一般设计电路板时加上排阻作为上拉电阻。

实际工程中,经常将读取按键状态的过程编辑成函数。下面是按键有返回值的代码:

```
#include <AT89X51.H>
unsigned char count=0;                 //定义二极管闪烁时间
sbit LED=P1^0;                         //定义发光二极管的名字

void Delay_xMs(unsigned int x)         //延时函数
{
    unsigned int i,j;
    for( i =0;i < x;i++ )
    {
        for( j =0;j<110;j++ );
    }
}

unsigned char mm key()                 //检测按键状态函数
{
    unsigned char count;               //定义按键返回值
    //按键状态的不同,返回的 count 值也不同
    if((P2&0x0f)==0x0f) count=0;       //没有按键按下
    if(P2_0==0) count=1;               //P2_0 按键被按下
    if(P2_1==0) count=2;               //P2_1 按键被按下
    if(P2_2==0) count=3;               //P2_2 按键被按下
    if(P2_3==0) count=4;               //P2_3 按键被按下
    return count;
}

void main(void)
{   unsigned char mm;
    while(1)
    {
        mm=key();                      //读取按键的值
        if(mm != 0)                    //当有按键按下时
                                       //发光二极管闪烁,闪烁时间由 mm 决定
        {
            LED=1;                     //发光二极管灭
            Delay_xMs(mm * 1000);      //保持发光二极管灭状态
            LED=0;                     //发光二极管亮
            Delay_xMs(mm * 1000);      //保持发光二极管亮状态
        }
    }
}
```

2）按键的抖动问题

实际编程时需要注意按键的抖动问题。通常所用的按键为轻触机械开关，正常情况下按键的触点是断开的，当按压按钮时，由于机械触点的弹性作用，一个按键开关在闭合时不会马上稳定地接通，在断开时也不会一下子断开，时序如图 7-13 所示。抖动时间的长短由按键的机械特性及操作人员按键动作决定，一般为 5～20ms；按键稳定闭合时间的长短是由操作人员的按键按压时间长短决定的，一般为零点几秒至数秒不等。

图 7-13　按键开关的抖动

```c
#include <AT89X51.H>
unsigned char count=0;                      //定义二极管闪烁时间
sbit LED=P1^0;                              //定义发光二极管的名字

void Delay_xMs(unsigned int x)              //延时函数
{
    unsigned int i,j;
    for( i =0;i < x;i++ )
    {
        for( j =0;j<110;j++ );
    }
}

unsigned char mm key()                      //检测按键状态函数
{
  unsigned char count;                      //定义按键返回值
  //按键状态的不同,返回的 count 值也不同
  if((P2&0x0f)!=0x0f)                        //表示有按键按下
    {
      Delay_xMs(5);                         //延时一段时间,去抖动
      if(P2_0==0) count=1;                  //P2_0 按键被按下
      if(P2_1==0) count=2;                  //P2_1 按键被按下
      if(P2_2==0) count=3;                  //P2_2 按键被按下
      if(P2_3==0) count=4;                  //P2_3 按键被按下
    }
  else
      count=0;                              //没有按键按下返回值
  return count;
}

void main(void)
{   unsigned char mm;
    while(1)
    {
      mm=key();                             //读取按键的值
      if(mm != 0)                           //当有按键按下时
        {                                   //发光二极管闪烁,闪烁时间由 mm 决定
```

```
        LED=1;                      //发光二极管灭
        Delay_xMs(mm * 1000);       //保持发光二极管灭状态
        LED=0;                      //发光二极管亮
        Delay_xMs(mm * 1000);       //保持发光二极管亮状态
        }
    }
}
```

程序中多了一条语句"Delay_xMs(5);//延时一段时间,去抖动",功能是检测出有按键按下时,延时一段时间,达到按键去抖动效果。

3) 矩阵式按键键盘

当键盘中按键数量较多时,为了减少I/O口的占用,通常将按键排列成矩阵形式。矩阵式按键键盘是指按键排成行和列,按键在行列交叉处,两端分别与行线和列线相连,这样i行j列可连i×j个按键,但只需要i+j条接口线。图7-14所示为4行4列的矩阵式按键键盘。

矩阵式结构的键盘要复杂一些。列线需通过电阻接正电源,并将行线所接单片机的I/O口作为输出端,而列线所接的I/O口则作为输入端(相当于编程控制的接地端)。这样,当按键没有按下时,所有的输出端都是高电平,代表无键按下。行线输出是低电平,一旦有键按下,则输入线就会被拉低,这样,通过读入输入线的状态就可得知是否有键按下。

本实训中P1口用作键盘的I/O口,键盘的列线接到P1口的低4位,键盘的行线接到P1口的高4位。列线P1.0~P1.3分别接有4个上拉电阻到正电源+5V,并把列线P1.0~P1.3设置为输入线,行线P1.4~P1.7设置为输出线。4根行线和4根列线形成16个相交点,接16个按键。

图7-15是读取阵列按键状态程序的流程图。

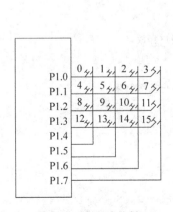

图 7-14　阵列式按键

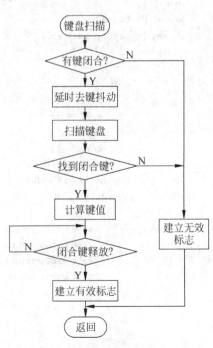

图 7-15　读取阵列按键状态的流程图

程序代码如下：

```c
#include <REGX51.H>
#define key1 P1_4                    //键盘定义
#define key2 P1_5
#define key3 P1_6
#define key4 P1_7
void Delay_xMs(unsigned int x)       //延时函数
{
    unsigned int i,j;
    for( i=0;i<x;i++ )
    {
        for( j=0;j<110;j++ );
    }
}
unsigned char keyb()
{
    unsigned char key,keytmp;
    key1 = 1;                        //将输出线拉高
    key2 = 1;
    key3 = 1;
    key4 = 1;
    key = P1;                        //读回来
    key = key & 0xf0;                //获得键盘结果
    if(key == 0xf0) return 0;        //如果用户没有按键返回 0
    else
    {
        keytmp = key;
        delay(1);                    //判断是不是干扰
        key = P1 & 0xf0;
        if (key != keytmp) return 0; //是干扰,返回 0
        else                         //不是干扰,等待用户释放按键
        {
            do{
                key1 = 1;            //输出拉高
                key2 = 1;
                key3 = 1;
                key4 = 1;
                key = P1 & 0xf0;     //读回来
            }while(key != 0xf0);     //等待用户释放
            switch(keytmp)
            {
                case 0x70: return 1; //返回用户按键结果
                case 0xb0: return 2;
                case 0xd0: return 3;
                case 0xe0: return 4;
            }
        }
    }
}
void main()
```

```
    {
        unsigned char keym = 0;          //键盘返回结果的缓冲区
        while(1)                          //设置一个无限制循环
        {
            keym = keyb();                //得到按键结果
            …                             //根据按键,处理其他事务
        }
    }
```

7.3 显示接口技术

在单片机应用系统中,为了便于人们观察和监视单片机的运行情况,常常需要用显示器显示运行的中间结果及状态等信息,因此显示器也是不可缺少的外部设备之一。

显示器的种类很多,从液晶显示器、发光二极管显示器到 CRT 显示器,都可以与单片机配接。在单片机应用系统中,常用的显示器主要有发光二极管显示器(简称 LED 显示器)和液晶显示器(简称 LCD 显示器)。

LED 显示器具有耗电量小、成本低廉、配置简单灵活、安装方便、耐振动、寿命长等优点;LCD 显示器除了具有 LED 的一些特点外,还能实现图形显示,但其驱动较为复杂。近年来对某些要求较高的单片机应用系统也开始配置简易形式的 CRT 显示器接口。3 种显示器中,以 CRT 显示器亮度最高,发光二极管次之,而液晶显示器最弱,为被动显示器,必须有外光源。本节着重介绍 LED 显示器的工作原理及其与单片机的接口。

7.3.1 LED 数码管接口技术

LED 数码管是一种简单常用的 LED 显示器,具有电压低、耐振动、寿命长、显示清晰、亮度高、成本低廉、配置灵活、与单片机接口方便等特点,基本上能满足单片机应用系统的需要。在单片机系统中,如果需要显示的内容只有数码和某些字母,使用 LED 数码管是一种较好的选择。LED 数码管的显示内容有限,且不方便显示图形。

1. LED 数码管显示器结构与工作原理

1) LED 数码管显示器结构

发光二极管是由半导体发光材料做成的 PN 结,只要在发光二极管两端通过正向 5～20mA 的电流就能正常发光,其外形和电气图形符号如图 7-16 所示。单个 LED 可以通过亮、灭来指示系统运行状态,也可以用快速闪烁来报警。

通常所说的 LED 显示器由 8 个段发光二极管组成,因此称为 8 段 LED 显示器,也称为数码管,其排列形状如图 7-17(a)所示。显示器中还有一个圆形发光二极管(在图中以 dp 表示),用于显示小数点。7 段 LED 数码管比 8 段 LED 数码管少一只发光二极管 dp,其他与 8 段 LED 数码管相同。LED 显示器中的发光二极管有共阴极接法和共阳极接法两种连接方式。

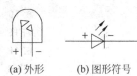

(a) 外形　　(b) 图形符号

图 7-16　LED 外形和符号

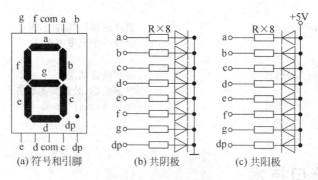

图 7-17　LED 显示器

（1）共阴极接法

把发光二极管的阴极连在一起构成公共阴极。使用时公共阴极接地，阳极端输入高电平的段发光二极管导通点亮，输入低电平的则不点亮，如图 7-17(b)所示。

（2）共阳极接法

把发光二极管的阳极连在一起构成公共阳极。使用时公共阳极接＋5V 电压，阴极端输入低电平的段发光二极管导通点亮，输入高电平的则不点亮，如图 7-17(c)所示。

2）LED 数码管显示器的控制方式

对 8 段 LED 数码管显示器的控制，包括对"显示段"和"公共端"两个地方的控制。其中显示段用来控制显示字符的形状；公共端用来控制若干个 LED 中的哪一只被选中；前者称为"段选"，后者称为"位选"。只有二者结合起来，才能在指定的 LED 上显示指定的字型。显然，要显示某种字型就应使此字型的相应字段点亮，按照 dp、g、f、e、d、c、b、a 的顺序，dp 为最高位，a 为最低位，引脚输入不同的 8 位二进制编码，可显示不同的数值或字符。控制发光二极管的 8 位数据通称为"字段码"。不同数字或字符的字段码不一样，而对于同一个数字或字符，共阴极连接和共阳极连接的字段码也不一样，共阴极和共阳极的字段码互为反码，表 7-1 所示为数字 0～9、字母 A～F 的共阴极和共阳极的字段码。

表 7-1　十六进制数字、字母段码表

显示字符	共阴极段码	共阳极段码	显示字符	共阴极段码	共阳极段码
0	3FH	C0H	C	39H	C6H
1	06H	F9H	d	5EH	A1H
2	5BH	A4H	E	79H	86H
3	4FH	B0H	F	71H	8EH
4	66H	99H	P	73H	8CH
5	6DH	92H	U	3EH	C1H
6	7DH	82H	T	31H	CEH
7	07H	F8H	y	6EH	91H
8	7FH	80H	H	76H	89H
9	6FH	90H	L	38H	C7H
A	77FH	88H	"灭"	00H	FFH
b	7CH	83H	⋮	⋮	⋮

LED 数码管按其外形尺寸分为多种形式,使用较多的是 0.5"和 0.8";显示的颜色也有多种,主要有红色和绿色;按照亮度强弱可分为超亮、高亮和普亮。LED 数码管的正向压降一般是 1.5～2V,额定电流为 10mA 左右,最大电流为 40mA。

3) LED 数码管显示译码方式

由显示的数字或字符转换到相应的字段码的方式称为译码方式。单片机要输出显示的数字或字符通常有 2 种译码方式:硬件译码方式和软件译码方式。

硬件译码方式是指用专门的显示译码芯片来实现字符到字段码的转换。硬件译码时,要显示一个字符,单片机只需送出这个字符的二进制编码,经 I/O 接口电路并锁存,然后通过显示译码器,就可以驱动 LED 显示器中的相应字段发光。硬件译码使用的硬件较多(显示器的段数和位数越多,电路越复杂),缺乏灵活性,且只能显示十六进制数。显示译码电路芯片种类较多,可以根据自己的需要灵活选择。

软件译码方式就是通过编写软件译码程序(通常为查表程序)来得到要显示字符的字段码。由于软件译码不需外接显示译码芯片,硬件电路简单,并且能显示更多的字符,因此在实际应用系统中经常采用。

2. LED 数码管显示器的显示方式

单片机的接口一般有静态显示接口与动态显示接口两种方式,下面分别加以介绍。

1) 静态显示

所谓静态显示,就是当显示器显示某一字符时,相应段的 LED 恒定地导通或截止。这种显示方法的每一个 LED 都需要有一个 8 位输出口控制。

静态显示器的优点是显示稳定,在 LED 导通电流一定的情况下显示器的亮度高,控制系统在运行过程中,仅仅在需要更新显示内容时,单片机才执行一次显示更新子程序,大大节省了单片机的时间,提高了工作效率;缺点是 LED 个数较多时,所用的 I/O 口太多,硬件开销大。在显示器位数较多的情况下,一般采用动态显示方式。静态显示又分为并行输出和串行输出两种形式。

(1) 行输出。

图 7-18 给出了静态显示方式下 2 位共阳 LED 并行输出的接口电路。图中采用 2 片74LS373 扩展并行输入/输出接口,接口地址由 2～4 地址译码器 74LS139 的输出决定。译码输出信号($\overline{Y0}$ 或 $\overline{Y2}$)与单片机的写信号 $\overline{WR}$ 共同控制对 74LS373 的写入操作。显然,2 片74LS373 的地址分别为 3FFFH、0BFFFH(思考为什么?)。

由图 7-18 可见,并行输出时,每个 LED 数码管都需要 8 位输出口独立控制,该方式虽然亮度好,且不占用单片机的工作时间,但在 LED 显示器个数较多时,连线比较复杂。

(2) 串行输出。

采用串行输出可以大大节省单片机的内部资源。图 7-19 为 8 位静态共阳 LED 显示器串行输出的逻辑接口电路。该电路用 74LS164 将 AT89S51 输出的串行数据转换成并行数据输出给 LED 显示器,减少了接口连线。其中,TXD 和 P3.3 相"与"接 74LS164 的移位时钟输入线 8,RXD 接 74LS164 的数据输入线 1、2,74LS164 的选通端 9 接＋5V,P3.3 作为显示器允许控制输出线。依据此方法,74LS164 可以作为多个 LED 的输入显示寄存器。

静态显示器接口电路在字位数较多时,电路比较复杂,需要的接口芯片较多,成本也较高,因而在实际应用中常采用动态显示器接口电路。

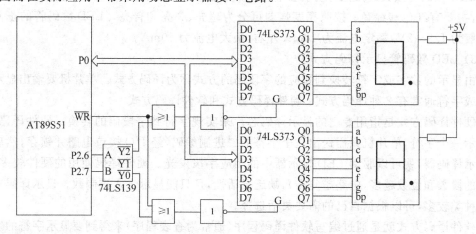

图 7-18 2 位共阳 LED 并行输出的接口电路(静态显示方式)

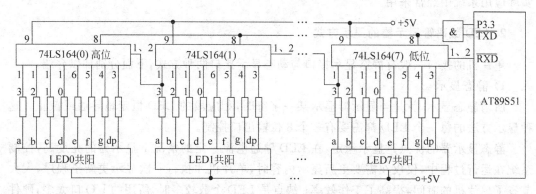

图 7-19 8 位静态 LED 串行输出的接口电路

2) 动态显示

所谓动态显示,就是一位一位地轮流点亮各位 LED 显示器(扫描),对于 LED 显示器的每一位而言,每隔一段时间点亮一次。

图 7-20 是 8 个 8 段数码管动态显示图。LED 动态显示是将所有数码管的同名字段选线(a～g、dp)都并接在一起,接到一个 8 位的 I/O 口上,每个数码管的公共端(称为位线)分别由相应的一位 I/O 口线控制。

由于每一位数码管的段选线都接在一个 I/O 口上,因此每送一个字段码,8 位数码管就显示同一个字符。为了能得到在 8 个数码管上"同时"显示不同字符的显示效果,利用人眼的视觉暂留效应和发光二极管熄灭时的余辉效应,采用分时轮流点亮各个数码管的动态显示方式。

具体方法是:从段选线 I/O 口上按位分别送显示字符的字段码,从位选线控制口也按相应次序分别选通相应的显示位(共阴极送低电平,共阳极送高电平),被选通的显示位就显示相应字符(保持几个毫秒的延时),没选通的位不显示字符(灯熄灭),如此不断循环。从单片机工作的角度看,在一个瞬间只有一位数码管显示字符,其他位熄灭,但因为人眼的视觉暂留效应,只要循环扫描的速度保持在一定频率以上,这种动态变化人眼是察觉不到的。从效果上看,就像 8 个数码管能连续和稳定地同时显示 8 个不同的字符。

　　显示器亮度既与点亮时的导通电流大小有关,也与点亮时间和间隔时间的比例有关。调整电流和时间参数,可实现亮度较高较稳定的显示。这种方法的接口电路中数码管也不宜太多,一般在 8 个以内,否则每个数码管所分配到的实际导通时间会太少,导致显示亮度不足。若数码管位数较多,应采用增加驱动能力的措施,从而提高显示亮度。

　　动态显示器的优点是节省硬件资源,成本较低。但在系统运行过程中,要保证显示器正常显示,单片机必须每隔一段时间执行一次显示子程序,占用单片机大量时间,降低了单片机的工作效率,同时显示亮度较静态显示器低,因此,动态显示的实质是以牺牲单片机时间来换取器件的减少。

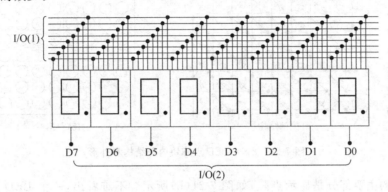

图 7-20　8 位数码管动态显示

7.3.2　LED 大屏幕显示器

　　LED 大屏幕显示屏分为图文显示屏和视频显示屏,均由 LED 矩阵块组成。图文显示屏可与计算机同步显示汉字、英文和图形;图文显示屏的颜色有单色、双色和多色几种,最常用的是单色图文屏。单色屏多使用红色、橘红色或橙色 LED 点阵单元;双色图文屏和多色图文屏,在 LED 点阵的每一个“点”上布置有两个或多个不同颜色的 LED 发光器件。换句话说,对应于每种颜色都有自己的显示矩阵。显示的时候,各颜色的显示点阵是分开控制的。事先设计好各种颜色的显示数据,显示时分别送到各自的显示点阵,即可实现预期效果。每一种颜色的控制方法和单色的完全相同。视频显示屏采用微机进行控制,图文、图像并茂,以实时、同步、清晰的信息传播方式播放各种信息,还可以显示动画、录像、电视以及现场实况。

　　LED 大屏幕显示屏具有亮度高、工作电压低、功耗低、小型化、寿命长、耐冲击和性能稳定等特点,发展前景极为广阔,目前正朝着更高亮度、更高耐气候性、更高发光密度、更高发光均匀性、更高可靠性和全色化方向发展。

1. LED 点阵模块的基本结构

　　本节以单色 8×8 LED 点阵显示器为例,8×8 LED 点阵内部结构及外形如图 7-21 所示,共由 64 个发光二极管组成,且每个发光二极管是放置在行线和列线的交叉点上,8×8 LED 点阵模块的每一列均共享一根列线,每一行共享一根行线。当相应的列接低电平、行接高电平时,对应的发光二极管将被点亮。例如,要使点阵上编号为 Aa 的二极管点亮,则行线 A 接高电平,列线 a 接低电平,其余以此类推。

LED 点阵模块按 LED 的极性排列方式,又可分为共阴极与共阳极两种类型。如图 7-21(a)所示,LED 点阵模块的每个引脚都是公共脚,一般分行共阴或是行共阳两种,每行的阳极连在一起就是行共阳,阴极连一起的就是行共阴。

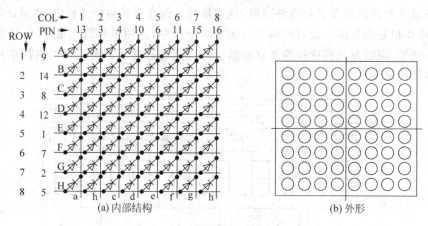

图 7-21　8×8 LED 点阵块内部结构和外形

显示屏的主要部分是显示点阵,如图 7-21(b)所示。不难看出,一个 LED 点阵显示模块是在整个显示单元的所有位置上都布置了相应的发光二极管(相当于像素点)构成共阳极或共阴极的显示块。可以显示一个字符(数字或汉字),还可以显示简单的图片。当然,还可以把这些点阵块拼接起来,构成更多的像素点显示不同的文字、图片以及复杂的图像等。

2. 汉字的表示及编码原理

为了将汉字的字型显示输出,汉字信息处理系统还需要配有汉字字模库,也称字型库,简称字库,它集中了全部汉字的字型信息。

计算机用编码的方式来处理和使用字符,英文在计算机内是用 ASCII 码(即一个字节)来表示,而中文汉字则由两个字节表示。只要通过某个汉字的内码就可得到该汉字的国标码,也就得到了该汉字的字模。

需要显示汉字时,根据汉字内码向字模库检索出该汉字的字型信息,然后输出,再从输出设备得到汉字。

所谓汉字字模就是用 0、1 表示汉字的字型,将汉字放入 N 行×N 列的正方形内,该正方形共有 N2 个小方格,每个小方格用一位二进制表示,凡是笔画经过的方格值为 1,未经过的值为 0。根据汉字的显示清晰度,按照模块每行或每列所含 LED 个数的不同,点阵字模有 16×16 点、24×24 点、32×32 点、48×48 点等几种,每个汉字字模分别需要 32、72、128、288 个字节等存放数据,点数越多,输出的汉字越美观。根据汉字的不同字体,还可分为宋体字模、楷体字模、黑体字模等。

在软件设计中常选用 UCDOS 5.0 汉字系统中的 16×16 点阵字库 HZK16 作为提取汉字字模的标准字库。具体的汉字字模提取程序可以用 QB、VB 或 VC 等编写,在这里就不再叙述了。

3. 汉字字模存储及提取方法

在单片机系统中对字模的存储,根据单片机的 ROM 容量和其寻址空间情况,可采取 3 种方式:

(1) 将提取的汉字字模数据作为常量数组存放在程序存储区内,这种方法较为常用,针对程序不大或单片机无外部扩展数据存储区功能的情况。

(2) 将提取的汉字字模数据存放在 E² PROM,作为扩展的数据存储器供单片机调用。

采用哈佛结构的单片机,如 AT89S51 单片机及其派生产品,程序存储器(ROM)和数据存储器(RAM)可分别寻址,AT89S51 单片机的 ROM 和 RAM 最大的寻址空间均为 64KB,通常来说,对于中型的嵌入式系统,尤其是带液晶的单片机系统来说,64KB 的程序空间并不富裕,而将汉字字模作为常量数组会大大占用 ROM 的空间。而相对来说,数据存储器只需几个字节就够用了,剩下的空间可用于功能芯片的扩展。

(3) 将整个汉字字库存放在 E² PROM 内,程序根据要显示汉字的机内码来调用汉字字模。

由于 E² PROM 中存储了整个汉字库,只须在硬件上设定存放汉字库的存储器片选地址,直接将汉字作为字符数组赋给汉字显示函数,通过机内码计算出区号和位号,即可方便地对汉字字模进行调用。与前两种方法相比,无须事先提取字模和设定其地址用于程序调用,因此在进行程序升级,涉及到汉字显示时,不用更改汉字字模数据。

4. 8×8 LED 点阵与单片机的接口

LED 显示点阵显示的总体框图如图 7-22 所示,最重要的就是行、列驱动电路的正确选择。依据图 7-22 所示电路框图,可设计出 AT89S51 驱动单个 8×8 LED 点阵模块的电路,如图 7-23 所示。

图 7-23 中,LED 点阵的列选通由单片机的 P1 口发出,通过串入并出的 8 位移位寄存器 74HC595 输出端送到显示屏的列上;紧接着再选通相应的行显示,LED 点阵的行选通线由单片机 P2 口的 P2.0、P2.1、P2.2 通过 74LS244 将数据缓冲后,再通过 74LS138 形成 8 条行选通信号,然后通过 74LS00 以及三极管驱动电路得到高电平有效的驱动信号。由于三极管的输出特性具有恒流的性质,所以可采用三极管驱动 LED。

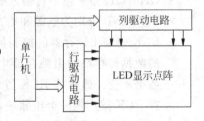

图 7-22　LED 点阵显示总体框图

为了隔离外界的干扰信号,使用了 74LS244 的 8 位数据缓冲器。因为任何时候 74HC595 里面的数据是不确定的,只要显示屏稍有一点外界干扰就可能导致 74LS138 使能端 $\overline{G}$ 变低,导致 74LS138 输出不确定信号,接着 74LS00 输出高电平,这样显示屏就会显示一些不确定的图案。为了防止直接驱动损坏单片机以及隔离外界干扰信号,使用 74LS138 作为行选芯片。

由三极管 2N3904 以及点阵组成的驱动部分主要完成的功能是驱动从控制部分传来的待显示数据,使其能够按照要求在显示屏上按位点亮 LED,这样才能正确显示图案。若某一时刻只驱动一个 LED,驱动电流只需 20mA 左右,但若一行 8 个 LED 同时发光,驱动电

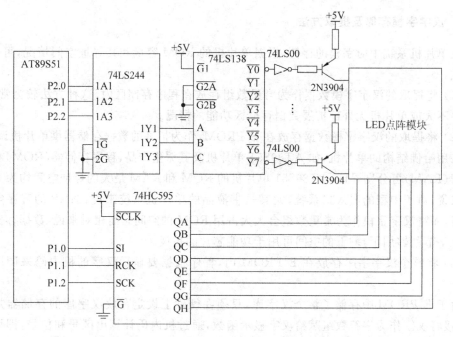

图 7-23   AT89S51 和单个 8×8 LED 点阵模块电路

流则可达 200mA 左右。

74HC595 是带锁存输出的串入并出的 8 位移位寄存器，其引脚分布见图 7-24，其中：

- SI 是串行数据的输入端。
- QH' 是级联输出端，可以接下一个 74HC595 的 SI 引脚。
- QA～QH 是 8 位串行输入数据的并行输出端。
- V_{CC}、GND 分别为电源和地。

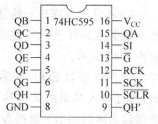

图 7-24   74HC595 引脚

- RCK 是输出锁存器的控制信号，上升沿时移位寄存器的数据锁存在输出锁存器中，下降沿时输出锁存器中数据不变。通常将 RCK 置为低电平，当移位结束后，在 RCK 端产生一个正脉冲，更新显示数据。
- SCK 是移位寄存器的移位时钟脉冲信号，上升沿时移位寄存器的数据发生移位，按 QA→QB→QC→…→QH 的顺序将 SI 端输入的下一个数据送入最低位，移位后的各位信号出现在移位寄存器的输出端，也就是输出锁存器的输入端。下降沿移位寄存器中数据不变，5V 电压时，脉冲宽度大于几十纳秒就可以了。

由于 SCK 和 RCK 两个信号是互相独立的，所以能够做到输入串行移位与输出锁存互不干扰。

- $\overline{G}$ 是对输入数据的输出使能控制，高电平时禁止输出（高阻态），当其为低电平时输出锁存器才打开。如果单片机的引脚不紧张，用一个引脚控制可以方便地产生闪烁和熄灭的效果。
- $\overline{SCLR}$ 为移位寄存器的清零输入端，当 $\overline{SCLR}$＝0 时将移位寄存器中的数据清零。

74HC595 最多需要 5 根控制线,74HC595 的主要优点是具有数据存储寄存器,在移位的过程中,输出端的数据可以锁存保持不变。这在串行速度慢的场合很有用处,可以保证数码管没有闪烁感。

5. 软件设计

LED 点阵显示模块软件设计的方法有两种:

(1) 水平方向(X 方向)扫描,即逐列扫描的方式(简称列扫描方式):此时用一组 I/O 口输出列码决定哪一列能亮(相当于位码),用另一组 I/O 口输出行码(列数据),决定该行上哪个 LED 亮(相当于段码)。能亮的列从左到右扫描完 8 列(相当于位码循环移动 8 次)即显示出一帧完整的图像。

(2) 竖直方向(Y 方向)扫描,即逐行扫描方式(简称行扫描方式):此时用一组 I/O 口输出行码决定哪一行能亮(相当于位码),另一组 I/O 口输出列码(行数据,行数据为将列数据的点阵旋转 90°的数据)决定该行上哪些 LED 灯亮(相当于段码)。能亮的行从上向下扫描完 8 行(相当于位码循环移位 8 次)即显示一帧完整的图像。

所谓"扫描"的含义,就是指一行一行地循环接通整行的 LED 器件,而哪一列的 LED 器件是否应该点亮由列控制电路负责。全部各行都扫过一遍之后(一个扫描周期),又从第一行开始下一个周期的扫描。只要一个扫描周期的时间比人眼 1/25s 的暂留时间短,也就是脉冲频率必须高于 25Hz,就不容易感觉出闪烁现象。根据图 7-23 的硬件电路,本设计应用的是第二种扫描方法,即竖直方向(Y 方向)扫描。

7.4 LED 数码管显示技术(实训十二)

本单元主要通过单片机动态数码显示的编程,理解如何将 C 语言与单片机外围器件的编程联系起来。

在单片机系统中,通常用 LED 数码管来显示各种数字或符号。由于其具有显示清晰、亮度高、使用电压低、寿命长的特点,使用非常广泛。

图 7-25 是几个数码管的图片,有单位数码管、双位数码管、4 位数码管,另外还有右下角不带点的数码管,以及"米"字数码管等。

图 7-25 几个数码管实物图

不管将几位数码管连在一起,其显示原理都是一样的,即通过点亮内部的发光二极管来发光。数码管的结构如图 7-26 所示,由 7 个条形发光二极管和一个小圆点发光二极管组成。

　　根据发光二极管的接线形式,可分成共阴极型和共阳极型。共阴数码管是指将所有发光二极管的阴极接到一起,在应用时应将公共极 COM 接到地线 GND 上,当某一字段发光二极管的阳极为高电平时,相应字段就点亮。共阳数码管是指将所有发光二极管的阳极接到一起,在应用时应将公共极 COM 接到＋5V,当某一字段发光二极管的阴极为低电平时,相应字段就点亮。

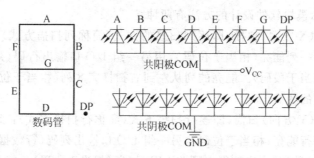

图 7-26　数码管的内部结构

　　图 7-27 给出了数码管静态显示的接口电路,共阳极数码管的段码由 P1 口来控制,COM 端接＋5V 电源。将单片机 P1 口的 P1.0～P1.7 的 8 个引脚依次与数码管的 a、b、…、f、dp 的 8 个段控制引脚相连接。要显示数字"0",则数码管的 a、b、c、d、e、f 的 6 个段应点亮,其他段灭,需向 P1 口传送数据 11000000B(即 C0H),该数据就是与字符"O"相对应的共阳极字型编码。

　　若是共阴极的数码管,COM 端接地。要显示数字 1,则数码管的 b、c 两段点亮,其他段灭,需向 P1 口传送数据 00000110(即 06H),这就是字符"1"的共阴极字型码了。表 7-2 是共阴极数码管的字型编码,该编码只对图 7-27 的连接电路适用,如果数码管的引脚与单片机的引脚连接顺序有改变,则字型编码需要改变。

表 7-2　共阴极的字型码

显示数字	数据	显示数字	数据	显示数字	数据	显示数字	数据
"0"	3FH	"4"	66H	"8"	7FH	"C"	39H
"1"	06H	"5"	6DH	"9"	6FH	"d"	5EH
"2"	5BH	"6"	7DH	"A"	77H	"E"	79H
"3"	4FH	"7"	07H	"b"	7CH	"F"	71H

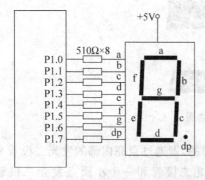

图 7-27　两位数码管静态显示接口电路

1. LED 数码管的静态显示

　　静态显示是指当数码管显示某一字符时,相应的发光二极管恒定导通或恒定截止。如图 7-27 所示,各位数码管的公共端恒定接地(共阴极数码管)或＋5V 电源(共阳极数码管)。每个数码管的 8 个段控制引脚分别与一个 8 位 I/O 端口相连。只要 I/O 端口有显示字型码输出,数码管就显示对应字符,并保持不变。P1 端口输出不同的编码,数码管就能显示不同的字符。

程序1:

下面语句可以实现数码管静态显示:

```c
#include<REGX51.H>                    //51单片机头文件
#define uint unsigned int
#define uchar unsigned char
//显示编码
uchar code table[ ]={0x3f,0x06,0x5b,0x4f,0x66,0x6d};
void Delay_xMs(uint x)                //延时函数
{
    ...
}
void main( )
{
  uchar num;
  while(1)
    {
      for(num=0;num<6;num++)
        {
          P1=table[num];             //显示 0~5
          Delay_xMs(1000);           //延时
        }
    }
}
```

可以看出,数码显示与前面发光二极管的实验程序类似,不同之处是显示时 P1 口需要送出特定的编码。为了使数码管的 8 个发光二极管能够显示出相应的字符,需要编程控制 8 个发光二极管的亮灭状态,即需要送出 table[ ]数组定义的编码。

注意: table[ ]数组定义的编码与实际电路有关,即数码管的引脚与单片机引脚的连接顺序不一样,编码就不一样。

小知识——code 关键字的具体应用

程序中"uchar code table[ ]={…}"语句是数码管编码的定义。

编码定义方法与 C 语言中的数组定义方法非常相似,不同之处就是在数组类型后面多了一个 code 关键字,code 即表示编码的意思。

单片机 C 语言中定义数组时是要占用内存空间的,而使用 code 关键字定义编码时数据被直接分配到程序空间中,编译后编码占用的是程序存储空间,而非内存空间。但是 code 关键字定义的变量只能读,不能修改。

AT89S51 单片机只有 128 个内存字节供变量定义使用,因此单片机的内存空间是宝贵的,超过 128 个变量编译程序会报错。但 AT89S51 有 4096 个字节的程序存储空间,相对内存空间来说,程序存储空间要大得多。因此,对于液晶的汉字点阵的定义、数码管显示编码的定义、查表计算内容的定义,一般使用 code 关键字,因为定义后无须改变其内容。

2. LED 数码管的动态显示

图 7-28 给出了用动态显示方式点亮 6 个共阳极数码管的电路。图中将各个共阳极数码管对应的段选控制端并联在一起，仅用一个 P1 口控制。为了增加驱动能力，用 8 个同相三态缓冲器/线驱动器 74LS245 驱动。各位数码管的公共端，也称作"位选端"，由 P2 口控制，用 6 个反相驱动器 74LS04 驱动。

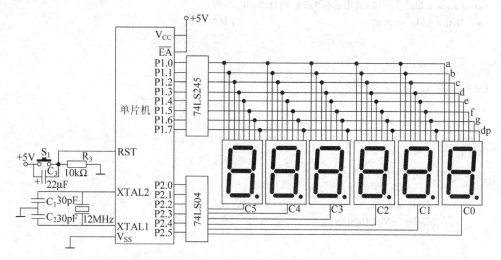

图 7-28　数码管动态显示电路图

动态显示是一种按位轮流点亮各位数码管的显示方式，即需要一个接口完成字型码的输出（字型选择），另一接口完成各数码管的轮流点亮（数位选择）。

在某一时段，只让其中一位数码管的"位选端"有效，并送出相应的字型显示编码，此时其他位的数码管因"位选端"无效而都处于熄灭状态。下一时段按顺序选通另外一位数码管，并送出相应的字型显示编码。按此规律循环下去，即可使各数码管分别间断地显示出相应的字符。当循环显示频率较高时，利用人眼的暂留特性，看不出闪烁显示现象。6 位数码管显示"012345"的程序如程序 2、程序 3 所示。

> **数码管动态扫描的含义**
>
> 　　所谓数码管动态扫描显示，是轮流向各位数码管送出字型码和相应的位选，利用发光二极管的余辉和人眼视觉暂留作用，使人的感觉好像各位数码管同时都在显示，而实际上多位数码管是一位一位轮流显示的，只是轮流的速度非常快，人眼已经无法分辨出来。

程序 2：

```c
# include <REGX51.H>
# define uint unsigned int
# define uchar unsigned char
```

```
uchar code table[]={0x06,0x5b,0x4f,0x66,0x6d,0x7d};          //显示字型码

void Delay_xMs(unsigned int x)          //延时
{
    uint i,j;
    for( i =0;i < x;i++ )
    {
        for( j =0;j<110;j++ );
    }
}


void main(void)
{
    uchar i,temp;;
    while(1)
    {
        temp=0xfe;                      //位选端控制
        for(i=0;i<5;i++)
        {
            P2=~temp;                   //位选码取反后送 P2 口
            P1=table[i];                //显示字型码送 P1
            temp =temp<<1;              //位选码左移一位,选中下一位 LED
            Delay_xMs(1500);            //延时 1500ms
        }
    }
}
```

　　程序 2 的执行结果,是第一个数码管显示 1,时间为 1.5s,然后关闭它;之后立即让第二个数码管显示 2,时间为 1.5s,再关闭它……一直到最后一个数码管显示 6,时间同样为 1.5s。然后再进行同样的下一轮显示,并一直循环下去。

　　上面的代码实现了题目的要求,但还没有体现出本节的重点,下面将每个数码管点亮的时间缩短到 100ms,编译并下载到单片机,可看见数码管变换显示的速度快多了。再将延时的时间缩短至 10ms,此时已经可隐约看见 6 个数码管上同时显示着数字 123456 字样,但是看上去有些闪烁。再将延时时间缩短至 1ms,这时 6 个数码管上的显示没有闪烁感,清晰地显示着"123456"。具体代码如程序 3 所示:

程序 3:

```
#define uint unsigned int
#define uchar unsigned char

uchar code table[]={0x06,0x5b,0x4f,0x66,0x6d,0x7d};          //显示字型码

void Delay_xMs(unsigned int x)          //延时
{
    uint i,j;
    for( i =0;i < x;i++ )
    {
        for( j =0;j<110;j++ );
```

```
            }
        }

    void main(void)
    {
        uchar i,temp;;
        while(1)
            {
            temp=0xfe;                      //位选端控制
            for(i=0;i<5;i++)
                {
                P2=~temp;                   //位选码取反后送 P2 口
                P1=table[i];                //显示字型码送 P1 口
                temp =temp<<1;              //位选码左移一位,选中下一位 LED
                Delay_xMs(1);               //延时 1ms
                }
            }
    }
```

通过上面两个程序,已经很清楚地知道了数码管动态扫描显示的概念和实现原理,所谓动态扫描显示,即轮流向各位数码管送出字型码和相应的位选,利用发光管的余辉和人眼视觉暂留作用,使人感觉好像各位数码管同时都在显示,而实际上多位数码管是一位一位轮流显示的,只是轮流的速度非常快,人眼已经无法分辨出来。当然,每秒扫描的次数越多,显示的视觉效果越好,但扫描的次数越多需要的 CPU 资源越多,实际工程中每秒扫描 25 次以上效果就可以了。

与静态显示方式相比,当显示位数较多时,动态显示方式可节省 I/O 端口的资源,硬件电路简单;但其显示的亮度低于静态显示方式;由于 CPU 要不断地依次运行扫描显示程序,将占用 CPU 更多的时间。

3. LED 数码管在单片机工程中的实际应用

下面的代码是 LED 数码管在单片机工程中实际应用的例子,关键是如何将输入的十进制数"1283"显示到数码管上。

程序 4:

```
#include<REGX51.H>
#define uint unsigned int
#define uchar unsigned char

sbit _Speak = P3^2;                     //对应 CPU 引脚 P3.2

uchar code Led_Show[10]={ 0x3f,0x06,0x5b,0x4f,0x66,
0x6d,0x7d,0x07,0x7f,0x6f,};             //对应 0~9 显示码

void Delay_xMs(uint x)                  //1ms 延时函数
{
    uint i,j;
```

```
        for( i =0;i < x;i++ )
        {
            for( j =0;j<113;j++ );
        }
    }


//数码管显示子程序,输入一个十进制数,在数码管上显示出该十进制数
void show(uint dat)
{
    uchar temp;
    uchar k;
    k=dat;
    P1_0=0;
    temp=k/1000; k=k%1000;
    P0=Led_Show[temp];
    Delay_xMs(1);

    P1_0=1;P1_1=0;
    temp=k/100; k=k%100;
    P0=Led_Show[temp];
    Delay_xMs(1);

    P1_1=1;P1_2=0;
    temp=k/10; k=k%10;
    P0=Led_Show[temp];
    Delay_xMs(1);

    P1_2=1;P1_3=0;
    P0=Led_Show[k];
    Delay_xMs(1);P1_3=1;
}
/ *--------------------------------------
主程序
功能:在数码管上依次显示数字 0~9,并伴有蜂鸣声
----------------------------------- * /
void main()
{
    unsigned int i,j;
    while(1)
    {
        for( j=0;j<20;j++)show(i);        //调用显示十进制数函数 20 次
            ...                            //其他代码
    }
}
```

程序中,将显示功能编成函数 void show(uint dat),使用函数语句"temp=k/100; k=k%100;"将一个 4 位的十进制数分解成 4 个 1 位的十进制数,并分时动态显示在 4 个数码管上。

7.5　液晶显示器接口技术

液晶显示器（LCD）是一种被动式显示器，以其功耗低、体积小、外形美观、价格低廉等多种优势在仪器仪表产品中得到越来越多的应用。一直以来，与 LED 相比，LCD 存在驱动电路逻辑较复杂、与单片机接口复杂等缺点，但是，随着近年来大规模集成电路的迅速发展，这些缺点已经克服。目前，液晶显示器已经进入成熟阶段并被大量应用于便携式仪表等系统中。

7.5.1　LCD 显示器的分类

液晶（Liquid Crystal）是一种介于固态和液态之间的物质，具有特殊的物理特性和化学特性，采用液晶制造的显示器被称为液晶显示器（Liquid Crystal Display，LCD）。当前市场上液晶显示器种类繁多，按排列形状可分为字段型、点阵字符型和点阵图形型。

（1）字段型：以长条状组成字符显示。主要用于数字显示，也可用于显示西文字母或某些字符，已广泛用于电子表、计算器、数字仪表中。

（2）点阵字符型：专门用于显示字母、数字、符号等。它由若干 5×7 或 5×10 的点阵组成，每一点阵显示一字符广泛应用于各类单片机应用系统中。

（3）点阵图形型：是在平板上排列多行或多列，形成矩阵式的晶格点，点的大小可根据显示的清晰度来设计。广泛应用于图形显示，如用于笔记本电脑、彩色电视和游戏机等。

7.5.2　典型液晶显示模块介绍

单片机应用中，常常用到点阵型 LCD 显示器。LCD 显示器要有相应的 LCD 控制器、驱动器来对 LCD 显示器进行扫描、驱动，还要 RAM 和 ROM 来存储单片机写入的命令和显示字符的点阵。为了使用方便，制造商已将液晶显示器件、连接件、集成电路、线路板、背光源和结构件装配在一起，称为液晶显示模块（LCD Module，LCM），只需购买现成的液晶显示模块即可。

常用的 LCM 分为数字显示液晶模块、点阵字符显示液晶模块和点阵图形显示液晶模块。汉字不能像西文字符那样用字符模块显示，要想显示汉字必须用图形模块。单片机控制 LCM 时，只要向 LCM 送入相应的命令和数据就可显示需要的内容。

市场上的 LCM 种类很多，但是接口和工作原理都相同或相似，下面介绍常见的点阵字符型液晶显示模块 LCM1602（两行，每行 16 个字符）。

1. LCM1602 的基本结构与特性

1）液晶显示板

在液晶显示板上排列着若干 5×7 或 5×10 点阵的字符显示位，从规格上分为每行 8、16、20、24、32、40 位，有 1 行、2 行及 4 行等，可根据需要选择购买。

2）模块电路框图

图 7-29 所示为字符型 LCD 模块的电路框图，它由日立公司生产的控制器 HD44780、驱

动器 HD44100 及若干电阻和电容组成。HD44100 用于扩展显示字符位(例如,16 字符×1 行模块就可不用 HD44100,16 字符×2 行模块就要用一片 HD44100)。

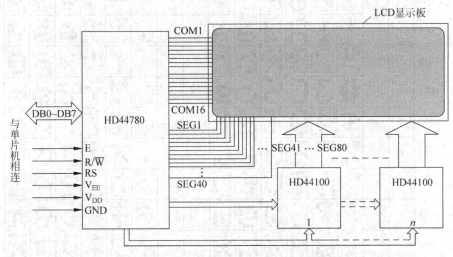

图 7-29 字符型 LCD 模块的电路框图

3) 1602 字符型 LCM 的特性

(1) 内部有字符发生器 ROM(CGROM),即字符库,可显示 192 个 5×7 点阵字符,见图 7-30。由该字符库可看出 LCM 显示的数字和字母部分的代码值,恰好与 ASCII 码表中的数字和字母相同。所以在显示数字和字母时,只需向 LCM 送入对应的 ASCII 码即可。

(2) 模块内有 64 字节的自定义字符 RAM(CGRAM),用户可自行定义 8 个 5×7 点阵字符。

(3) 模块内有 80 字节的数据显示存储器(DDRAM)。

2. LCM 的引脚

一般 16 个引脚,也有少数的 LCM 为 14 个引脚,其中包括 8 条数据线、3 条控制线和 3 条电源线,见表 7-3。通过单片机写入模块的命令和数据,就可对显示方式和显示内容作出选择。

表 7-3 液晶显示模块部分引脚

引脚号	符号	引脚功能
1	GND	电源地
2	V_{DD}	+5V 逻辑电源
3	V_{EE}	液晶驱动电源(用于调节对比度)
4	RS	寄存器选择(1—数据寄存器,0—命令/状态寄存器)
5	R/$\overline{W}$	读/写操作选择(1—读,0—写)
6	E	使能(下降沿触发)
7~14	DB0~DB7	数据总线,与单片机的数据总线相连,三态
15	E1	背光电源,通常为+5V,并串联一个电位器,调节背光亮度
16	E2	背光电源地

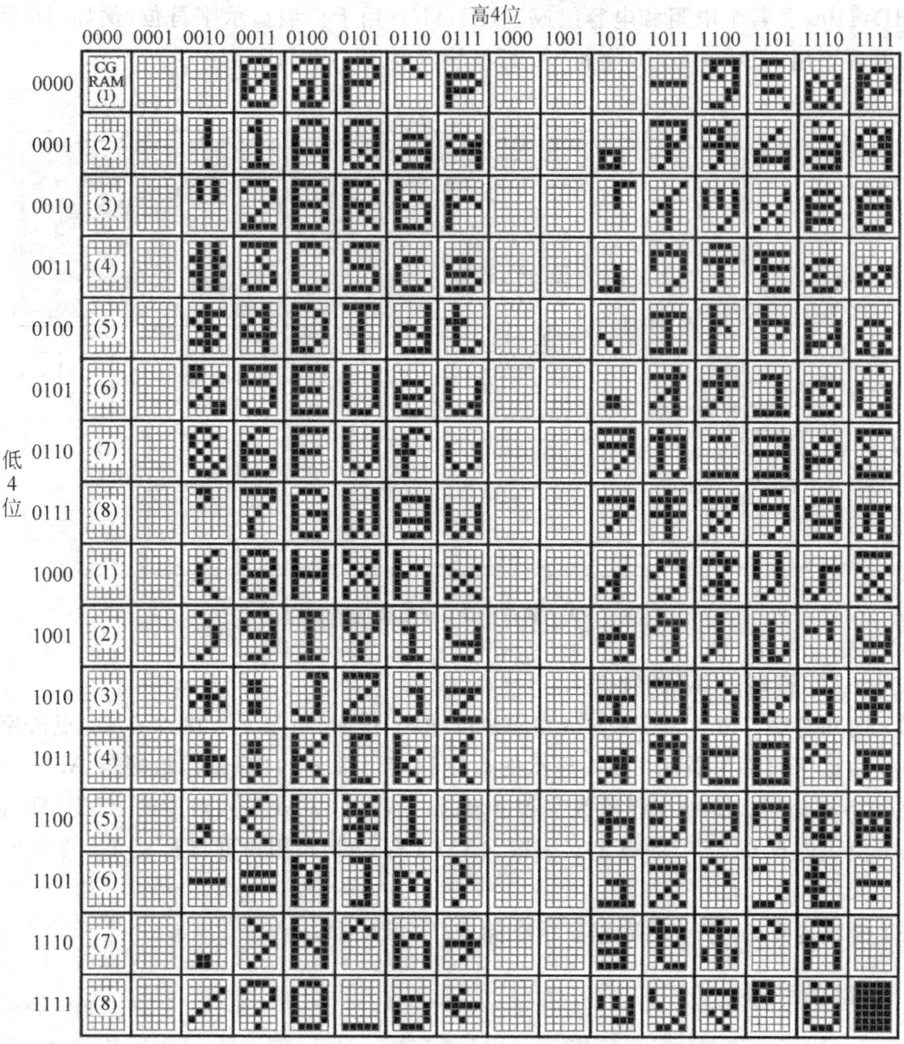

图 7-30　ROM 字符库的内容

3．命令格式及功能说明

1）内部寄存器

控制器 HD44780 内有多个寄存器，寄存器的选择如表 7-4 所示。

表 7-4　寄存器选择

RS	R/$\overline{\text{W}}$	操作	RS	R/$\overline{\text{W}}$	操作
0	0	命令寄存器写入	1	0	数据寄存器写入
0	1	忙标志和地址计数器读出	1	1	数据寄存器读出

RS 位和 R/$\overline{\text{W}}$ 脚上的电平决定对寄存器的选择和读写，而 DB7～DB0 决定命令功能。

2）命令功能说明

下面介绍可写入命令寄存器的 11 个命令。

（1）清屏。格式如下：

RS	R/$\overline{\text{W}}$	DB7	DB6	DB5	DB4	DB3	DB2	DB1	DB0
0	0	0	0	0	0	0	0	0	1

功能：清除屏幕显示，并给地址计数器 AC 置 0。

（2）返回。格式如下：

RS	R/$\overline{\text{W}}$	DB7	DB6	DB5	DB4	DB3	DB2	DB1	DB0
0	0	0	0	0	0	0	0	1	×

功能：置 DDRAM（显示数据 RAM）及显示 RAM 的地址为 0，显示返回到原始位置。

（3）输入方式设置。格式如下：

RS	R/$\overline{\text{W}}$	DB7	DB6	DB5	DB4	DB3	DB2	DB1	DB0
0	0	0	0	0	0	0	0	I/D	S

功能：设置光标的移动方向，并指定整体显示是否移动。其中：I/D＝1，为增量方式；I/D＝0，为减量方式。如 S＝1，表示移位；如 S＝0，表示不移位。

（4）显示开关控制。格式如下：

RS	R/$\overline{\text{W}}$	DB7	DB6	DB5	DB4	DB3	DB2	DB1	DB0
0	0	0	0	0	0	1	D	C	B

功能：

D 位（DB2）：控制整体显示的开与关。D＝1，开显示；D＝0，则关显示。

C 位（DB1）：控制光标的开与关。C＝1，光标开；C＝0，则光标关。

B 位（DB0）：控制光标处字符闪烁。B＝1，字符闪烁；B＝0，字符不闪烁。

（5）光标移位。格式如下：

RS	R/$\overline{\text{W}}$	DB7	DB6	DB5	DB4	DB3	DB2	DB1	DB0
0	0	0	0	0	1	S/C	R/L	×	×

功能：移动光标或整体显示，DDRAM 中内容不变。其中：

S/C＝1 时，显示移位；S/C＝0 时，光标移位。

R/L＝1 时，向右移位，R/L＝0 时，向左移位。

（6）功能设置。命令格式如下：

RS	R/$\overline{\text{W}}$	DB7	DB6	DB5	DB4	DB3	DB2	DB1	DB0
0	0	0	0	1	DL	N	F	×	×

功能：

DL 位：设置接口数据位数。DL＝1 为 8 位数据接口；DL＝0 为 4 位数据接口。

N 位：设置显示行数。N＝0 单行显示；N＝1 双行显示。

F 位：设置字型大小。F＝1 为 5×10 点阵；F＝0 为 5×7 点阵。

（7）CGRAM（自定义字符 RAM）地址设置。格式如下

RS	R/$\overline{\text{W}}$	DB7	DB6	DB5	DB4	DB3	DB2	DB1	DB0
0	0	0	1	A	A	A	A	A	A

功能：设置 CGRAM 的地址，地址范围为 0～63。

（8）DDRAM（数据显示存储器）地址设置。格式如下：

RS	R/$\overline{\text{W}}$	DB7	DB6	DB5	DB4	DB3	DB2	DB1	DB0
0	0	1	A	A	A	A	A	A	A

功能：设置 DDRAM 的地址，地址范围为 0～127。

（9）读忙标志 BF 及地址计数器。格式如下：

RS	R/$\overline{\text{W}}$	DB7	DB6	DB5	DB4	DB3	DB2	DB1	DB0
0	1	BF				AC			

功能：

BF 位：为忙标志。BF＝1，表示忙，此时 LCM 不能接收命令和数据；BF＝0，表示 LCM 不忙，可接收命令和数据。

AC 位：为地址计数器的值，范围为 0～127。

（10）向 CGRAM/DDRAM 写数据。格式如下：

RS	R/$\overline{\text{W}}$	DB7	DB6	DB5	DB4	DB3	DB2	DB1	DB0
1	0				DATA				

功能：将数据写入 CGRAM 或 DDRAM 中，应与 CGRAM 或 DDRAM 地址设置命令结合使用。

（11）从 CGRAM/DDRAM 中读数据。格式如下：

RS	R/$\overline{\text{W}}$	DB7	DB6	DB5	DB4	DB3	DB2	DB1	DB0
1	1				DATA				

功能：从 CGRAM 或 DDRAM 中读出数据，应与 CGRAM 或 DDRAM 地址设置命令结合使用。

3）有关说明

（1）显示位与 DDRAM 地址的对应关系如表 7-5 所示。

表 7-5 显示位与 DDRAM 地址的对应关系

显示位	行	1	2	3	4	5	6	7	8	9	…	39	40
DDRAM	第一行	00	01	02	03	04	05	06	07	08	…	26	27
地址（H）	第二行	40	41	42	43	44	45	46	47	48	…	66	67

（2）标准字符库。图 7-30 所示为字符库的内容、字符码和字型的对应关系。

（3）字符码（DDRAM DATA）、CGRAM 地址与自定义点阵数据（CGRAM 数据）之间的关系如表 7-6 所示。

表 7-6 字符"￥"的点阵数据

DDRAM 数据									CGRAM 地址						CGRAM 数据（字符"￥"的点阵数据）							
7	6	5	4	3	2	1	0		5	4	3	2	1	0								
									0	0	0	×	×	×	1	0	0	0	1		
									0	0	1	×	×	×	0	1	0	1	0		
									0	1	0	×	×	×	1	1	1	1	1		
0	0	0	0	×	a	a	a		0	1	1	×	×	×	0	0	1	0	0		
	a	a	a						1	0	0	×	×	×	1	1	1	1	1		
									1	0	1	×	×	×	0	0	1	0	0		
									1	1	0	×	×	×	0	0	1	0	0		
									1	1	1	×	×	×	0	0	0	0	0		

7.5.3 AT89S51 单片机与 LCD 的接口及软件编程

1. AT89S51 单片机与 LCD 模块的接口

AT89S51 单片机与 LCD 模块的接口如图 7-31 所示。数据端 DB0～DB7 直接与单片机的 P0 口相连，寄存器选择端 RS 信号由 P2.6 输出高低电平来控制，读写选择端 R/$\overline{\text{W}}$ 信号由 $\overline{\text{WR}}$ 信号控制，使能端 E 信号则由单片机的 $\overline{\text{RD}}$ 和 $\overline{\text{WR}}$ 逻辑非后产生的信号与 P2.7 共同选通控制，以实现 LCD 模块所需的接口时序。当 P2.7 为高电平时，$\overline{\text{RD}}$ 和 $\overline{\text{WR}}$ 控制信号的配合可保证使能端 E 选通。当 E 选通时，由 $\overline{\text{WR}}$ 和 P2.6 信号配合与 P0 口进行数据传输，实现对字符型 LCD 显示模块的访问。

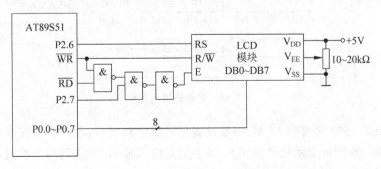

图 7-31 AT89S51 单片机与 LCD 模块的接口电路

2. 软件编程

先对 LCD 模块进行初始化，否则模块无法正常显示。有以下两种初始化方法。

（1）利用模块内部的复位电路进行初始化。

LCM 有内部复位电路，能进行上电复位。复位期间 BF＝1，在电源电压 V_{DD} 达 4.5V 以后，此状态可维持 10ms，复位时执行下列命令：

- 清除显示。
- 功能设置。DL＝1 为 8 位数据长度接口；N＝0 单行显示；F＝0 为 5×7 点阵字符。
- 开/关设置。D＝0 关显示；C＝0 关光标；B＝0 关闪烁功能。
- 进入方式设置。I/D＝1 地址采用递增方式；S＝0 关显示移位功能。

（2）软件初始化。

流程如图 7-32 所示。

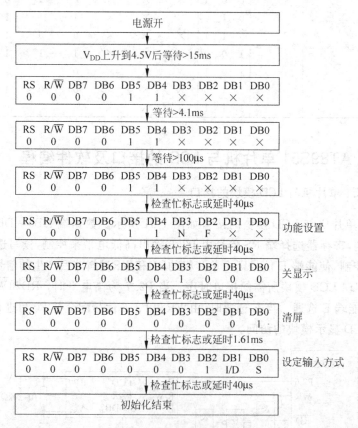

图 7-32　软件初始化流程

前面介绍的 1602 字符型 LCM，一般只能显示数字和字符，要想显示汉字，必须用图形显示液晶模块。在图形显示液晶模块上，汉字用点阵来显示，二进制为 0 的对应的点暗，二进制为 1 的对应的点亮。

图形显示 LCM 的字模存储和提取汉字字模的方法与 LED 点阵模块一样，在提取字模时,要特别注意所用的 LCM 是横向取模还是纵向取模,因为这两种取模方式得到的数据是不一样的。

图形显示液晶模块既可以显示字符,又可以显示汉字和图形,应用较为广泛。例如,LCM12864 是一种常用的点阵图形显示液晶模块,LCM12864 主要由液晶屏阵列驱动电路 KS0108A、点阵式显示控制器 KS0107B、LCD 显示器和 LED 背光灯等 4 部分组成,由此构成完整的显示系统模块,可完成图形显示,也可显示 8×4 个(16×16)点阵汉字。具体内容以及与单片机的接口技术在此不作赘述。

7.6 键盘与显示器的综合使用

在单片机应用系统中,键盘和显示器往往需同时使用,下面介绍几种实用的键盘、显示电路。

7.6.1 利用串行口实现的键盘/显示器接口

当 AT89S51 单片机的串行口未作他用时,可使用 AT89S51 串行口的方式 0 输出方式,构成键盘/显示器接口,如图 7-33 所示。

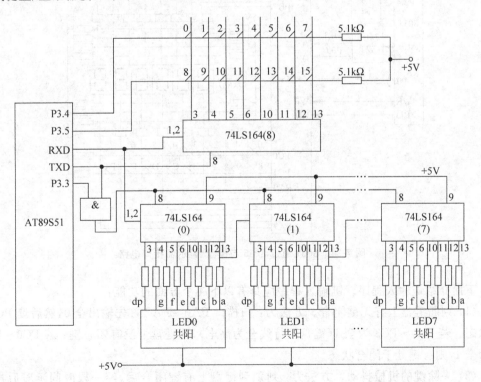

图 7-33 用 AT89S51 串行口扩展键盘/显示器

8 个 74LS164——74LS164(0)～74LS164(7)作为 8 位 LED 数码管的段码输出口,AT89S51 的 P3.4、P3.5 作为两行键的行状态输入线,P3.3 作为 TXD 引脚同步移位脉冲输出控制线。P3.3＝0时，与门封死，禁止同步移位脉冲输出。这种方案主程序可不必扫描显示器，软件设计简单，使单片机有更多的时间处理其他事务。

7.6.2 利用8255和8155扩展实现的键盘/显示器接口

在单片机应用系统中，键盘和显示器往往需同时使用，为节省I/O口线，可将键盘和显示电路做在一起，构成实用的键盘、显示电路。

1. 利用8255扩展实现的键盘/显示器接口

图7-34为8031经8255与8×2键盘、6位显示器一起构成的接口逻辑电路。因8255的$\overline{CS}$与4-16译码器的$\overline{Y}15$相连，A0与P0.0相接，A1与P0.1相接，所以可选FFFFH为8255控制字地址，FFFCH为A口地址，FFFDH为B口地址，FFFEH为C口地址。8255的PB口为输出口，控制显示器字型；PA口为输出口，控制键扫描作为键扫描口，同时又作为6位显示器的位扫描输出口；8255的C口作为输入口，PC0～PC1读入键盘数，称为键输入口。

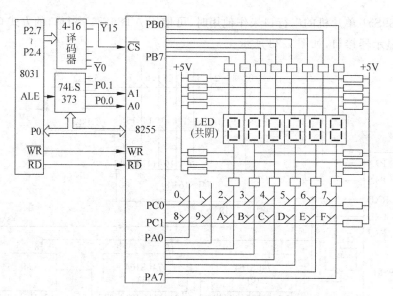

图7-34 8031通过8255与键盘、显示器接口电路

下面介绍键输入程序。键输入程序应具有以下4个方面的功能：

（1）判断键盘上有无键闭合。方法为：扫描口PA0～PA7首先输出全0，然后读PC口的状态。若PC0～PC3为全1（键盘上行线全为高电），则键盘上没有闭合键；若PC0～PC3不为全1，则有键处于闭合状态。

（2）去除键的机械抖动。方法为：判别到键盘上有键闭合后，经一段时间延时后再次判别键盘的状态，若仍有键闭合，则认为键盘上有一个键处于稳定的闭合期，否则认为是键的抖动。

（3）判别闭合键的键号。方法为：对键盘的列线进行扫描。扫描口PA0～PA7的输出顺序、PC口的输入状态与按下键号的关系，见表7-7。

表 7-7　扫描口 PA 输出顺序、PC 口的输入状态与按下键号的关系表

PA 口输出								PC 口输入	
PA7	PA6	PA5	PA4	PA3	PA2	PA1	PA0	PC0＝0 PC1＝1	PC0＝1 PC1＝0
1	1	1	1	1	1	1	0	0 键	8 键
1	1	1	1	1	1	0	1	1 键	9 键
1	1	1	1	1	0	1	1	2 键	A 键
⋮								⋮	
1	0	1	1	1	1	1	1	6 键	E 键
0	1	1	1	1	1	1	1	7 键	F 键

扫描口 PA 按表 7-7 所示的输出顺序分别扫描各列线,并按相应的顺序读 PC 口的状态,若 PC0～PC1 为全 1,则列线为 0 的这一列上没有键闭合,否则这一列上有键闭合,闭合键的键号为低电平的列号加上为低电平的行的首键号。例如:PA 口输出为 11111101 时,读出 PC0～PC3 为 1101,即 PA1 和 PC1 均为 0,表示 1 行 1 列相交的键处于闭合状态。第 1 行的首键号为 8,列号为 1,闭合键的键号为:

$$N＝行首键号＋列号＝8＋1＝9$$

(4) 判断闭合的键是否释放。为了使 CPU 对键的一次闭合仅作一次处理。采用的方法为等待键释放以后再作处理。

采用显示子程序作为延时子程序,其优点是在进入键输入子程序后,显示器始终是亮的。在键输入源程序中,DISUP 为显示程序,调用一次用了 6ms 延时。DIGL 为 FFFCH,即 A 口的地址,DISM 为显示器占有数据存储单元首地址。

2. 利用 8155 扩展实现的键盘/显示器接口

图 7-35 是用 8155 并行扩展 I/O 口构成的典型的键盘、显示接口电路。LED 显示器采用共阴极数码管。8155 的 B 口用作数码管段码输出口;A 口用作数码管位码输出口,同时,它还用作键盘列选口;C 口用作键盘行扫描信号输入口。当其选用 4 根口线时,可构成 4×8 键盘;选用 6 根口线时,可构成 6×8 键盘。LED 采用动态显示软件译码,键盘采用逐列扫描查询工作方式,LED 的驱动采用 74LS244 总线驱动器。

由于键盘与显示共用一个接口电路,因此,在软件设计中应综合考虑键盘查询与动态显示,通常可将键盘扫描程序中的去抖动延时子程序用显示子程序代替。键盘、显示综合应用的编程方法,请读者自己完成程序。

图 7-35 的键盘、显示接口电路中,采用的 8031 单片机,请读者自己思考若为 AT89S51 应如何连接?

键盘、显示器共用一个接口电路的设计方法除上述方案外,还可采用专用的键盘、显示器接口的芯片——8279,有关 8279 的内容,本节不作介绍,请读者参阅有关资料。

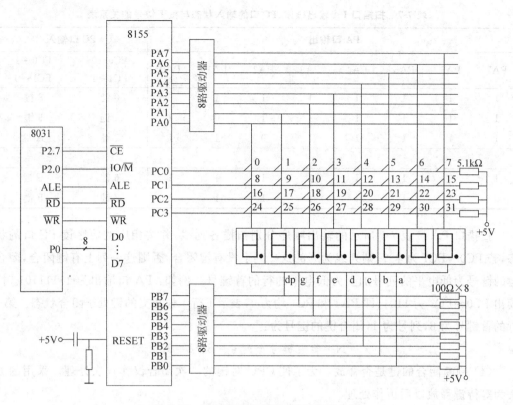

图 7-35　8155 构成的键盘、显示接口电路

7.7　根据液晶的时序图进行编程（实训十三）

　　学习 LCD 液晶显示技术，以液晶为例，练习根据器件的时序图进行编程。在日常生活中，液晶模块已作为很多电子产品的显示器件，应用在计算器、万用表、电子表等很多电子产品中。它不仅省电，而且能够显示大量的信息，如文字、曲线、图形等，其显示效果与数码管相比有了很大的提高。下面以常见的字符液晶模块 LCD1602 为例来介绍液晶模块。

　　LCD1602 是可以用来显示字母、数字、符号等的点阵型液晶显示模块，提供 5×7 点阵的显示模式，提供显示数据缓冲区 DDRAM、字符发生器 CGROM 和字符发生器 CGRAM。大多数 LCD1602 液晶是基于 HD44780 液晶芯片的，控制原理也是完全相同的。

1. LCD1602 与单片机的连接电路

　　字符点阵液晶显示模块有 16 个引脚，如图 7-36 所示。主要技术参数如下：显示容量为 16×2 个字符，芯片工作电压为 4.5～5.5V，工作电流为 2.0mA，字符尺寸为 2.95mm×4.35mm。

　　引脚的功能含义如表 7-8 所示。

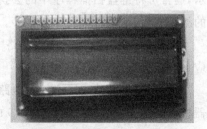

图 7-36　LCD1602 液晶

表 7-8 LCD1602 液晶显示模块引脚的功能含义

引脚	名称	功能描述
1	Vss	电源地引脚
2	V_{DD}	+5V 电源引脚,接 5V 正电源
3	V_O	液晶显示器对比度调整端(0~5V)。接正电源时对比度最低,接地时对比度最高。使用时可以通过一个 $10k\Omega$ 的电位器调整对比度
4	RS	数据和指令选择控制端。RS=0,命令输出;RS=1,数据输入/输出
5	$R/\overline{W}$	读写控制信号线。$R/\overline{W}=0$ 时进行写操作,$R/\overline{W}=1$ 时进行读操作。当 RS 和 $R/\overline{W}$ 都为低电平时可以写入指令或者显示地址。当 RS=0 且 $R/\overline{W}=1$ 时可以读忙信号,当 RS=0 且 $R/\overline{W}=0$ 时可以写入数据
6	E	数据读写操作控制位。当 E 端由高电平跳变成低电平时,液晶模块执行命令
7~14	DB0~DB7	8 位双向数据线
15	A	背光源正极
16	K	背光源负极

液晶与单片机的连接电路如图 7-37 所示。

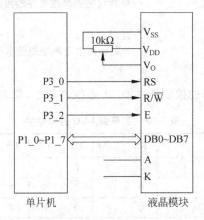

图 7-37 液晶与单片机的连接电路

2. LCD1602 的基本操作

单片机对 LCD1602 的基本操作主要有 3 种,由 LCD1602 的 3 个引脚 RS、$R/\overline{W}$ 和 E 的状态确定,如表 7-9 所示。

表 7-9 LCD1602 的基本操作

操作	RS	$R/\overline{W}$	描述
写命令	0	0	命令代码从 D0~D7 写入液晶,用于液晶的初始化、清屏、光标定位等
读状态	0	1	从 D0~D7 读出状态字,状态字的高位是忙标志。当忙标志为 1 时,表明 LCD 正在进行内部操作,此时不能进行其他读写操作
写数据	1	0	单片机向液晶写入要显示的内容,液晶改变显示内容

1) 向 LCD 写一字节命令的操作时序

LCD 写命令操作时序如图 7-38 所示。

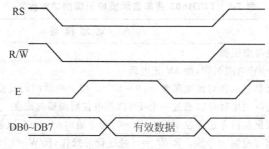

图 7-38   LCD 写命令操作时序

根据上面的时序图,可以得出以下函数:

```
void wr_lcd_comm (uchar content)        //写命令
{
    LCD_check_busy();
    s=0;
    rw=0;                               //命令代码准备写入液晶
    P1=content;                         //单片机的引脚准备好输出的命令
    e=1;
    delay(1);                           //延时函数
    e=0;                                //E端由高电平跳变成低电平,液晶执行命令
}
```

LCD1602 液晶模块内部的控制器共有 11 条控制指令,如表 7-10 所示。

表 7-10   字符型 LCD 的命令字

序号	指　令	RS	R/W̄	D7	D6	D5	D4	D3	D2	D1	D0
1	清显示	0	0	0	0	0	0	0	0	0	1
2	光标返回	0	0	0	0	0	0	0	0	1	*
3	置输入模式	0	0	0	0	0	0	0	1	I/D	S
4	显示开/关控制	0	0	0	0	0	0	1	D	C	B
5	光标或字符移位	0	0	0	0	0	1	S/C	R/L	*	*
6	置功能	0	0	0	0	1	DL	N	F	*	*
7	置字符发生存储器地址	0	0	0	1	字符发生存储器地址					
8	置数据存储器地址	0	0	1	显示数据存储器地址						
9	读忙标志或地址	0	1	BF	计数器地址						
10	写数到 CGRAM 或 DDRAM	1	0	要写的数据内容							
11	从 CGRAM 或 DDRAM 读数据	1	1	读出的数据内容							

命令解释如下:

指令 1:清显示,指令码 01H,光标复位到地址 00H 位置。

指令 2:光标复位,光标返回到地址 00H。

指令 3:光标和显示模式设置 I/D:光标移动方向,高电平右移,低电平左移。S:屏幕上所有文字是否左移或者右移,高电平表示有效,低电平则无效。

指令 4:显示开关控制。D:控制整体显示的开与关,高电平表示开显示,低电平表示关显示。C：控制光标的开与关，高电平表示有光标，低电平表示无光标。B：控制光标是否闪烁，高电平闪烁，低电平不闪烁。

指令5：光标或显示移位。S/C：高电平时移动显示的文字，低电平时移动光标。

指令6：功能设置命令。DL：高电平时为4位总线，低电平时为8位总线。N：低电平时为单行显示，高电平时双行显示。F：低电平时显示5×7的点阵字符，高电平时显示5×10的点阵字符。

指令7：字符发生器RAM地址设置。

指令8：DDRAM地址设置。

指令9：读忙信号和光标地址。BF：为忙标志位，高电平表示忙，此时模块不能接收命令或者数据，低电平表示不忙。

指令10：写数据。

指令11：读数据。

2）向LCD写一字节数据的操作时序

LCD写一字节数据的操作时序如图7-39所示。

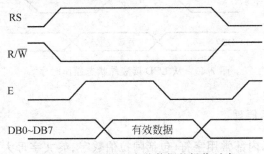

图7-39 LCD写一字节数据的操作时序

根据上面的时序图，可以得出以下函数：

```
void wr_lcd_dat (uchar content)      //写数据
{
    LCD_check_busy();
    rs=1;
    rw=0;                             //数据代码准备写入液晶
    P1=content;                       //单片机的引脚准备好输出的数据
    e=1;
    delay(1);                         //延时函数
    e=0;                              //E端由高电平跳变成低电平，液晶改变显示内容
}
```

3）从LCD读液晶状态操作时序

从LCD读液晶状态操作时序如图7-40所示。

从D0～D7读出的是状态字，状态字的高位是忙标志。当忙标志为1时，表明LCD正在进行内部操作，此时不能进行其他读写操作。根据上面的时序图可以得到以下检查忙函数。

```
void LCD_check_busy() //检查液晶忙函数
```

```
{
    do
    {
        rs=0;
        rw=1;                    //准备读出液晶状态
        P1=0xff;
        e=1;
        delay(1);                //延时函数
        e=0;                     //E端由高电平跳变成低电平,向液晶写入命令
    }while(P1^7==1);             //单片机的引脚准备好输出的数据
}
```

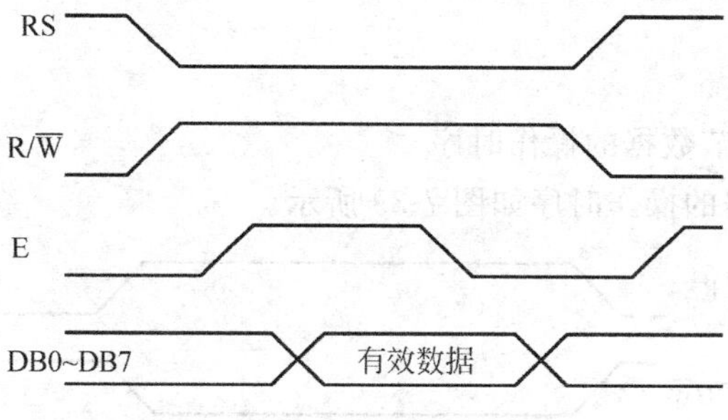

图 7-40　从 LCD 读液晶状态操作时序

3. LCD1602 的显示原理

LCD1602 可以显示内部常用字符（包括阿拉伯数字、英文字母大小写、常用符号和日文假名等），也可以显示自定义字符（单或多个字符组成的简单汉字、符号、图案等，最多可以产生 8 个自定义字符）。

LCD1602 内置了 DDRAM、CGROM 和 CGRAM。

DDRAM 就是显示数据 RAM，用来寄存待显示的字符代码，共 80 个字节，其地址和屏幕的对应关系如表 7-11 所示。

表 7-11　DDRAM 地址与显示位置的对应关系

显示位置	1	2	3	4	5	6	7	⋯	40
第一行	00H	01H	02H	03H	04H	05H	06H	⋯	27H
第二行	40H	41H	42H	43H	44H	45H	46H	⋯	67H

编程时如果要在 LCD1602 屏幕的第一行第一列显示一个"A"字，向 DDRAM 的 00H 地址写入"A"字的代码就可以了。

在 LCD 模块内固化了字模存储器，就是 CGROM 和 CGRAM。液晶内置了 192 个常用字符的字模，存于字符产生器 CGROM（Character Generator ROM）中，另外还有 8 个允许用户自定义的字符产生 RAM，称为 CGRAM（Character Generator RAM）。表 7-12 说明了 CGROM 和 CGRAM 与字符的对应关系。

表 7-12　CGROM 和 CGRAM 与字符的对应关系

↓		0000	0001	0010	0011	0100	0101	0110	0111	1000	1001	1010	1011	1100	1101	1110	1111
xxxx0000	CG RAM (1)				0	@	P	`	p				ー	タ	ミ	α	p
xxxx0001	(2)			!	1	A	Q	a	q			。	ア	チ	ム	ä	q
xxxx0010	(3)			"	2	B	R	b	r			「	イ	ツ	メ	β	θ
xxxx0011	(4)			#	3	C	S	c	s			」	ウ	テ	モ	ε	∞
xxxx0100	(5)			$	4	D	T	d	t			、	エ	ト	ヤ	μ	Ω
xxxx0101	(6)			%	5	E	U	e	u			・	オ	ナ	ユ	σ	ü
xxxx0110	(7)			&	6	F	V	f	v			ヲ	カ	ニ	ヨ	ρ	Σ
xxxx0111	(8)			'	7	G	W	g	w			ア	キ	ヌ	ラ	g	π
xxxx1000	(1)			(	8	H	X	h	x			ィ	ク	ネ	リ	√	x
xxxx1001	(2)			)	9	I	Y	i	y			ゥ	ケ	ノ	ル	⁻	y
xxxx1010	(3)			*	:	J	Z	j	z			エ	コ	ハ	レ	j	千
xxxx1011	(4)			+	;	K	[	k	{			オ	サ	ヒ	ロ	×	万
xxxx1100	(5)			,	<	L	¥	l	|			ャ	シ	フ	ワ	¢	円
xxxx1101	(6)			-	=	M	]	m	}			ュ	ス	ヘ	ン	£	÷
xxxx1110	(7)			.	>	N	^	n	→			ョ	セ	ホ	゛	ñ	
xxxx1111	(8)			/	?	O	_	o	←			ッ	ソ	マ	゜	ö	█

字符代码 0x00～0x0F 为用户自定义的字符图形 RAM(对于 5×8 点阵的字符,可以存放 8 组,5×10 点阵的字符,则存放 4 组),就是 CGRAM 了。0x20～0x7F 为标准的 ASCII 码,0xA0～0xFF 为日文字符和希腊文字符,其余字符码(0x10～0x1F 及 0x80～0x9F)没有定义。

从表 7-12 中可以看出,"A"字对应的上面高位代码为 0100,对应左边低位代码为 0001,合起来就是 01000001(即 41H)。

对于表中 0x20～0x7F 的代码，因为是标准的 ASCII 码，因此使用 C51 语句向液晶的 DDRAM 写字符代码数据时可以直接用 P1='A'这样的语句，Keil C 在编译时就把 A 自动转为 41H。

4. LCD1602 的初始化

LCD 上电时，必须按照一定的时序对 LCD 进行初始化操作，主要任务是设置 LCD 的工作方式、显示状态、清屏、输入方式、光标位置等。代码如下：

```
void init_lcd (void)
{
    e=0;
    wr_lcd_comm (0x01);          //清屏,数据指针清零,地址指针指向00H
    wr_lcd_comm (0x06);          //光标的移动方向,写一个字符后地址指针加1
    wr_lcd_comm (0x0c);          //设置开显示,不显示光标
    wr_lcd_comm (0x38);          //设置16×2显示,S×7点阵,8位数据接口
}
```

5. 显示光标定位函数

下面是显示光标定位函数，其中 posx、posy 是显示字符的位置坐标。

```
void LocateXY( char posx, char posy)
{
    unsigned char temp;
    temp = posx & 0xf;
    posy &= 0x1;
    if ( posy )temp |= 0x40;
    temp |= 0x80;
    wr_lcd_comm (temp);
}
```

6. LCD1602 的显示字符

下面是在指定位置显示出一个字符的函数，其中 Wdata 是字符型的。

```
void DispOneChar(Uchar x, Uchar y, Uchar Wdata)
{
    LocateXY( x, y );            //定位显示地址
    wr_lcd_dat(Wdata );          //写字符
}
```

7. 编程

实现在 1602 液晶的第一行显示"GOOD LUCK"，第二行显示"12345678"，程序代码如下：

```
#include <REGX51.H>
unsigned char code table[ ]="GOOD LUCK ";
```

```
unsigned char code tablel[ ]="1234567";
unsigned char num;
sbit e = P3^2;                          //input enable
sbit rw = P3^1;                         //H=read; L=write
sbit rs = P3^0;                         //H=data; L=command
void delay(unsigned int z)
{
    unsigned int x,y;
    for(x=z;x>0;x--)
    for(y=110;y>0;y--);
}
LCD_check_busy()
{
...
}
wr_lcd_comm (uchar content)
{
...
}
wr_lcd_dat (uchar content)
{
...
}
void LocateXY( char posx,char posy)
{
...
}
void DispOneChar(Uchar x,Uchar y,Uchar Wdata)
{
...
}
void main ()
{
    delay(50);                    //启动时必须延时,等待 LCD 进入工作状态
    init_lcd ();
    while (1)
    {
      write_com(0x80);            //光标位置定在第一行第一列
      for(num=0;num<9;num++)
      {
        write_data(table[num]);
        delay(5);
      }
      wr_lcd_comm(0x80+0x40);     //光标位置定在第二行第一列
      for(num=0;num<7;num++)
      {
        wr_lcd_ dat(tablel[num]);
        delay(5);
      }
    }
}
```

> **改一下程序**
>
> 编程实现第一行从右侧移入"Hello everyone!"，同时第二行从右侧移入"Welcome to here!"，移入速度自定。

7.8　根据说明书对 12864 汉字液晶进行编程

7.8.1　12864 汉字液晶的说明书

1. 12864 汉字液晶说明

现在常用的 12864 汉字液晶多是 ST7920 及其兼容芯片的液晶。该液晶内部含有国标一级、二级简体中文字库，内置国标 8192 个 16×16 点阵的汉字和 128 个 16×8 点阵的 ASCII 字符集；提供两种界面来连接微处理器，即 8 位并行方式和串行连接方式；利用该模块灵活的接口方式和简单、方便的操作指令，可构成全中文人机交互图形界面；液晶使用低电源电压（V_{DD}：＋3.0～＋5.5V）。

液晶显示界面如图 7-41 所示。

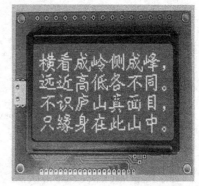

图 7-41　12864 汉字液晶界面

2. 模块接口说明

12864 液晶有 20 个引脚，各引脚的功能描述如表 7-13 所示。

表 7-13　12864 液晶引脚的描述

引脚号	引脚名称	电平	引脚功能描述
1	V_{SS}	0V	电源地
2	V_{CC}	＋3.0～＋5V	电源正
3	V_O	—	对比度(亮度)调整
4	RS(CS)	H/L	数据、命令选择端。RS＝H 表示显示数据，RS＝L 表示显示指令
5	R/$\overline{W}$(SID)	H/L	读写控制信号，或串行数据输入
6	E(SCLK)	H/L	使能信号
7～14	DB0～DB7	H/L	三态数据线
15	PSB	H/L	H：8 位或 4 位并口方式，L：串口方式
16	NC	—	空脚
17	$\overline{RESET}$	H/L	复位端,低电平有效
18	V_{OUT}	—	LCD 驱动电压输出端
19	A	V_{DD}	背光源正端(＋5V)
20	K	V_{SS}	背光源负端

控制器接口信号说明：

1）RS、R/$\overline{\text{W}}$ 的配合选择决定控制界面的 4 种模式（见表 7-14）

表 7-14 对液晶的读写控制

RS	R/$\overline{\text{W}}$	功 能 说 明
L	L	MPU 写指令到指令暂存器(IR)
L	H	读出忙标志(BF)及地址计数器(AC)的状态
H	L	MPU 写入数据到数据暂存器(DR)
H	H	MPU 从数据暂存器(DR)中读出数据

2）E 信号

E 信号是使能信号，当 E 的引脚逻辑状态由高电平变为低电平时，液晶才执行读写状态。

3. 液晶内部的寄存器

1）忙标志：BF

BF 标志提供内部工作情况。BF＝1 表示模块在进行内部操作，此时模块不接收外部指令和数据；BF＝0 时，模块为准备状态，随时可接收外部指令和数据。

利用读液晶状态指令，可以将 BF 读到 DB7 总线，从而检验模块之工作状态。

2）字型产生 ROM(CGROM)

字型产生 ROM(CGROM)提供 8192 个触发器用于模块屏幕显示开和关的控制。DFF＝1 为开显示(DISPLAY ON)，DDRAM 的内容就显示在屏幕上；DFF＝0 为关显示(DISPLAY OFF)。

DFF 的状态是由指令 DISPLAY ON/OFF 和 RST 信号控制的。

3）显示数据 RAM(DDRAM)

模块内部显示数据 RAM 提供 64×2 个位元组的空间，最多可控制 4 行 16 字(64 个字)的中文字型显示，当写入显示数据 RAM 时，可分别显示 CGROM 与 CGRAM 的字型；此模块可显示 3 种字型，分别是半角英数字型(16×8)、CGRAM 字型及 CGROM 的中文字型，3 种字型的选择，由在 DDRAM 中写入的编码选择。在 0000H～0006H 的编码中(其代码分别是 0000、0002、0004、0006，共 4 个)将选择 CGRAM 的自定义字型；02H～7FH 的编码中将选择半角英数字的字型；至于 A1 以上的编码将自动地结合下一个位元组，组成两个位元组的编码，形成中文字型的编码 BIG5(A140～D75F)、GB(A1A0～F7FFH)。

4）字型产生 RAM(CGRAM)

字型产生 RAM 提供图像定义（造字）功能，可以提供四组 16×16 点的自定义图像空间，使用者可以将内部字型没有提供的图像字型自行定义到 CGRAM 中，便可和 CGROM 中的定义一样，通过 DDRAM 显示在屏幕中。

5）地址计数器 AC

地址计数器是用来存储 DDRAM 或 CGRAM 的地址，它可由设定指令暂存器来改变，之后只要读取或是写入 DDRAM/CGRAM 的值，地址计数器的值就会自动加 1，当 RS 为 0 而 R/$\overline{\text{W}}$ 为 1 时，地址计数器的值会被读取到 DB6～DB0 中。

6）光标/闪烁控制电路

此模块提供光标/闪烁控制电路，由地址计数器的值来指定 DDRAM 中的光标或闪烁位置。

4. 液晶的指令说明

液晶模块控制芯片提供基本指令和扩充指令，如表 7-15、表 7-16 所示。

表 7-15　液晶基本指令

指令	\multicolumn{10}{c}{指令码}	功　能
	RS	R/$\overline{\text{W}}$	D7	D6	D5	D4	D3	D2	D1	D0	
清除显示	0	0	0	0	0	0	0	0	0	1	将 DDRAM 填满 20H，并且设定 DDRAM 的地址计数器（AC）到 00H
地址归位	0	0	0	0	0	0	0	0	1	X	设定 DDRAM 的地址计数器（AC）到 00H，并且将游标移到开头原点位置。这个指令不改变 DDRAM 的内容
显示状态开/关	0	0	0	0	0	0	1	D	C	B	D=1：整体显示 ON； C=1：游标 ON； B=1：游标位置反白允许
进入点设定	0	0	0	0	0	0	0	1	I/D	S	指定在数据的读取与写入时，设定游标的移动方向及指定显示的移位
游标或显示移位控制	0	0	0	0	0	1	S/C	R/L	X	X	设定游标的移动与显示的移位控制位。这个指令不改变 DDRAM 的内容
功能设定	0	0	0	0	1	DL	X	RE	X	X	DL=0/1：4/8 位数据； RE=1：扩充指令操作； RE=0：基本指令操作
设定 CGRAM 地址	0	0	0	1	AC5	AC4	AC3	AC2	AC1	AC0	设定 CGRAM 地址
设定 DDRAM 地址	0	0	1	0	AC5	AC4	AC3	AC2	AC1	AC0	设定 DDRAM 地址（显示位址）。 第一行：80H～87H； 第二行：90H～97H
读取忙标志和地址	0	1	BF	AC6	AC5	AC4	AC3	AC2	AC1	AC0	读取忙标志（BF）可以确认内部动作是否完成，同时可以读出地址计数器（AC）的值
写数据到 RAM	1	0	\multicolumn{8}{c}{数据}	将数据 D7～D0 写入到内部的 RAM（DDRAM/CGRAM/IRAM/GRAM）

续表

指令	指令码										功　能
	RS	R/$\overline{W}$	D7	D6	D5	D4	D3	D2	D1	D0	
读出 RAM 的值	1	1				数据					从内部 RAM 读取数据 D7～D0(DDRAM/CGRAM/IRAM/GRAM)

表 7-16　液晶扩充指令

指令	指令码										功　能
	RS	R/$\overline{W}$	D7	D6	D5	D4	D3	D2	D1	D0	
待命模式	0	0	0	0	0	0	0	0	0	1	进入待命模式
卷动地址开关开启	0	0	0	0	0	0	0	0	1	SR	SR=1：允许输入垂直卷动地址；SR=0：允许输入 IRAM 和 CGRAM 地址
反白选择	0	0	0	0	0	0	0	1	R1	R0	选择 2 行中的任一行作反白显示，并可决定反白与否。初始值 R1R0=00，第一次设定为反白显示，再次设定变回正常
睡眠模式	0	0	0	0	0	0	1	SL	X	X	SL=0：进入睡眠模式；SL=1：脱离睡眠模式
扩充功能设定	0	0	0	0	1	CL	X	RE	G	0	CL=0/1：4/8 位数据；RE=1：扩充指令操作；RE=0：基本指令操作；G=1/0：绘图开关
设定绘图 RAM 地址	0	0	1	0 AC6	0 AC5	0 AC4	AC3 AC3	AC2 AC2	AC1 AC1	AC0 AC0	设定绘图 RAM。先设定垂直（列）地址 AC6AC5…AC0；再设定水平（行）地址 AC3AC2AC1AC0；将以上 16 位地址连续写入即可

备注：当 IC1 在接受指令前,微处理器必须先确认其内部处于非忙碌状态,即读取 BF 标志时,BF 需为 0,方可接受新的指令;如果在送出一个指令前并不检查 BF 标志,那么在前一个指令和这个指令中间必须延长一段较长的时间,即等待前一个指令确实执行完成。

5. 串口方式下液晶的读写时序图

本例程使用液晶的串口工作方式,这样可以节省单片机的引脚资源。图 7-42 是串口数据线模式下数据的传输过程。

图 7-43 是串口方式下单片机写数据到液晶的时序图。

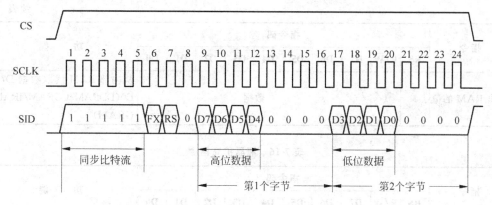

图 7-42　串口数据线模式数据传输过程

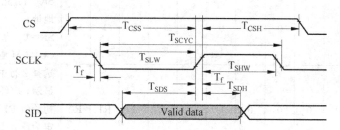

图 7-43　串口方式下单片机读写数据到液晶时序图

6. 编程显示图形或汉字

1) 图形显示

水平方向 X 以字为单位,垂直方向 Y 以位为单位。先设垂直地址再设水平地址(连续写入两个字节的资料来完成垂直与水平的坐标地址)。

垂直地址范围：AC5…AC0；

水平地址范围：AC3…AC0。

绘图 RAM 的地址计数器(AC)只会对水平地址(X 轴)自动加 1,当水平地址＝0FH 时会重新设为 00H,但并不会对垂直地址作进位自动加 1,故当连续写入多笔资料时,程序需自行判断垂直地址是否需重新设定。

2) 中文字符显示

液晶自带中文字库,每屏可显示 4 行 8 列共 32 个 16×16 点阵的汉字,每个显示 RAM 可显示 1 个中文字符或 2 个 16×8 点阵全高 ASCII 码字符,即每屏最多可实现 32 个中文字符或 64 个 ASCII 码字符的显示。字符显示是通过将字符显示编码写入该字符显示 RAM 实现的。根据写入内容的不同,可分别在液晶屏上显示 CGROM(中文字库)、HCGROM (ASCII 码字库)及 CGRAM(自定义字型)的内容。字符显示 RAM 在液晶模块中的地址为 80H~9FH。字符显示 RAM 的地址与 32 个字符显示区域有着一一对应的关系,其对应关系如表 7-17 所示。

表 7-17 12864 液晶汉字显示坐标

Y 坐标	X 坐标							
Line1	80H	81H	82H	83H	84H	85H	86H	87H
Line2	90H	91H	92H	93H	94H	95H	96H	97H
Line3	88H	89H	8AH	8BH	8CH	8DH	8EH	8FH
Line4	98H	99H	9AH	9BH	9CH	9DH	9EH	9FH

3) 应用说明

用带中文字库的 12864 显示模块时应注意以下几点：

(1) 欲在某一个位置显示中文字符时,应先设定显示字符位置,即先设定显示地址,再写入中文字符编码。

(2) 显示 ASCII 字符过程与显示中文字符过程相同。不过在显示连续字符时,只需设定一次显示地址,由模块自动对地址加 1 指向下一个字符位置；否则,显示的字符中将会有一个空 ASCII 字符位置。

(3) 当字符编码为 2 字节时,应先写入高位字节,再写入低位字节。

(4) 模块在接收指令前,必须先向处理器确认模块内部处于非忙状态,即读取 BF 标志时 BF 需为 0,方可接收新的指令。如果在送出一个指令前不检查 BF 标志,则在前一个指令和这个指令中间必须延时一段较长的时间,即等待前一个指令确定执行完成。指令执行的时间请参考指令表中的指令执行时间说明。

(5) RE 为基本指令集与扩充指令集的选择控制位。当变更 RE 后,指令集将维持在最后的状态,除非再次变更 RE 位；否则使用相同指令集时,无须每次均重设 RE 位。

7.8.2 根据说明书对 12864 汉字液晶进行编程

根据资料,液晶提供两种界面来连接微处理器：8 位并行方式和串行连接方式,本例使用串行连接方式。根据引脚的功能表,得出液晶与单片机的串行连接图,如图 7-44 所示。单片机使用 12MHz 晶振,液晶在 V_O 与 V_{DD} 及 V_{SS} 这 3 个引脚间接一个 $10k\Omega$ 的电位器,电位器的中间脚接 V_O,其他两脚接 V_{DD} 和 V_{SS}。调节电位器的大小,直到有显示为止。

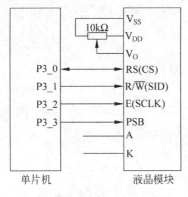

图 7-44 12864 液晶与单片机并行连接图

根据单片机读写数据到液晶的时序图，可以得以下函数：

```
#include <REGX51.H>
#define uint unsigned int
#define uchar unsigned char
sbit LCM_psb = P3^3;              //H=并口；L=串口
sbit LCM_cs = P2^5;               //数据、命令选择端
sbit LCM_sid = P2^6;              //串行数据输入
sbit LCM_sclk = P2^7;             //使能信号
sbit ACC0 = ACC^0;
sbit ACC7 = ACC^7;
uchar code tab1[]="横看成岭侧成峰,远近高低各不同.不识庐山真面目,只缘身在此山中.";

void DelayM(unsigned int a)       //延时函数 1ms/次
{
   unsigned char i;
   while( --a != 0)
      {
        for(i = 0; i < 125; i++);
      }
}
void LCM_init(void) //初始化液晶
{
   LCM_rst=1;
   LCM_psb=0;
   LCM_WriteDatOrCom (0,0x30);    //30,基本指令动作
   LCM_WriteDatOrCom (0,0x01);    //清屏,地址指针指向00H
   Delay (100);
   LCM_WriteDatOrCom (0,0x06);    //光标的移动方向
   LCM_WriteDatOrCom(0,0x0c);     //开显示,关游标
}
//写指令或数据 (0 为指令,1 为数据)
void LCM_WriteDatOrCom(bit dat_comm,uchar content)
{
   uchar a,i,j;
   Delay(50);
   a=content;
   LCM_cs=1;
   LCM_sclk=0;
   LCM_sid=1;
   for(i=0;i<5;i++)
   {
      LCM_sclk=1;
      LCM_sclk=0;
   }
   LCM_sid=0;
   LCM_sclk=1;
   LCM_sclk=0;
   if(dat_comm)
      LCM_sid=1;                  //数据
   else
```

```
      LCM_sid=0;                          //指令
    LCM_sclk=1;
    LCM_sclk=0;
    LCM_sid=0;
    LCM_sclk=1;
    LCM_sclk=0;
    for(j=0;j<2;j++)
    {
       for(i=0;i<4;i++)
       {
       a=a<<1;
       LCM_sid=CY;
       LCM_sclk=1;
       LCM_sclk=0;
       }
       LCM_sid=0;
       for(i=0;i<4;i++)
       {
       LCM_sclk=1;
       LCM_sclk=0;
       }
    }
}
void chn_disp (uchar code * chn)
{
    uchar i,j;
    LCM_WriteDatOrCom (0,0x30);
    LCM_WriteDatOrCom (0,0x80);
    for (j=0;j<4;j++)
    {
       for (i=0;i<16;i++)
       LCM_WriteDatOrCom (1,chn[j*16+i]);
    }
}
void LCM_clr(void)                       //清屏函数
{
    LCM_WriteDatOrCom (0,0x30);
    LCM_WriteDatOrCom (0,0x01);
    Delay (180);
}
//向LCM发送一个字符串,长度在64字符之内
void LCM_WriteString(unsigned char * str)
{
    while( * str != '\0')
        {
    LCM_WriteDatOrCom(1, * str++);
        }
    * str = 0;
}
main()
{
```

```
    LCM_init();                  //初始化液晶显示器
    LCM_clr();                   //清屏
    chn_disp(tab1);              //显示欢迎字
    while(1){;}
}
```

思考与练习

1. 对于由机械式按键组成的键盘，应如何消除按键抖动？独立式按键和矩阵式按键分别具有什么特点？适用于什么场合？

2. 请叙述行列式键盘的工作原理。中断方式与查询方式的键盘，其硬件和软件有何不同？

3. 试用 AT89S51 的 P1 口作 8 个按键的独立式键盘接口，画出其中断方式的接口电路并编写出相应的键盘处理程序。

4. 请用 AT89S51 的 P1 口设计一个 16 个键的键盘电路，并编写出相应的键盘程序。

5. 请叙述 LED 显示器的静态与动态显示原理。什么是 LED 显示器的字符码？

6. 要实现 LED 动态显示需不断调用动态显示程序，除采用子程序调用法外，还可采用其他什么方法？试比较其与子程序调用法的优劣。

7. LCD 与 LED 显示器在结构和驱动上有何不同？

8. 试用串行口扩展 4 个 LED 显示器电路，编程使数码管轮流显示 YOUR 和 GOOD，每隔 1s 变换一次。

9. 试设计一个用 8155 与 32 个键盘连接的接口电路，并编写用 8155 定时器定时，每隔 2s 读一次键盘，并将其读入的键值存入 8155 片内 RAM 40H 开始的单元中的程序。

第8章

A/D、D/A转换器的接口技术

本章要点：
- 掌握 A/D、D/A 转换器的应用；
- 掌握 A/D、D/A 转换器的结构和原理；
- 了解 A/D、D/A 转换器的实际应用。

单片机应用系统通常设有模拟量输入通道和输出通道，前者需要 A/D 转换器把模拟信号转换成单片机能处理的数字信号；后者需要 D/A 转换器把单片机处理输出的数字信号转换成模拟信号。A/D 和 D/A 转换器是单片机与外界联系的重要器件，A/D、D/A 转换的芯片种类很多，转换精度有 8 位、10 位、12 位和 16 位。本章主要介绍常用 A/D、D/A 转换器的特点以及外围接口的基本结构、原理和方法。

8.1 A/D 转换器的接口技术

单片机应用系统中，输入量通常是模拟电量，模拟电量一般由传感器检测得到，而单片机只能接收数字信号，因此，单片机应用系统通常设有模拟量输入通道，负责把模拟电量转换成标准的数字信号送给单片机处理。A/D 转换器是模拟量输入通道的核心，它将模拟电量转换成单片机能处理的数字信号或脉冲信号。

A/D 转换器在单片机控制系统中主要用于数据采集，提供被控对象的各种实时参数，以便单片机对被控对象进行监视。在单片机控制系统中，A/D 转换器占有极为重要的地位。

8.1.1 A/D 转换器接口技术概述

A/D 转换器(Analog to Digital Converter，ADC)是一种把模拟量转换成与它成正比数字量的电子器件。各种型号的 A/D 转换芯片均设有启动转换引脚、转换结束引脚、数据输出引脚。单片机要扩展 A/D 转换芯片，主要是解决上述引脚与单片机之间的硬件连接问题。

1. 常用 A/D 转换器的类型及工作特点

A/D 转换器分为直接 A/D 转换器和间接 A/D 转换器两大类。直接 A/D 转换器是指输入的模拟信号直接被转换成相应的数字信号；间接 A/D 转换器是将输入的模拟信号先转换成某个中间变量(如时间 T、频率 F 等)，然后再将中间变量转换为最后的数字量。

直接 A/D 转换器和间接 A/D 转换器又分为很多类型，其电路结构、工作原理、性能指标差别很大。目前使用比较广泛的有：逐次逼近式转换器、双积分式转换器、并行 A/D 转换器、Σ-Δ 式转换器和 V/F 转换器等。描述 A/D 转换器的技术指标主要有分辨率、转换精度、转换时间和转换速率、失调（零点）温度系数和增益温度系数、对电源电压变化的抑制比以及输出数字量格式等。

1）逐次逼近式 A/D 转换器

逐次逼近式 A/D 转换器是一种速度较快、精度较高的直接转换器，其转换时间大约在几 μs 到几百 μs 之间。常用产品有 ADC0801～ADC0805 型 8 位 MOS 型 A/D 转换器、ADC0808/0809 型 8 位 MOS 型 A/D 转换器、ADC0816/0817 型 8 位 MOS 型 A/D 转换器、AD574 型快速 12 位 A/D 转换器。逐次比较型的精度、速度和价格都适中，是最常用的 A/D 转换器件。

2）双积分式 A/D 转换器

双积分式 A/D 转换器是一种间接转换器。双积分式 A/D 转换器转换速度较慢（因为 A/D 转换的过程中要两次积分），通常在几十 ms 至几百 ms 数量级，但具有转换精度高、抗干扰性能好、性价比高等优点，在速度要求不很高的工程中广泛使用。常用的产品有 ICL7106/ICL7107/ICL7126 系列、MC14433/5、AD7555 以及 ICL7135 等。

3）Σ-Δ 型 A/D 转换器

Σ-Δ 型 A/D 转换器由积分器、比较器、1 位 D/A 转换器和数字滤波器等组成。原理上近似于积分型，将输入电压转换成时间（脉冲宽度）信号，用数字滤波器处理后得到数字值。对工业现场的串模干扰具有较强的抑制能力，不亚于双积分 ADC，但比双积分 ADC 的转换速度快，与逐次比较式 ADC 相比，有较高的信噪比，分辨率高，线性度好，不需采样保持电路。因此，Σ-Δ 型也得到重视，适于转换速度要求不太高，远距离信号传输的场合。

4）V/F 型（Voltage-Frequency Converter）A/D 转换器

对模拟电压信号的测量，除了使用 A/D 转换器件外，还可以将电压量转换为频率量供单片机读取，获取频率量之后，再将其转换为数字量，这种变换过程叫电压-频率变换（V/F）。实现电压-频率变换功能的集成电路芯片叫电压-频率变换器，V/F 芯片的输入量为模拟电压，输出量为方波脉冲频率信号，频率信号的快慢正比于输入模拟电压幅值的大小。其原理是首先将输入的模拟信号转换成频率，然后用计数器将频率转换成数字量。从理论上讲，这种 A/D 转换器的分辨率几乎可以无限增加，只要采样的时间能够满足输出频率分辨率要求的累积脉冲个数的宽度要求就行。使用 V/F 器件的优点是：频率量在信号的传输过程中，抗御电磁干扰的能力强，而且连线简单，只需用一根线将频率信号接至单片机的 T0 或 T1 计数器即可；缺点是：由于频率量的采集过程需要一定的时间，因此转换速度较慢。鉴于 V/F 芯片的这些特点，可在非快速要求的场合使用，抗干扰效果好，连线简单，常用的产品有 AD654 等。

5）并行 A/D 转换器

并行 A/D 转换器是目前速度最快的直接转换器，但由于电路工艺、精度等问题，应用不太广泛。

2．选择 ADC 的原则

依据用户要求及 A/D 转换器的技术指标来选择 ADC，应考虑以下方面。

1）A/D 转换器位数的确定

用户提出的数据采集精度是综合精度要求，包括了传感器精度、信号调节电路精度、A/D 转换精度，还包括软件控制算法。应将综合精度在各个环节上进行分配，以确定对 A/D 转换器的精度要求，据此确定 A/D 转换器的位数。A/D 转换器的位数至少要比系统总精度要求的最低分辨率高 1 位，位数应与其他环节所能达到的精度相适应，只要不低于它们就行，太高也没有意义。一般认为 8 位以下为低分辨率，9～12 位为中分辨率，13 位以上为高分辨率。

2）A/D 转换器转换速率的确定

根据信号对象的变化率确定 A/D 转换速度，以保证系统的实时性要求。按转换速度分为超高速（≤1ns）、高速（≤1μs）、中速（≤1ms）和低速（≤1s）等。

例如，转换时间为 100μs 的集成 A/D 转换器，其转换速率为 10 千次/秒。根据采样定理和实际需要，一个周期的波形需采 10 个点，最高也只能处理 1kHz 的信号。如果把转换时间减小到 10μs，则信号频率可提高到 10kHz。

3）是否需要加采样/保持器

直流和变化非常缓慢的信号可不用采样/保持器；在快速信号采集，并且找不到高速的 ADC 芯片时，必须考虑加采样/保持电路；已经含有采样/保持器的芯片，只需连接外围器件即可。

4）工作电压和基准电压

选择使用单一＋5V 工作电压的芯片，与单片机系统共用一个电源就比较方便。基准电压源是提供给 A/D 转换器在转换时所需要的参考电压，在要求较高精度时，基准电压要单独用高精度稳压电源供给。

5）A/D 转换器输出状态的确定

根据单片机接口特征，选择 A/D 转换器的输出状态。例如，A/D 转换器是并行输出还是串行输出；是二进制码还是 BCD 码输出；是用外部时钟、内部时钟还是不用时钟；有无转换结束状态信号；与 TTL、CMOS 及 ECL 电路的兼容性；与单片机接口是否方便等。

3．A/D 转换器与单片机的接口注意问题

A/D 转换器与单片机的接口主要考虑的是数字量输出线的连接、ADC 启动方式、转换结束信号处理方法以及时钟的连接等。

1）A/D 转换器数字量输出线与单片机的连接方法

连接方式与其内部结构有关。对于内部带有三态锁存数据输出缓冲器的 ADC（如 ADC0809、AD574 等），其数据输出线可直接与单片机的数据总线相连；对于内部不带锁存器的 ADC，一般通过锁存器或并行 I/O 接口与单片机相连。可用输入指令从 A/D 转换器中读取转换数据。在某些情况下，为了增强控制功能，那些带有三态锁存数据输出缓冲器的 ADC 也常采用 I/O 接口连接。

51 系列单片机字长为 8 位，随着位数的不同，ADC 与单片机的连接方法也不同。对于

8 位 ADC,其数字输出线可与 8 位单片机数据线对应相连接;对于 8 位以上的 ADC,与 8 位单片机相连接就不简单了,此时必须增加读取控制逻辑,把 8 位以上的数据分两次或多次读取。为了便于连接,一些 ADC 产品内部已带有读取控制逻辑,而对于内部不包含读取控制逻辑的 ADC,在和 8 位单片机连接时,应增设三态缓冲器对转换后的数据进行锁存。

2) ADC 启动方式

一个 ADC 开始转换时,必须加一个启动转换信号,这一启动信号要由单片机提供。不同型号的 ADC,对于启动转换信号的要求也不同,一般分为脉冲启动和电平启动两种。对于脉冲启动型 ADC,只要给其启动控制端上加一个符合要求的脉冲信号即可,如 ADC0809、ADC574 等,通常由 WR 和地址译码器的输出经一定的逻辑电路进行控制;对于电平启动型 ADC,当把符合要求的电平加到启动控制端上时,就立即开始转换。在转换过程中,必须保持这个电平,否则转换会终止。因此,在这种启动方式下,单片机的控制信号必须经过锁存器保持一段时间,一般采用 D 触发器、锁存器或并行 I/O 接口等来实现。AD570、AD571 等都属于电平启动型 ADC。

3) 转换结束信号处理方法

当 ADC 转换结束时,ADC 输出一个转换结束标志信号,通知单片机读取转换结果。单片机检查判断 A/D 转换结束的方法一般有中断和查询两种。对于中断方式,可将转换结束标志信号接到单片机的中断请求输入线上或允许中断的 I/O 接口的相应引脚,作为中断请求信号;对于查询方式,可把转换结束标志信号经三态门送到单片机的某一位 I/O 口线上,作为查询状态信号。

4) 时钟的连接方法

A/D 转换器的另一个重要连接信号是时钟,其频率是决定芯片转换速度的基准。整个 A/D 转换过程都是在时钟的作用下完成的。A/D 转换时钟的提供方法有两种:一种是由芯片内部提供(如 AD574 等),一般不需外加电路;另一种由外部提供,有的用单独的振荡电路产生,更多的则是把单片机输出时钟经分频后,送到 A/D 转换器的相应时钟端。

8.1.2　ADC0809 与 AT89S51 的接口及应用

1. ADC0809 的结构及引脚功能

ADC0809 是一种 8 路模拟输入的 8 位逐次逼近式 A/D 转换器件,其采用 CMOS 工艺,具有较低的功耗,转换时间为 $100\mu s$(当外部时钟输入频率 $f_C = 640kHz$ 时),其内部结构和引脚如图 8-1 所示。ADC0809 内部由 8 路模拟开关、地址锁存与译码器、8 位 A/D 转换电路和三态输出锁存器等组成。

8 路模拟开关根据地址译码信号来选择 8 路模拟输入,允许 8 路模拟量分时输入,共用一个 A/D 转换器进行转换。地址锁存与译码电路完成对 ADDA、ADDB、ADDC(A、B、C) 3 个地址位的锁存和译码,其译码输出用于通道选择。

8 位 A/D 转换器是逐次逼近式的,由控制与时序电路、比较器、逐次逼近寄存器 SAR、树状开关以及 256R 电阻阶梯网络等组成,实现逐次比较 A/D 转换,在 SAR 中得到 A/D 转换完成后的数字量。其转换结果通过三态输出锁存器输出,输出锁存器用于存放和输出转换得到的数字量,当 OE 引脚变为高电平时,就可以从三态输出锁存器取走 A/D 转换结果。

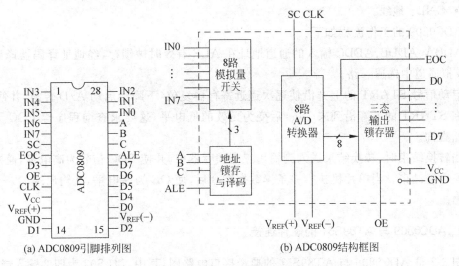

图 8-1 ADC0809 结构及引脚图

三态输出锁存器可以直接与系统数据总线相连。

ADC0809 是 28 引脚 DIP 封装的芯片,各引脚功能如下。

- IN0~IN7:8 路模拟量输入端,用于输入被转换的模拟电压。一次只能选通其中的某一路进行转换,选通的通道由 ALE 上升沿时送入的 ADDC、ADDB、ADDA 引脚信号决定。

- D7~D0:为 8 位数字量输出端。

- ADDA、ADDB、ADDC(A、B、C):模拟输入通道地址选择线,其 8 位编码分别对应 IN0~IN7,用于选择 IN0~IN7 上哪一路模拟电压送给比较器进行 A/D 转换,CBA=000~111 依次选择 IN0~IN7。

- ALE:地址锁存允许端,高电平有效。高电平时把 3 个地址信号 ADDA、ADDB、ADDC 送入地址锁存器,并经过译码器得到地址输出,以选择相应的模拟输入通道。

- START(SC):转换的启动信号输入端,正脉冲有效,此信号要求保持在 200ns 以上。加上正脉冲后,A/D 转换才开始进行。(在正脉冲的上升沿,所有内部寄存器清零;在正脉冲的下降沿,开始进行 A/D 转换,在此期间 START 应保持低电平)。

- EOC:转换结束信号输出端。在 START 下降沿后 $10\mu s$ 左右,EOC=0,表示正在进行转换;EOC=1,表示 A/D 转换结束。EOC 常用于 A/D 转换状态的查询或作为中断请求信号。转换结果读取方式有延时读数、查询 EOC,EOC=1 时申请中断。

- OE:允许输出控制信号,输入高电平有效。当转换结束后,如果从该引脚输入高电平,则打开输出三态门,允许转换后结果从 D0~D7 送出;若 OE 输入 0,则数字输出口为高阻态。

- CLK:时钟信号输入端,为 ADC0809 提供逐次比较所需时钟脉冲。ADC 内部没有时钟电路,故需外加时钟信号。时钟输入要求频率范围一般在 10kHz~1.2MHz,在实际运用中,需将主机的脉冲信号降频后接入。

- $V_{REF}(+)$、$V_{REF}(-)$:参考电压输入线,用于给电阻阶梯网络提供正负基准电压。

- V_{CC}:+5V 电源输入线。

• GND：地线。

ADC0809 的工作流程如下：

ADDA、ADDB、ADDC 输入的通道地址在 ALE 有效时被锁存，经地址译码器译码后从 8 路模拟通道中选通一路。

启动信号 START 的上升沿使逐次逼近寄存器复位，下降沿启动 A/D 转换，并使 EOC 信号在 START 的下降沿到来 $10\mu s$ 后变为无效的低电平，这要求查询程序等 EOC 无效后再开始查询。

当转换结束时，转换结果送入到输出三态锁存器中，并使 EOC 信号为高电平，通知单片机转换已经结束。当单片机执行一条读数据指令后，使 OE 为高电平，从输出端 D0～D7 读出数据。

2. ADC0809 与 AT89S51 的硬件连接

图 8-2 是 ADC0809 与 AT89S51 的典型接口电路图，其中，74LS02 为四 2 输入或非门，8 路模拟量的变化范围是 0～5V。

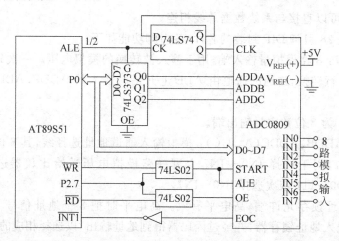

图 8-2 ADC0809 与 AT89S51 的典型接口电路

ADC0809 的时钟由 AT89S51 输出的 ALE 信号经 2 分频后提供（D 触发器 74LS74 完成）。因为 ADC0809 的最高时钟频率为 640kHz，ALE 信号的频率是晶振频率的 1/6，如果晶振频率为 6MHz，则 ALE 的频率为 1MHz，所以，ALE 信号要分频后再送给 ADC0809。若单片机时钟频率符合要求，也可不加 2 分频电路。

模拟输入通道地址由 AT89S51 P0 口的低 3 位 P0.0～P0.2 直接提供。由于 ADC0809 的地址锁存器具有锁存功能，所以 P0.0、P0.1 和 P0.2 可以不需要锁存器而直接与 ADC0809 的 ADDA、ADDB、ADDC 连接。根据图 8-2 的连接方法，8 个模拟输入通道的地址分别为 0000H～0007H。

AT89S51 通过地址线 P2.7 和读写信号线来控制 ADC0809 的锁存信号 ALE、启动信号 START、输出允许信号 OE。锁存信号 ALE 和启动信号 START 连接在一起，锁存通道地址的同时启动并进行转换。当 P2.7 和写信号同时为低电平时，锁存信号 ALE 和启动信号 START 有效，通道地址送地址锁存器锁存，同时启动 ADC0809 开始转换。

当转换结束,要读取转换结果时,只要 P2.7 和读信号同为低电平,输出允许信号 OE 有效,转换的数字量就通过 D0～D7 输出。ADC0809 的 EOC 转换结束信号接 AT89S51 的外部中断 1 上(中断方式),亦可与 P3.2 口连接(查询方式)。

电路连接主要涉及两个问题,一个是 8 路模拟信号的通道选择,另一个是 A/D 转换完成后转换数据的传送。注意,图 8-2 中使用的是线选法,OE 由 P2.7 确定,该 ADC0809 的通道地址不唯一。若无关位都取 0,则 8 路通道 IN0～IN7 的地址分别为 0000H～0007H;若无关位都取 1,则 8 路通道 IN0～IN7 的地址分别为 7FF0H～7FF7H。当然,口地址也可以由单片机其他不用的口线提供,或者由几根口线经过译码后来提供,这样,8 路通道的地址也就有所不同了。

1) 8 路模拟通道选择

A、B、C 分别接地址锁存器提供的低 3 位地址,只要把 3 位地址写入 ADC0809 中的地址锁存器,就实现了模拟通道选择。对系统来说,地址锁存器是一个输出口,为了把 3 位地址写入,还要提供口地址。

2) 转换数据的传送

A/D 转换后得到的数据为数字量,这些数据应传送给单片机进行处理。数据传送的关键问题是如何确认 A/D 转换完成,因为只有确认数据转换完成后,才能进行传送。为此,通常采用下述 3 种方式。

(1) 定时传送方式。对于一种 A/D 转换器来说,转换时间作为一项技术指标是已知和固定的。例如,ADC0809 转换时间为 $128\mu s$,相当于 6MHz 的 MCS-51 单片机的 64 个机器周期。可据此设计一个延时子程序,A/D 转换启动后即调用这个延时子程序,延时时间一到,转换肯定就已经完成了,接着就可进行数据传送。

(2) 查询方式。A/D 转换芯片有表明转换完成的状态信号,例如 ADC0809 的 EOC端,因此,可以用查询方式,采用软件测试 EOC 的状态,即可明确转换是否完成,然后进行数据传送。

(3) 中断方式。如果把表示转换结束的状态信号(EOC)作为中断请求信号,那么,便可以中断方式进行数据传送。

8.2　D/A 转换器的接口技术

单片机处理的是数字量,而单片机应用系统中很多被控对象都是通过模拟量来控制的,因此,单片机输出的数字信号必须经过模/数(D/A)转换器转换成模拟信号后,才能送给被控对象进行控制。D/A 转换器是模拟量输出通道的核心,它将单片机处理的数字信号或脉冲信号转换成模拟电量。

8.2.1　D/A 转换器接口技术概述

D/A 转换器(DAC)是把数字量转换成模拟量的器件。D/A 转换器可以从单片机接收数字量并转换成与输入数字量成正比的模拟量,以推动执行机构动作,实现对被控对象的控制。

1．D/A 转换器的类型及特点

D/A 转换器的分类方法有很多。按位数分,可以分为 8 位、10 位、12 位、16 位等;按输出方式分,有电流输出型和电压输出型两类;按数字量数码被转换的方式分,可分为串行和并行两种,并行 D/A 转换器可以将数字量的各位代码同时进行转换,因此转换速度快,一般在 μs 数量级;按接口形式可分为两类,一类是不带锁存器的,另一类是带锁存器的;按工艺分,可分为 TTL 型和 MOS 型等。

D/A 转换器一般由电阻译码网络、模拟电子开关、基准电源和求和运算放大器 4 部分组成,一些 D/A 转换器芯片内还设置有数据锁存器以暂存二进制输入数据。

按电路结构和工作原理可分为权电阻网络、T 型电阻网络、倒 T 型电阻网络和权电流型 D/A 转换器。目前使用最广泛的是倒 T 型电阻网络 D/A 转换器。

R-2R 倒 T 型电阻网络 D/A 转换器的优点是电阻种类少,只有 R、2R 两种,其精度易于提高,也便于制造集成电路;缺点是在工作过程中,T 型网络相当于一根传输线,从电阻开始到运放输入端建立起稳定的电流电压需要一定的传输时间,当输入数字信号位数较多时,将会影响 D/A 转换器的工作速度,动态时会出现尖峰干扰脉冲。

2．D/A 转换器的指标及选用

DAC 的性能指标是选用 DAC 芯片型号的依据,也是衡量芯片质量的重要参数。描述 D/A 转换器的性能指标很多,主要有分辨率、线性度、转换时间、输出电压范围、温度系数、输入数字代码种类(二进制或 BCD 码)等。

分辨率是 D/A 转换器对输入量变化敏感程度的描述,与输入数字量的位数有关。数字量位数越多,转换器对输入量变化的敏感程度也就越高,使用时,应根据分辨率的需要来选定转换器的位数。

转换时间体现 DAC 的转换速度。转换器的输出形式为电流时,建立时间较短;输出形式为电压时,由于建立时间还要加上运算放大器的延时时间,因此建立时间要长一点。但总的来说,D/A 转换速度远高于 A/D 转换速度,快速的 D/A 转换器的建立时间可达 $1\mu s$。选用 DAC 时,还要注意以下两点。

1) 参考基准电压

D/A 转换中,参考基准电压是唯一影响输出结果的模拟参量,是 D/A 转换接口中的重要电路,对接口电路的工作性能、电路结构有很大影响。使用内部带有低漂移精密参考电压源的 D/A 转换器,既能保证有较好的转换精度,而且可以简化接口电路。但目前 D/A 转换接口中常用的 D/A 转换器大多不带参考电源。为了方便地改变输出模拟电压的范围、极性,需要配置相应的参考电压源。D/A 接口设计中经常配置的参考电压源主要有精密参考电压源和三点式集成稳压电源两种形式。

2) D/A 转换能否与 CPU 直接相配接

D/A 转换能否与 CPU 直接相配接,主要取决于 D/A 转换器内部有没有输入数据寄存器。当芯片内部集成有输入数据寄存器、片选信号、写信号等电路时,D/A 器件可与 CPU

直接相连,而不需另加寄存器;当芯片内没有输入寄存器时,它们与CPU相连,必须另加数据寄存器。一般用D锁存器,以便使输入数据能保持一段时间进行D/A转换,否则只能通过具有输出锁存器功能的I/O给D/A送入数字量。目前,D/A转换器芯片的种类较多,对应用设计人员来说,只需要掌握DAC集成电路性能及其与计算机之间接口的基本要求,就可以根据应用系统的要求选用DAC芯片和配置适当的接口电路。

本节介绍常用的DAC0832芯片与51的接口及转换应用程序的设计方法。

8.2.2 DAC0832的接口及应用

DAC0832是一种常用的DAC芯片,是美国国民半导体公司(NS)研制的DAC0830系列DAC芯片的一种。DAC0832是一个DIP20封装的8位D/A转换器,可以很方便地与51单片机接口。DAC0832采用单电源供电,+5~+15V均可正常工作,基准电压为±10V;电流型输出,外接运算放大器可提供电压输出,电流建立时间为1μs;CMOS工艺,低功耗20mW;片内设置两级缓冲,有单缓冲、双缓冲和直通3种工作方式。

1. DAC0832的内部结构及引脚功能

DAC0832内部结构及引脚见图8-3所示,主要由两个8位寄存器和一个8位D/A转换器以及控制逻辑电路组成。D/A转换器采用R-2R T型解码网络实现8位数据的转换。两个8位寄存器(输入寄存器和DAC寄存器)用于存放待转换的数字量,构成双缓冲结构,通过相应的控制信号可以使DAC0832工作于3种不同的方式。寄存器输出控制逻辑电路由3个与门电路组成,该逻辑电路的功能是进行数据锁存控制。当$\overline{LE}=0$时,输入数据被锁存;当$\overline{LE}=1$时,锁存器的输出跟随输入的数据。数据进入8位DAC寄存器,经8位D/A转换电路,就可以输出和数字量成正比的模拟电流。

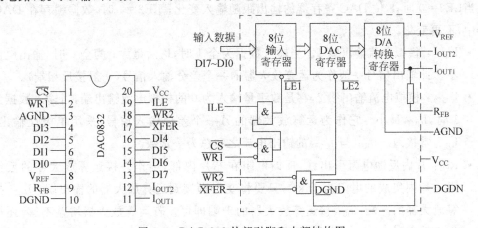

图8-3 DAC0832外部引脚和内部结构图

其主要特性为:DAC0832采用单电源供电,+5~+15V均可正常工作,基准电压为±10V;DAC0832实现8位并行D/A转换;DAC0832中无运算放大器,是一种电流型输出D/A转换器,电流建立时间为1μs,使用时需要外接运算放大器才能得到模拟输出电压;CMOS工艺,低功耗20mW;片内设置两级缓冲,有单缓冲、双缓冲和直通3种工作方式;

与单片机系统连接方便。

DAC0832 有 20 个引脚，各引脚的功能如下：

- DI0~DI7：8 位数据输入线，TTL 电平，DI7 为最高位，DI0 为最低位。

- $\overline{CS}$：片选信号输入线，低电平有效。$\overline{CS}$ 和 ILE 信号结合，可对 $\overline{WR1}$ 是否起作用进行控制。

- ILE：数据允许控制信号输入线，高电平有效。

- $\overline{XFER}$：数据传送控制信号输入线，低电平有效，可作为地址线用。

- $\overline{WR1}$：输入寄存器的写选通输入线，低电平有效（宽度应大于 500ns），即便 V_{CC} 提高到 15V，其脉冲宽度也不应小于 100ns。当 $\overline{CS}=0$，ILE=1，$\overline{WR1}=0$ 时，为输入寄存器直通方式；当 $\overline{CS}=0$，ILE=1，$\overline{WR1}=1$ 时，DI0~DI7 的数据被锁存至输入寄存器，为输入寄存器锁存方式。

- $\overline{WR2}$：DAC 寄存器写选通输入线，低电平有效（宽度同 $\overline{WR1}$）。当 $\overline{XFER}=0$ 时，$\overline{WR2}=0$ 时，输入寄存器的内容传送至 DAC 寄存器中；当 $\overline{WR2}=0$，$\overline{XFER}=1$ 时，为 DAC 寄存器直通方式；当 $\overline{WR2}=1$，$\overline{XFER}=0$ 时，为 DAC 寄存器锁存方式。

在图 8-3 所示的内部结构图中，$\overline{LE1}$、$\overline{LE2}$ 为内部两个寄存器的输入锁存端。其中 $\overline{LE1}$ 由 ILE、$\overline{CS}$、$\overline{WR1}$ 确定，$\overline{LE2}$ 由 $\overline{WR2}$、$\overline{XFER}$ 确定。

$$\overline{LE1}=\overline{ILE \cdot \overline{CS} \cdot \overline{WR1}}$$

当 $\overline{LE1}=0$ 时，8 位输入寄存器的输出跟随输入变化；当 $\overline{LE1}=1$ 时，数据锁存在输入寄存器中，不再变化。

$$\overline{IE2}=\overline{\overline{WR2} \cdot \overline{XFER}}$$

当 $\overline{LE2}=0$ 时，8 位 DAC 寄存器的输出跟随输入变化；$\overline{LE2}=1$ 时，数据锁存在 DAC 寄存器中，不再变化。

- I_{OUT1}：模拟电流输出线 1。当输入数据为全 1 时，I_{OUT1} 最大；为全 0 时，输出电流最小。此输出信号一般作为运算放大器的一个差分输入信号（一般接反相端）。

- I_{OUT2}：模拟电流输出线 2，它是数字量输入为 0 的模拟电流输出端，当输入数据为全 1 时，I_{OUT2} 最小。它作为运算放大器的另一个差分输入信号，采用单极性输出时，I_{OUT2} 常接地。I_{OUT1} 与 I_{OUT2} 的输出电流之和总为一常数。

- R_{FB}：片内反馈电阻引出线，反馈电阻在芯片内部，用作外接运算放大器的反馈电阻。片内集成的电阻为 15kΩ，只要将 9 引脚接到运算放大器的输出端，I_{OUT1} 接运算放大器的一端，I_{OUT2} 接运算放大器的＋端即可。若运算放大器增益不够，还需外加反馈电阻。

- V_{REF}：基准电压输入线。其电压可正可负，范围是 -10~+10V。

- V_{CC}：数字部分的工作电源输入端，可接 +5~+15V 电源（一般取 +5V）。

- AGND：模拟电路地，为模拟信号和基准电源的参考地。

- DGND：数字电路地，为工作电源地和数字逻辑地，两种地线在基准电源处一点共地比较恰当。

2．DAC0832 的工作方式及输出方式

1）DAC0832 的工作方式

DAC0832 利用 $\overline{WR1}$、$\overline{WR2}$、ILE、$\overline{XFER}$ 控制信号可以构成 3 种不同的工作方式：直通方式、单缓冲方式和双缓冲方式。在与单片机连接时一般有单缓冲和双缓冲两种方式。实际应用时，要根据控制系统的要求来选择工作方式。

（1）直通方式。

当 $\overline{CS}$、$\overline{XFER}$ 直接接地，ILE 接电源，$\overline{WR1}=\overline{WR2}=0$ 时，8 位输入寄存器和 8 位 DAC 寄存器都直接处于导通状态，8 位数据可以从输入端经两个寄存器直接进入 D/A 转换器进行转换，从输出端得到转换的模拟量，故 DAC0832 工作于直通方式。直通方式不能与系统的数据总线直接相连（需另加锁存器），直通方式下工作的 DAC0832 常用于不带单片机的控制系统。

（2）单缓冲方式。

DAC0832 内部的两个数据缓冲寄存器之一始终处于直通，即 $\overline{WR1}=0$ 或 $\overline{WR2}=0$，另一个处于受控制的状态（或者两个输入寄存器同时受控），此方式就是单缓冲方式。

在实际应用中，如果只有一路模拟量输出，或虽有几路模拟量但并不要求同步输出时，就可采用单缓冲方式。DAC0832 是电流型 D/A 转换电路，需要电压输出时，可以使用一个运算放大器将电流信号转换成电压信号输出。

（3）双缓冲方式。

对于多路 D/A 转换，若要求同步进行 D/A 转换输出时，则必须采用双缓冲方式。当 8 位输入锁存器和 8 位 DAC 寄存器分开控制时，DAC0832 工作于双缓冲方式。

双缓冲方式用于多路 D/A 转换系统，适合于多模拟信号同步输出的应用场合，此情况下每一路模拟量输出各需要一片 DAC0832 才能构成同步输出系统。

双缓冲方式时，单片机对 DAC0832 的操作分两步：第一步，使 8 位输入锁存器导通，将 8 位数字量写入 8 位输入锁存器中；第二步，使 8 位 DAC 寄存器导通，8 位数字量从 8 位输入锁存器送入 8 位 DAC 寄存器。第二步只使 DAC 寄存器导通，此时在数据输入端写入的数据无意义。

在与单片机连接时一般有单缓冲和双缓冲两种方式。实际应用时，要根据控制系统的要求来选择工作方式。

2）输出方式

DAC0832 的输出是电流，使用运算放大器可以将其电流输出线性地转换成电压输出。根据运算放大器和 DAC0832 的连接方法，运算放大器的输出可以分为单极性和双极性两种，如图 8-4 所示。

图 8-4(a) 是 DAC0832 实现单极性电压输出的连接示意图。因为内部反馈电阻的值 R_{FB} 等于 T 型电阻网络的 R 值，因此电压输出为：

$$V_{OUT1}=-I_{OUT1}R_{FB}=-\left(\frac{V_{REF}}{R_{FB}}\right)\left(\frac{D}{2^8}\right)R_{FB}=-\frac{D}{2^8}V_{REF}$$

图 8-4(b) 是 DAC0832 实现双极性电压输出的连接示意图。选择 $R_2=R_3=2R_1$，则电压输出为：

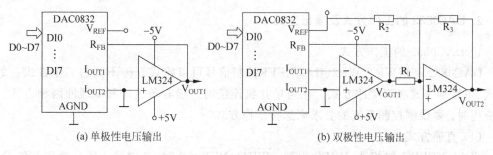

图 8-4　DAC0832 电压输出电路

$$V_{\text{OUT2}} = -(2V_{\text{OUT1}} + V_{\text{REF}}) = -\left[2\left(-\frac{D}{256}\right)V_{\text{REF}} + V_{\text{REF}}\right] = \left(\frac{D-128}{128}\right)V_{\text{REF}}$$

上述两个计算公式中，D 值都是其对应的十进制值。由上述公式可列出表 8-1，表中输入数字量最高位 b_7 为符号位，其余为数值位，参考电压 V_{REF} 可正可负。在选用 $+V_{\text{REF}}$ 时，若输入数字量最高位 b_7 为 1，则输出模拟电压 V_{OUT2} 为正；若输入数字量最高位 b_7 为 0，则输出模拟电压 V_{OUT2} 为负。选用 $-V_{\text{REF}}$ 时 V_{OUT2} 的取值正好和选用 $+V_{\text{REF}}$ 时相反。其中，LSB 表示输入数字量 b_0 由 0 变 1 时 V_{OUT2} 的增量，即 LSB $= V_{\text{REF}}/128$。

表 8-1　双极性输出电压对输入数字量的关系

输入数字量 B								V_{OUT}（理想值）	
b_7	b_6	b_5	b_4	b_3	b_2	b_1	b_0	$+V_{\text{REF}}$ 时	$-V_{\text{REF}}$ 时
1	1	1	1	1	1	1	1	$|V_{\text{REF}}| - $LSB	$-|V_{\text{REF}}| + $LSB
⋮	⋮	⋮	⋮	⋮	⋮	⋮	⋮	⋮	⋮
1	1	0	0	0	0	0	0	$|V_{\text{REF}}|/2$	$-|V_{\text{REF}}|/2$
⋮	⋮	⋮	⋮	⋮	⋮	⋮	⋮	⋮	⋮
1	0	0	0	0	0	0	0	0	0
⋮	⋮	⋮	⋮	⋮	⋮	⋮	⋮	⋮	⋮
0	1	1	1	1	1	1	1	$-$LSB	LSB
⋮	⋮	⋮	⋮	⋮	⋮	⋮	⋮	⋮	⋮
0	1	1	1	1	1	1	1	$-|V_{\text{REF}}|/2 - $LSB	$|V_{\text{REF}}|/2 + $LSB
⋮	⋮	⋮	⋮	⋮	⋮	⋮	⋮	⋮	⋮
0	0	0	0	0	0	0	0	$-|V_{\text{REF}}|$	$|V_{\text{REF}}|$

3. DAC0832 与 AT89S51 单片机的接口

1) 单缓冲方式

此工作方式适用于一路模拟量输出或几路模拟量非同步输出的应用场合。AT89S51 与 DAC0832 的接口单缓冲连接电路如图 8-5 所示。要恰当连接引脚 $\overline{\text{CS}}$、$\overline{\text{WR1}}$、$\overline{\text{WR2}}$、$\overline{\text{XFER}}$，图 8-5 中，$\overline{\text{WR2}}$、$\overline{\text{XFER}}$ 直接接地，ILE 接电源 $+5\text{V}$，$\overline{\text{WR1}}$ 接 AT89S51 的 $\overline{\text{WR}}$。采用片选法确定寄存器地址（亦可采用译码法），$\overline{\text{CS}}$ 接 AT89S51 的 P2.7，地址为 7FFFH。

数字量可以直接从单片机的 P0 口送入 DAC0832。当地址选择线选择 DAC0832 后，只要输出控制信号，DAC0832 就能一次完成数字量的输入锁存和 D/A 转换输出。

DAC0832 的输出端接运算放大器，由运算放大器产生输出电压，图 8-5 中，采用了内置反馈电阻,若输出幅度不足,可以外接反馈电阻,也可增加运放。

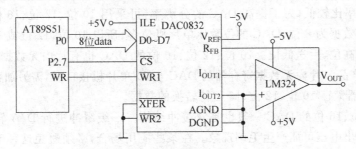

图 8-5 DAC0832 单缓冲方式电路图

2) 双缓冲方式

在单片机应用系统中,如需同时输出多路模拟信号,D/A 转换器就必须采用双缓冲工作方式。这时数字量的输入锁存和 D/A 转换输出是分两步完成的,即单片机的数据总线分时地向各路 D/A 转换器输入要转换的数字量并锁存在各自的数据锁存器中,然后 CPU 对所有 D/A 转换器发出控制信号,使所有 D/A 转换器数据锁存器中的数据打入 DAC 寄存器,实现同步转换输出。

图 8-6 就是一种双缓冲方式的连接,为双路模拟量输出的接口电路。图 8-6 中,两片 DAC0832 的输入寄存器分别由两个不同的片选信号区分开,即首先将两路数据由不同的片选分别打入对应的 DAC0832 的输入寄存器;两片 DAC0832 的 DAC 寄存器传送的控制信号 $\overline{XFER}$ 同时由一个片选信号控制,每个 DAC0832 内部的输入寄存器各占一个端口地址,两片 DAC0832 的 DAC 寄存器共用一个端口地址,这是为了使两片 DAC0832 能同时进行转换。这样,两片 DAC0832 共占用 3 个外部 RAM 地址,DAC0832(0#)和 DAC0832(1#)的输入寄存器地址分别为 xx0x xxxx xxxx xxxx 和 0xxx xxxx xxxx xxxx。

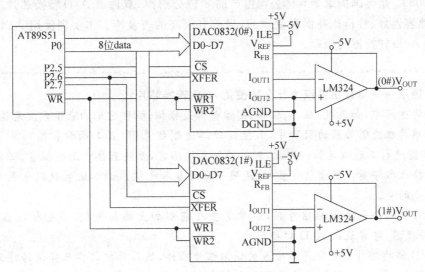

图 8-6 DAC0832 双缓冲方式电路图

当选通 DAC 寄存器时,各自输入寄存器中的数据可以同时进入各自的 DAC 寄存器中以达到同时进行转换,同步输出的目的。

编制不同的程序,在运放后接图形显示器就可以显示图形,也可以驱动绘图仪绘制图形。8 位 DAC 分辨率比较低,为了提高 DAC 的分辨率,可采用 10 位、12 位、16 位的 DAC。因为 51 单片机的数据为 8 位,DAC 的位数比单片机位多,所以 10 位、12 位或 16 位数据需分两次输出,先送高位,后送低位。10 位、12 位、16 位的 DAC 也有片内无数据寄存器和有数据寄存器两种产品。片内无数据寄存器的 DAC 与 51 单片机接口时,需另加数据寄存器,一般采用 D 锁存器锁存 10 位、12 位、16 位待转换的数据。

10 位、12 位、16 位的 DAC 一般也是双缓冲结构。一级缓冲进行 D/A 转换,由于数据分两次输出,输出电压可能产生毛刺现象。在某些应用场合,必须避免这种毛刺,这时可采用双缓冲结构的接口电路。双缓冲结构中,数据也是分两次输出的,但数据能同时进入 DAC 中进行转换,避免了毛刺。

注意,前面各节介绍的几种常用接口技术,单片机大都是直接驱动,但实际的单片机控制系统中,尤其是由单片机组成的工业控制系统中,经常需要驱动一些功率很大的交直流负载,这时单片机不能直接驱动,要通过相应的功率接口电路才能输出一定的功率来驱动功率设备。大功率设备工作电压高、工作电流大,还常常会被引入各种现场干扰,为保证单片机系统安全可靠运行,在设计功率接口时要仔细考虑驱动和隔离的方案。

一般低压直流负载可以采用功率晶体管或晶体管组驱动,高压直流负载和交流负载常采用继电器驱动;交流负载也可以采用双向晶闸管或固体继电器驱动。常用的隔离可采用光电耦合器或继电器,隔离时一定要注意,单片机用一组电源,外围器件用另一组电源,两者间从电路上要完全隔离。有关功率接口的内容在此不作介绍。

8.3　使用 ADC0832 接收模拟量数据（实训十四）

ADC0832 是美国国家半导体公司生产的 8 位分辨率、双通道 A/D 转换芯片。由于它体积小、兼容性好、性价比高而深受欢迎,目前有很高的普及率。本实训使用 ADC0832 芯片来了解 A/D 转换器的原理。

小提示——单片机系统为什么要使用 A/D 转换芯片?

现实生活中,如温度、压力、位移、图像等都是模拟量,即它们的表示方法是模拟量。

在单片机能够编程的引脚中,只能处理二进制信号(即 0、1 两种状态),单片机的 CPU 只能进行二进制运算。因此,对单片机系统而言,无法直接识别模拟量,必须将模拟量转换成数字量。所谓数字量,就是用一系列 0 和 1 组成的二进制代码来表示某个信号大小的量。

单片机需要采集模拟信号时,通常需要在前端加上模拟量/数字量转换器,简称模/数转换器,即常说的 A/D 转换芯片。

A/D 转换芯片的功能是对输入的模拟信号采样,然后再把这些采样值转换为数字量。因此,一般的 A/D 转换过程是通过采样保持、量化和编码这 3 个步骤完成的,即首先对输入的模拟电压信号采样,采样结束后进入保持时间,在这段时间内将采样的电压量转化为数字量,并按一定的编码形式给出转换结果,然后开始下一次采样。

量化后的数字的位数表示量化的精度,位数越多表示的精度越高,位数越少表示的精度就越低。一般量化的位数有8位、10位、12位、16位、22位等。

许多传感器已经集成了A/D转换功能,可以与单片机直接连接。

ADC0832为8位分辨率A/D转换芯片,其最高分辨可达256级,芯片转换时间仅为$32\mu s$,转换速度快且稳定性能强。独立的芯片使能输入,可以使更多器件直接连接在同一单片机的引脚上,节省单片机引脚资源。通过DI数据输入端,可以容易地实现通道功能的选择。5V电源供电时,输入电压可以为0~5V。DO、DI、CLK、$\overline{CS}$引脚的输入/输出电平与TTL/CMOS相兼容,可以与单片机直接连接。

图8-7是ADC0832引脚图,各引脚功能如表8-2所示。

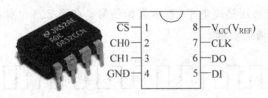

图8-7 ADC0832引脚图

表8-2 ADC0832各引脚功能

引脚	引脚名字	引脚功能
1	$\overline{CS}$	片选使能,低电平芯片使能
2	CH0	模拟输入通道0,或作为IN+/−使用
3	CH1	模拟输入通道1,或作为IN+/−使用
4	GND	芯片参考0电位地
5	DI	数据信号输入,选择通道控制
6	DO	数据信号输出,转换数据输出
7	CLK	芯片时钟输入
8	$V_{CC}(V_{REF})$	电源/参考电压

根据各引脚功能的描述,引脚8和引脚4是电源输入端,需要接5V电源;引脚2和引脚3是模拟信号输入端。正常情况下ADC0832与单片机的接口应为4条数据线,分别是$\overline{CS}$、CLK、DO、DI,但由于DO端与DI端在通信时不会同时有效,且与单片机的接口是双向的,所以电路设计时可以将DO和DI并联在一根数据线上。

具体连接电路如图8-8所示。该电路功能是测定输液管中是否有液滴通过,传感器是一个光敏二极管(是一种光电转换二极管,工作时两端加反向电压,没有光照时,其反向阻很大,只有很微弱的反向饱和电流。当有光照时,就会产生很大的反向电流,而且光照越强该电流就越大)。有液滴通过输液管时,光敏二极管的电阻会变化,从而引起CH0端电压的变化,ADC0832将该电压值转换并被单片机读取。

工作时序如图8-9所示。当ADC0832未工作时,其$\overline{CS}$输入端应为高电平,此时芯片禁用,CLK和DO/DI的电平可任意。当要进行A/D转换时,须先将$\overline{CS}$使能端置于低电平并

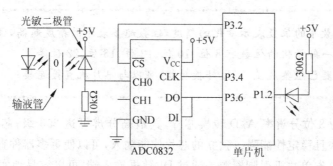

图 8-8 单片机与 ADC0832 的连接电路

且保持低电平直到转换完全结束。此时芯片开始转换工作，同时由处理器向芯片时钟输入端 CLK 输入时钟脉冲，DO/DI 端则使用 DI 端输入通道功能选择的数据信号。在第 1 个时钟脉冲下沉之前，DI 端必须是高电平，表示起始信号；在第 2、3 个脉冲下沉之前，DI 端应输入 2 位数据，用于选择通道功能。

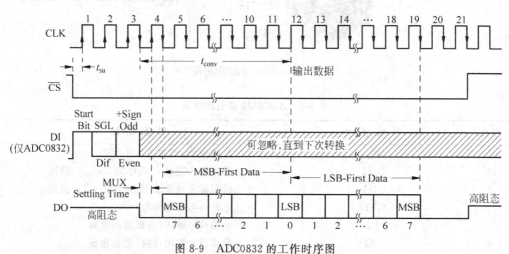

图 8-9 ADC0832 的工作时序图

根据时序图，读 ADC0832 的代码如下：

```c
#include <regx51.h>
    sbit CLK=P3^4;
    sbit DI=P3^6;
    sbit DO=P3^7;
    sbit CS=P3^2;
    sfr p2=0xA0;
    #define VMAX 5
void delay(int timer)
{
    while(--timer);
}
void pulse(void)
{
    CLK=1;
    delay(4);
```

```
    CLK=0;
}
unsigned char ADC0832(void)
{
    unsigned char i;
unsigned char a;
    delay(2);
    CS=0;
    a=0x07;                        //通道选择,07为1通道,06为2通道
    for(i=0;i<4;i++)
    {
        if(!(a&0x01))
        DI=0;
        else
          DI=1;
        a=a>>1;
        pulse();
    }
    a=0x00;
    for(i=0;i<8;i++)
    {
      pulse();
      a = a<<1;
      if(DO)
      a = a+1;
    }
    CS=1;
    return a;
}
main()
{
    unsigned char k;
    k=ADC0832()                    //读取A/D转换结果
    if(k>125)P1_2=0;
    else P1_2=1;                   //显示读取结果
    ...
}
```

8.4 使用TLV5618输出模拟量数据(实训十五)

小提示——单片机系统为什么要使用 D/A 转换芯片?

单片机能够编程的引脚,都只能处理二进制信号(即 0、1 两种状态),当单片机输出模拟信号时,通常在输出级要加上数字量/模拟量转换器,简称数/模转换器,即常说的 D/A 转换芯片。

一般 D/A 转换器的位数有 8 位、10 位、12 位、16 位、24 位等。

TLV5618 是美国 Texas Instruments 公司生产的带有缓冲基准输入的可编程双路 12 位数/模转换器。DAC 输出电压范围为基准电压的两倍,且其输出是单调变化的。该器件使用简单,用 5V 单电源工作,并带有上电复位功能以确保可重复启动。通过 CMOS 兼容的 3 线串行总线可对 TLV5618 实现读写控制,通过单片机输出 16 位数据产生模拟输出。数字输入端的特点是带有斯密特触发器,因而具有高的噪声抑制能力。由于是串行输入结构,能够节省单片机 I/O 资源,且价格适中、分辨率较高,因此在仪器仪表中有较为广泛的应用。

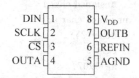

图 8-10 TLV5618 的引脚图

TLV5618 的引脚图如图 8-10 所示。引脚功能描述如表 8-3 所示。

表 8-3 TLV5618 引脚功能

编号	引脚名称	说　明	编号	引脚名称	说　明
1	DIN	串行时钟输入	5	AGND	模拟地
2	SCLK	串行数据输入	6	REFIN	基准电压输入
3	$\overline{\text{CS}}$	片选,低电平有效	7	OUTB	DACB 模拟输出
4	OUTA	DACA 模拟输出	8	V_{DD}	电源正极

单片机与 TLV5618 的连接如图 8-11 所示。

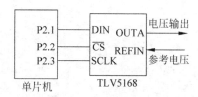

图 8-11 单片机与 TLV5618 连接

图 8-12 为 TLV5618 的工作时序图。当片选($\overline{\text{CS}}$)为低电平时,输入数据由时钟定时,以最高有效位在前的方式读入 16 位移位寄存器,其中前 4 位为编程位,后 12 位为数据位。SCLK 的下降沿把数据移入输入寄存器,然后 $\overline{\text{CS}}$ 的上升沿把数据送到 DAC 寄存器。所有 $\overline{\text{CS}}$ 的跳变应当发生在 SCLK 输入为低电平时。可编程位 D15～D12 的功能见表 8-4 所示。

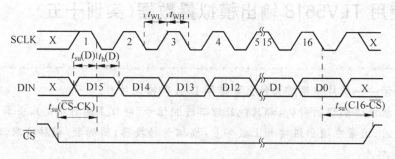

图 8-12 TLV5618 的工作时序图

表 8-4　可编程位 D15～D12 的功能

编　程　位				器　件　功　能
D15	D14	D13	D12	
1	X	X	X	把串行接口寄存器的数据写入锁存器 A 并用缓冲器锁存数据更新锁存器 B
0	X	X	0	写锁存器 B 和双缓冲锁存器
0	X	X	1	仅写双缓冲锁存器
X	1	X	X	14μs 建立时间
X	0	X	X	3μs 建立时间
X	X	0	X	上电(Power-up)操作
X	X	1	X	断电(Power-down)方式

下面是编程控制 TLV5618 输出三角波电压的代码,程序的参考电压为 2.5V。

```
# include <REGX51.H>                    //单片机头文件
# include <intrins.h>
# define uint unsigned int
# define uchar unsigned char
# define Channal_A 1                    //通道 A
# define Channal_B 2                    //通道 B
# define Channal_AB 3                   //通道 A&B
sbit DIN = P2^1;                        //数据输入端
sbit SCLK = P2^3;                       //时钟信号
sbit CS = P2^2;                         //片选输入端,低电平有效
//进行 D/A 转换函数,Dignum 是要转换的数据
void DA_conver(uint Dignum)
{
    uint Dig=0;
    uchar i=0;
    SCLK=1;
    CS=0;                               //片选有效
    for(i=0;i<16;i++)                   //写入 16 位的控制位和数据
    {
        Dig=Dignum&0x8000;
        if(Dig) DIN=1;
            else DIN=0;
        SCLK=0;
        _nop_();
        Dignum<<=1;
        SCLK=1;
        _nop_();
    }
    SCLK=1;
    CS=1;                               //片选无效
}
//模式、通道选择并进行 D/A 转换函数
//Data_A 是 A 通道转换的电压值,Data_B 是 B 通道转换的电压值
//Channal: 通道选择,其值为 Channal_A、Channal_B、或 Channal_AB
//Model 是速度控制位,0: slow mode,1: fast mode
```

```
void Write_A_B(uint Data_A,uint Data_B,uchar Channal,bit Model)
{
    uint Temp;
    if(Model) Temp=0x4000;
    else Temp=0x0000;
    switch(Channal)
    {
        case Channal_A:                                    //A 通道
            DA_conver(Temp|0x8000|(0x0fff&Data_A));
        break;
        case Channal_B:                                    //B 通道
            DA_conver(Temp|0x0000|(0x0fff&Data_B));
        break;
        case Channal_AB:
            DA_conver(Temp|0x1000|(0x0fff&Data_B));        //A&B 通道
            DA_conver(Temp|0x8000|(0x0fff&Data_A));
        break;
        default: break;
    }
}
main(void)
{
    uint i;
    Write_A_B(0x0355,0x0000,Channal_A,0);                  //A 通道
    Write_A_B(0x0000,0x0600,Channal_B,1);                  //测量 B 通道
    while(1)
    {
        for(i=0;i<0x0fff;i++)                              //三角波
        {
            Write_A_B(0xc000+i,0x0000,Channal_A,0);
            delay(5);                                      //延时
        }
    }
}
```

小知识——" _nop_();"语句的意义

1."nop"指令即空指令；

2.运行该指令时，它只是消耗 CPU 的时间，其他什么都不做，但是会占用一个指令的时间；

3." _nop_();"可以起简单的延时作用，当指令间需要延时时，可以插入该指令。

思考与练习

1. ADC0809 与 AT89S51 单片机接口时有哪些控制信号？作用分别是什么？使用 ADC0809 进行转换的主要步骤是怎样的？请简要进行总结。

2. 在一个由 AT89S51 单片机与一片 ADC0809 组成的数据采集系统中,ADC0809 的地址为 7FF8H~7FFFH。试画出有关逻辑框图,并编写出每隔一分钟轮流采集一次 8 个通道数据的程序,共采样 100 次,其采样值存入片外 RAM 3000H 开始的存储单元中。

3. 如何启动一个 ADC 进行 A/D 转换? 启动方式有几种? 单片机如何了解 ADC 是否转换结束? 判断转换结束的方式有几种?

4. 使用 DAC0832 时,单缓冲方式如何工作? 双缓冲方式如何工作? 它们各占用 AT98S51 外部 RAM 的哪几个单元? 软件编程有什么区别?

5. DAC0832 与 AT98S51 单片机连接时有哪些控制信号? 其作用是什么? 在什么情况下要使用 D/A 转换器的双缓冲方式? 试以 DAC0832 为例绘出双缓冲方式的接口电路。

6. 为什么内部没有输入锁存器的 D/A 转换器与单片机接口时,必须在单片机和 D/A 转换器之间增设锁存器或 I/O 接口芯片。

7. 在一个 AT89S51 单片机与一片 DAC0832 组成的应用系统中,DAC0832 的地址为 7FFFH,输出电压为 0~5V。试画出有关逻辑框图,并编写程序产生矩形波,其波形占空比为 1:4,高电平时电压为 2.5V,低电平时电压为 1.25V。

第9章
单片机与外部设备的总线技术

本章要点:

- 掌握单片机常用的总线;
- 能够根据芯片的时序图编制程序。

目前单片机外部设备常用的总线主要有 I²C 总线、SPI 总线、1-Wire 总线、CAN 总线、USB 总线等。单片机与外设之间常使用串行总线进行数据传输,这样可以节省单片机的接口资源。

9.1 I²C 总线接口

I²C 总线是由 NXP 公司(原 Philips 公司)开发的两线式串行总线,具有接口电路简单、控制简单、可进行系统的标准化设计、灵活性强、可维护性好等优点,目前已成为一种重要的串行通信总线,是在微电子通信控制领域广泛采用的一种新型总线标准。I²C 总线的最大长度是 4m,最高数据传输速率为 400kbps,能够以 10kbps 的最大传输速率支持 40 个组件。

1. I²C 总线的基本原理

I²C 总线使用二根信号线作为传输线,一根是双向的数据线 SDA,既可发送数据也可接收数据,另一根是时钟线 SCL。每个 I²C 器件均并联在这条总线上,而且每个 I²C 器件都有唯一的地址,可以通过软件寻址,通过地址来识别通信对象。

I²C 器件在通信时,一个器件作为产生串行时钟(SCL)的主机,而其他器件则作为从机,如图 9-1 所示。CPU 发出的控制信号分为地址码和数据码两部分:地址码用来选址,即接通需要控制的电路;数据码是通信的内容。这样各 I²C 器件虽然挂在同一条总线上,却彼此独立。

I²C 总线支持多主和主从两种工作方式,通常采用主从工作方式。在主从工作方式中,系统中只有一个主器件(单片机),其他器件都是具有 I²C 总线的外围从器件。在主从工作方式下,主器件启动数据的发送(发出启动信号),产生时钟信号,发出停止信号。

I²C 总线协议对传输时序有严格的要求,总线的数据传输时序如图 9-2 所示。总线上传送的每 1 帧数据均为 1 个字节,但启动 I²C 总线后,传送的字节数没有限制,只要求每传送 1 个字节后,对方回应 1 个应答位。在发送时,首先发送的是数据的最高位。每次传送开始时有开始信号,结束时有结束信号。在总线传送完 1 个字节后,可以通过对时钟线的控制,使传送暂停。

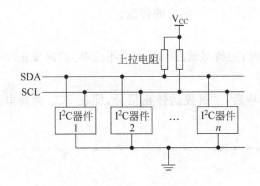

图 9-1 I^2C 总线系统的结构

图 9-2 I^2C 总线的数据传输时序

为了保证数据传送的可靠性,标准 I^2C 总线的数据传送有严格的时序要求,各信号解释如下。

1)发送启动(始)信号

进行数据传输时,首先由主机发出启动信号,启动 I^2C 总线。在 SCL 为高电平期间,SDA 出现上升沿则为启动信号。此时,具有 I^2C 总线接口的从机会检测到该信号。

2)发送寻址信号

主机发送启动信号后,再发出寻址信号。器件地址有 7 位和 10 位两种,这里只介绍 7 位地址寻址方式。7 位寻址字节的寻址信号由一个字节构成,高 7 位为地址位,最低位为方向位,用以表明主机与从机的数据传送方向。方向位为 0,表明主机接下来对从机进行写操作;方向位为 1,表明主机接下来对从机进行读操作。

主机发送地址时,总线上的每个从机都将这 7 位地址码与自己的地址进行比较,如果相同,则认为自己正被主机寻址,根据 $R/\overline{W}$ 位将自己确定为发送器或接收器。

从机的地址由固定部分和可编程部分组成。在一个系统中可能希望接入多个相同的从机,从机地址中可编程部分决定了该类器件可接入总线的最大数目。如一个从机的 7 位寻址位有 4 位是固定位,3 位是可编程位,这时仅能寻址 8 个同样的器件,即可以有 8 个同样的器件接入到该 I^2C 总线系统中。

3)应答信号

I^2C 总线协议规定,每传送一个字节数据(含地址及命令字)后,都要有一个应答信号,以确定数据传送是否被对方收到。应答信号由接收设备产生,在 SCL 信号为高电平期间,接收设备将 SDA 拉为低电平,表示数据传输正确,产生应答。

4)数据传输

主机发送寻址信号并得到从机应答后,便可进行数据传输,每次一个字节,但每次传输都应在得到应答信号后再进行下一字节的传送。

5）非应答信号

当主机为接收设备时，主机对最后一个字节不应答，以向发送设备表示数据传送结束。

6）发送停止信号

在全部数据传送完毕后，主机发送停止信号，即在 SCL 为高电平期间，SDA 上产生一上升沿信号。

> **小提示**
>
> 　　目前市场上很多单片机都已经集成有 I²C 总线，这类单片机在工作时，总线状态由硬件监测，无须用户介入，操作非常方便。但是 51 单片机并不具有 I²C 总线接口，可以通过软件模拟 I²C 总线的工作时序，并将其编辑成函数。在使用时，只需正确调用各个函数就能方便操作 I²C 总线器件。
>
> 　　随着 I²C 技术的广泛应用，传统的 7 位从器件地址（Slaver Addresses）已经无法满足实际需要，在改进的 I²C 总线协议中，增加了 10 位从地址寻址技术，这样就可以把从器件地址由原来的 100 多个扩充为 1024 个。

2. I²C 总线接口器件 AT24C0X 器件

AT24C0X 是 I²C 串行 E²PROM，X 表示存储器容量大小。该类存储器芯片采用 CMOS 工艺制造，内置高压泵，可在单电压 1.8～5.5V 宽电源范围内可靠工作，保证 100 000 次擦/写周期和有效保存数据 10 年。

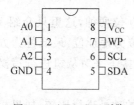

图 9-3　AT24C01 引脚

图 9-3 是 DIP8 封装形式的 AT24C01。其中 SCL 是串行时钟端，在 SCL 信号的上升沿时，系统将数据输入到每个 E²PROM 器件，在 SCL 信号的下降沿时，系统将数据输出；SDA 是串行数据端，该引脚为开漏极驱动，可双向传送数据；V_CC 是＋5V 的工作电源。当 WP 接高电平时，存储器被保护，禁止对器件进行任何写操作。

A0、A1、A2 是器件/页面寻址引脚，为器件地址输入端。 AT24C 系列 E²PROM 的型号地址高 4 位皆为 1010，器件地址中的低 3 位为引脚地址 A2、A1、A0。在一个单总线上，最多可连接 8 个 AT24CXX 器件（对于 AT24C01/AT24C02 来说），并可以通过 A2、A1、A0 来区分。对于 AT24C04 器件，未连接 A0；对于 AT24C08 器件，未连接 A0、A1；对于 AT24C04 器件，未连接 A0、A1、A2。图 9-4 给出了器件对应器件的地址，A2、A1、A0 表示由连接引脚的电平给定，P2、P1、P0 由软件编程给出。

向 AT24C01 写一个字节操作的时序如图 9-5 所示。单片机送出开始信号后，接着送控制字节，表示 ACK 位后面为待写入数据字节的字地址和待写入数据字节，最后是停止位的写入。

		MSD							LSB
AT24C01/02	1KB/2KB	1	0	1	0	A2	A1	A0	R/$\overline{W}$
AT24C04	4KB	1	0	1	0	A2	A1	P0	R/$\overline{W}$
AT24C08	8KB	1	0	1	0	A2	P1	P0	R/$\overline{W}$
AT24C16	16KB	1	0	1	0	P2	P1	P0	R/$\overline{W}$

图 9-4 AT24C0X 的地址描述

	1010000	0	ACK	xxxxxxxx	ACK	xxxxxxxx	ACK	
启动	器件地址	写	应答	存储地址	应答	数据	应答	停止

图 9-5 AT24C01 写数据的时序

从 AT24C01 读指定地址内容的操作如图 9-6 所示。操作顺序为开始位、写控制字(器件地址+R/$\overline{W}$ 位+ACK+存储地址+ACK)、读控制字(器件地址+R/$\overline{W}$ 位+ACK+读出数据+不应答位)、停止位。

	1010000	0	ACK	xxxxxxxx	ACK		1010000	1	ACK	xxxxxxxx	N0 ACK	
启动	器件地址	写	应答	存储地址	应答	启动	器件地址	读	应答	数据	不应答	停止

图 9-6 AT24C01 读数据的时序

9.2 单片机读写 AT24C0X 的程序(实训十六)

AT89S51 单片机与 AT24C0X(以 AT24C01 为例)连接的电路图如图 9-7 所示。图中 R_1、R_2 为上拉电阻(5.1kΩ),A0~A2 地址引脚均接地。AT89S51 的 P2.0 引脚连接 AT24C01 的 SDA 引脚,AT89S51 的 P2.1 引脚连接 AT24C01 的 SCL 引脚。$\overline{WR}$接地,表示可以对器件进行正常的读写两种操作。

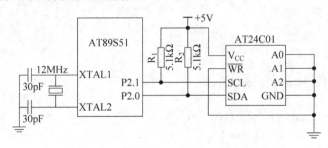

图 9-7 AT24C01 与单片机连接的电路图

读写代码如下:

```
#include <REGX51.H>
#include <intrins.h>
#define uchar unsigned char
#define uint unsigned int
#define AddWr 0xa0          //器件地址选择及写标志
#define AddRd 0xa1          //器件地址选择及读标志
```

```
/* 有关全局变量 */
sbit Sda= P2^0;                       //串行数据
sbit Scl= P2^1;                       //串行时钟
void mDelay(uchar j)
{
uint i;
for(;j>0;j--)
{
for(i=0;i<125;i--)
{;}
}
}
/* 起始条件 */
void Start(void)
{
Sda=1;
Scl=1;
_nop_();_nop_();_nop_();_nop_();
Sda=0;
_nop_();_nop_();_nop_();_nop_();
}
/* 停止条件 */
void Stop(void)
{
Sda=0;
Scl=1;
_nop_();_nop_();_nop_();_nop_();
Sda=1;
_nop_();_nop_();_nop_();_nop_();
}
/* 应答位 */
void Ack(void)
{
Sda=0;
_nop_();_nop_();_nop_();_nop_();
Scl=1;
_nop_();_nop_();_nop_();_nop_();
Scl=0;
}
/* 反向应答位 */
void NoAck(void)
{
Sda=1;
_nop_();_nop_();_nop_();_nop_();
Scl=1;
_nop_();_nop_();_nop_();_nop_();
Scl=0;
}
```

```
/*发送数据子程序,Data为要求发送的数据*/
void Send(uchar Data)
{
uchar BitCounter=8;                    //位数控制
uchar temp;                            //中间变量控制
do
{
temp=Data;
Scl=0;
_nop_();_nop_();_nop_();_nop_();
if((temp&0x80)==0x80)                  //如果最高位是1
Sda=1;
else
Sda=0;
Scl=1;
temp=Data<<1;                          //RLC
Data=temp;
BitCounter--;
}while(BitCounter);
Scl=0;
}
/*读一个字节的数据,并返回该字节值*/
uchar Read(void)
{
uchar temp=0;
uchar temp1=0;
uchar BitCounter=8;
Sda=1;
do{
Scl=0;
_nop_();_nop_();_nop_();_nop_();
Scl=1;
_nop_();_nop_();_nop_();_nop_();
if(Sda)                                //如果Sda=1
temp=temp|0x01;                        //temp的最低位置1
else
temp=temp&0xfe;                        //否则temp的最低位清零
if(BitCounter-1)
{
temp1=temp<<1;
temp=temp1;
}
BitCounter--;
}while(BitCounter);
return(temp);
}
void WrToROM(uchar Data[],uchar Address,uchar Num)
{
```

```
uchar i;
uchar  * PData;
PData=Data;
for(i=0;i<Num;i++)
{
Start();                            //发送启动信号
Send(0xa0);                         //发送 SLA+W
Ack();
Send(Address+i);                    //发送地址
Ack();
Send( * (PData+i));
Ack();
Stop();
mDelay(20);
}
}
void RdFromROM(uchar Data[ ],uchar Address,uchar Num)
{
uchar i;
uchar  * PData;
PData=Data;
for(i=0;i<Num;i++)
{
Start();
Send(0xa0);
Ack();
Send(Address+i);
Ack();
Start();
Send(0xa1);
Ack();
 * (PData+i)=Read();
Scl=0;
NoAck();
Stop();
}
}
void main()
{
uchar Number[4]={1,2,3,4};
WP= 1;
WrToROM(Number,4,4);               //将初始化后的数值写入 E²PROM
mDelay(20);
Number[0]=0;
Number[1]=0;
Number[2]=0;
Number[3]=0;                       //将数组中的值清掉,以验证读出的数是否正确
RdFromROM(Number,4,4);
}
```

9.3 SPI 接口

SPI 是串行外围设备接口的简称,是美国 Motorola 公司推出的一种应用在多种微处理器、微控制器以及外设之间的全双工、同步、串行数据接口标准。

SPI 总线是基于 3 线制的同步串行总线,它在速度要求不高、低功耗、需保存少量参数的智能化仪表及测控系统中得到广泛应用。使用 SPI 总线接口不仅能简化电路设计,还可以提高设计的可靠性。

SPI 总线采用 3 根(不含片选信号)或 4 根(含片选信号)信号线进行数据传输,Motorola 公司将 4 根信号线分别定义为:

(1) SCLK(Serial Clock),串行时钟线,主机启动发送并产生 SCLK,从机被动接收时钟;

(2) MISO(Master In Slave Out),主机输入从机输出线;

(3) MOSI(Master Out Slave In),主机输出从机输入线;

(4) $\overline{\text{SS}}$(Slave Select),从机器件选择信号,低电平有效。

实际使用过程中,许多 SPI 器件将 4 根信号线定义为:时钟线(SCLK)、数据输入线(SDI)、数据输出线(SDO)、片选线($\overline{\text{CS}}$)。

SPI 总线接口主要用于主从分布式的通信网,SPI 器件可工作在主模式或从模式下。系统主设备为 SPI 总线通信过程提供同步时钟信号,并决定从设备片选信号的状态,使能将要通信的 SPI 从机,未被选中的其他所有器件均处于高阻隔离状态。

典型的 SPI 总线构成的分布式测控系统如图 9-8 所示。

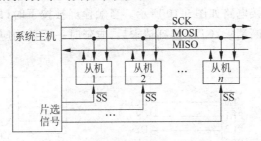

图 9-8 SPI 总线构成的分布式测控系统

在 SPI 总线通信时,通信可由主节点发起,也可由从节点发起。当主节点发起通信时,它可主动对从节点进行数据的读写操作。工作过程如下:首先选中要与之通信的从节点(通常片选端为低有效),而后送出时钟信号,读取数据信息的操作将在时钟的上升沿(或下降沿)进行。每送出 8 个时钟脉冲,从节点产生一个中断信号,该中断信号通知主节点一个字节已完整接收,可以发送下一个字节的数据。

SPI 接口进行数据通信时的时序图如图 9-9 所示(数据读写应在上升沿)。

SPI 模块为了和外设进行数据交换,可以根据外设工作要求,对其输出的串行同步时钟极性和相位进行配置。根据配置方式的不同,SPI 总线有 4 种不同的工作方式,如表 9-1 所示。

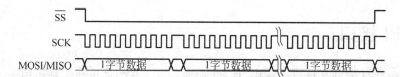

图 9-9　SPI 总线数据通信的逻辑时序图

表 9-1　SPI 通信接口模式

SPI 通信接口模式	CPOL	CPHA
0	0	0
1	0	1
2	1	0
3	1	1

表 9-1 中，如果 CPOL＝0，则串行同步时钟的空闲状态为低电平；如果 CPOL＝1，则串行同步时钟的空闲状态为高电平。时钟相位（CPHA）能够配置用于选择两种不同的传输协议之一进行数据传输。如果 CPHA＝0，则在串行同步时钟的第一个跳变沿（上升或下降）数据被采样；如果 CPHA＝1，则在串行同步时钟的第二个跳变沿（上升或下降）数据被采样。SPI 主机系统和与之通信的外设间时钟相位和极性应该一致。

目前采用 SPI 总线接口的器件很多，如 AK93C85A、AK93C10A、AT25010 存储器，以及 AD5302 数/摸转换器等。

【例 9-1】　触摸屏芯片 ADS7846/ADS7843 的编程。

ADS7846 芯片适合用在 4 线制触摸屏，操作简单，精度高。它通过标准 SPI 协议和 CPU 通信，与单片机连接电路如图 9-10 所示。当触摸屏被按下时（即有触摸事件发生），则 ADS7846 向 CPU 发中断请求，CPU 接到请求后，应延时一下再响应其请求，目的是消除抖动，使得采样更准确。

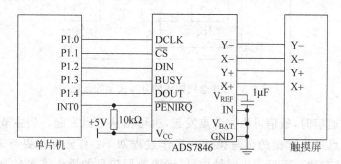

图 9-10　ADS7846 与单片机连接电路

与单片机连接，代码如下：

```
# include <REGX51.H>
# include<INTRINS.h>
sbit DCLK=P1^0;
sbit CS=P1^1;
sbit DIN=P1^2;
```

```
sbit DOUT=P1^3;
sbit BUSY=P1^4;

delay(unsigned char i)
 {
   while(i--);
 }


void start()                        //SPI 开始
 {
   DCLK=0;
   CS=1;
   DIN=1;
   DCLK=1;
   CS=0;
 }


WriteCh(unsigned char num)          //SPI 写数据
 {
   unsigned char count=0;
   DCLK=0;
   for(count=0;count<8;count++)
    {
     num<<=1;
     DIN=CY;
     DCLK=0; _nop_();_nop_();_nop_();    //上升沿有效
     DCLK=1; _nop_();_nop_();_nop_();
    }
 }

ReadCh()                            //SPI 读数据
 {
     unsigned char count=0;
     unsigned int Num=0;
     for(count=0;count<12;count++)
      {
       Num<<=1;
       DCLK=1; _nop_();_nop_();_nop_();    //下降沿有效
      DCLK=0; _nop_();_nop_();_nop_();
       if(DOUT) Num++;
      }
     return(Num);
 }

void RE_INT() interrupt 0           //外部中断 0,用来接收键盘发来的数据
 {
     unsigned int X=0, Y=0;
     delay(10000);                  //中断后延时以消除抖动,使得采样数据更准确
     start();                       //启动 SPI
     delay(2);
     WriteCh(0x90);                 //送控制字 10010000,即用差分方式读 X 坐标
```

```
        delay(2);
        DCLK=1; _nop_();_nop_();_nop_();_nop_();
        DCLK=0; _nop_();_nop_();_nop_();_nop_();
        X=ReadCh();
        WriteCh(0xD0);                  //送控制字 11010000,即用差分方式读 Y 坐标
        DCLK=1; _nop_();_nop_();_nop_();_nop_();
        DCLK=0; _nop_();_nop_();_nop_();_nop_();
        Y=ReadCh();
        CS=1;
        ...                             //根据读出的 X、Y 坐标处理
    }

main()
    {
        IE=0x83;                        //10000001，EA=1 中断允许
        IP=0x01;
        while(1);
    }
```

9.4 Microwire 接口

Microwire 总线是美国国家半导体公司的一项专利,是一种 3 线同步串行总线。该总线最初是内置在其公司的 COP400/CCOP800/PC 系列的单片机中,单片机通过该总线可以实现与外围元件的串行数据通信。

1. Microwire 串行总线协议

Microwire 总线是一种基于 3 线制串行通信的接口解决方案,3 根信号线分别是数据输出线 SO、数据输入线 SI 和时钟线 SK,有的 Microwire 总线器件还需要一根片选线。

SK 是串行移位时钟信号线,数据读写与 SK 上升沿同步,自动定时写周期不需要 SK 信号。SI 是串行数据输入信号线,接收来自单片机的命令、地址和数据。SO 是串行数据输出信号线,单片机从 SO 读取信息。

Microwire 总线系统的典型结构如图 9-11 所示。Microwire 总线系统每一时刻只能有一片单片机作为主机,由主机控制时钟线 SK,总线上的其他设备都是从设备。相对主机而言,SK、SI 是信号输出,SO 是信号输入。对于有多个从设备的 Microwire 总线系统,主机还需要控制从设备的片选信号状态,从而使能将要通信的 Microwire 从设备。

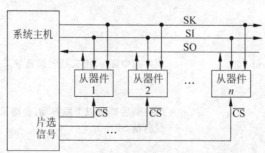

图 9-11 Microwire 总线系统的典型结构

Microwire 总线接口的工作时序图如图 9-12 所示。图中 CS 是片选信号。由于系统主机向设备写数据时，系统主机会忽略 SI 信号线上的数据，所以图中没有画出 SI 信号线的波形。

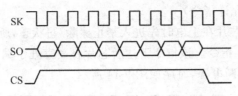

图 9-12　Microwire 主机向设备写数据时序

Microwire 总线通信时，主机通过 SK 时钟线发出时钟脉冲信号，从设备在时钟脉冲信号的同步沿输入/输出数据。主机通过片选信号选通 Microwire 从机后，发出时钟脉冲信号，主机和被选通的从设备在时钟的下降沿从各自的 SO 线输出一位数据，在时钟的上升沿从各自的 SI 线读入一位数据。在每个时钟周期内，总线上的主从设备都完成了发出一位数据和接收一位数据操作，实现了数据交换。

2. Microwire 接口芯片 93C46 简介

93C46 是 Microchip 公司的串行 E^2PROM，存储容量是 1kb(64×16)，采用 Microwire 总线结构进行读写。93C46 采用先进的 CMOS 技术，是理想的低功耗非易失性存储器器件，其擦除/读写周期寿命可达到 100 万次，片内写入的数据可保存 40 年以上，而且在数据写入周期前不需要进行擦除操作。

93C46 采用单电源供电，典型工作电流为 $200\mu A$，典型的备用电流是 $100\mu A$。

图 9-13 所示 93C46 采用 DIP8 封装。其中 CS 是片选输入，高电平有效。CLK 是同步时钟输入端，数据读写与 CLK 上升沿同步。DI 是串行数据输入端，接收来自单片机的命令、地址和数据。DO 是串行数据输出端。

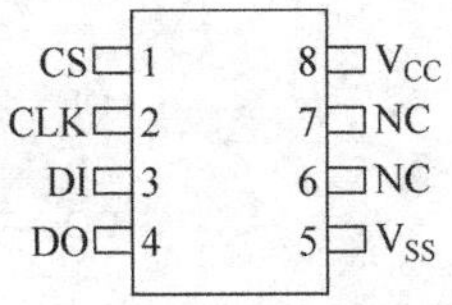

```
CS  ┤1    8├ Vcc
CLK ┤2    7├ NC
DI  ┤3    6├ NC
DO  ┤4    5├ Vss
```

图 9-13　93C46 引脚

单片机读写 93C46 时，CS 引脚出现的上升沿使 93C46 处于选通状态，在同步时钟 CLK 的作用下，指令和数据通过 DI 引脚输入 93C46。93C46 共支持 7 条主机发出的指令，表 9-2 是单片机操作 93C46 的所有指令。

表 9-2　单片机操作 93C46 的指令集

命令	含义	开始位	操作码	地址	读入数据	输出数据
READ	读数据	1	10	A5~A0	—	D15~D0
WRITE	写数据	1	01	A5~A0	D15~D0	RDY/BSY
ERASE	擦除数据	1	11	A5~A0	—	RDY/BSY
EWEN	擦除/写允许	1	00	11xxxx		High-Z
EWDS	擦除/写禁止	1	00	00xxxx		High-Z
ERAL	擦除所有数据	1	00	10xxxx		RDY/BSY
WRAL	写所有数据	1	00	01xxxx	D15~D0	RDY/BSY

在主机发出的指令格式中，指令代码最高位 MSB 是指令代码序列的起始位，该位必须是

逻辑 1。紧跟起始位后的是 8 位数据，包括 2 位指令代码和 6 位即将访问的寄存器单元地址。

实际读写 93C46 的存储内容时，一般只用到 EWEN（擦除/写允许）、WRITE（写）和 READ（读）等几个指令。下面对这几个指令给出时序和简单说明。

1）EWEN（擦除/写允许指令）

为保证数据完整性，芯片在上电时先进入禁止擦除/写状态，所以在执行其他指令（除了读）之前先要执行 EWEN 指令。该指令下达后芯片将一直处于编程允许状态，除非下禁止操作指令（EWDS）或者关断电源，时序如图 9-14 所示。

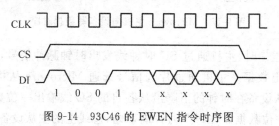

图 9-14　93C46 的 EWEN 指令时序图

2）READ（读指令）

READ（读指令）是从指定的地址读入 16 位数据，时序如图 9-15 所示。首先，起始位后，单片机发出 2 位指令代码和 6 位即将读的存储单元地址。在 16 个有效数据位输出之前，一个逻辑 0 的电平空位首先被传送，所有从 DO 引脚串行输出的数据都是在 CLK 的上升沿发生改变。

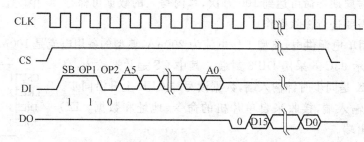

图 9-15　93C46 的 READ 指令时序图

3）WRITE（写指令）

WRITE（写指令）是向指定的地址写入 16 位数据，时序如图 9-16 所示。首先，起始位后，单片机发出 2 位指令代码和 6 位即将写的存储单元地址，紧跟着写入 16 位数据。

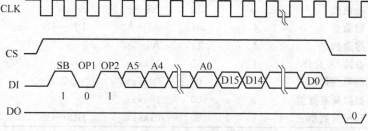

图 9-16　93C46 的写指令时序图

9.5　单片机读写 E^2PROM 芯片 93C66（实训十七）

图 9-17 是 93C66 与单片机的接口电路图。

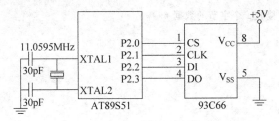

图 9-17　93C66 与单片机的接口电路图

单片机读写 93C66 的程序如下：

```
# include<REGX51.H>
# define uchar unsigned char
# define High 1                   //定义高电平
# define Low 0                    //定义低电平
# define READ_D 0x0C              //读指令
# define WRITE_D 0x0A             //写指令
# define ERASE_D 0x0E             //擦除指令
# define EN_D 0x09                //擦/写允许指令
# define EN_RD 0x80

sbit CS=0x90;                     //CS 为 P2.0
sbit SK=0x91;                     //SK 为 P2.1
sbit DI=0x92;                     //DI 为 P2.2
sbit DO=0x93;                     //DO 为 P2.3
/ ********** 延时函数 *********** /
void delay(uchar n)
{
 uchar i;
 for(i=0;i>n;i++);
}
/ ******** 时钟函数 ******** /
void i_clock(void)
{
 SK=Low;
 delay(1);
 SK=High;
delay(1);
}
/ *** 向 AT93C66 写一个字节的数据 *** /
void send(uchar i_data)
{
 uchar i;
 for(i=0;i<8;i++)
```

```
            {
                DI=(bit)(i_data&0x80);
                i_data<<=1;
                i_clock();
            }
}
/ **** 从 AT93C66 接收 1 个字节的数据 **** /
uchar receive(void)
{
    uchar i_data=0;
    uchar j;
    i_clock();
    for(j=0;j<8;j++)
        {
            i_data *=2;
            if(DO)i_data++;
            i_clock();
            delay(2);
        }
    return(i_data);
}
/ * 发送读指令和地址,从 AT93C66 指定的地址中读取数据 * /
uchar read(uchar addr)
    {
        uchar data_r;
        CS=1;                        //片选
        send(READ_D);                //送读指令
        send(addr);                  //送地址
        data_r=receive();            //接收数据
        CS=0;
        return(data_r);
    }
/ *** 擦写允许操作函数 *** /
void enable(void)
    {
        CS=1;
        send(EN_D);                  //送使能指令
        send(EN_RD);
        CS=0;
    }
/ *** 擦除 AT93C66 中指定地址的数据 *** /
void erase(uchar addr)
{
    DO=1;
CS=1;
send(ERASE_D);                       //送擦除指令
send(addr);
CS=0;
delay(4);
CS=1;
while(!DO);                          //等待擦除完毕
```

```
    CS=0;
}
/* 将一个字节数据写入 AT93C66 指定的地址中 */
void write(uchar addr)
{
    enable();                          //擦写允许
    erase(addr);                       //写数据前擦除同样地址的数据
    CS=1;
    send(WRITE_D);                     //送写指令
    send(addr);                        //送地址
    CS=0;
    delay(4);
    CS=1;
    delay(4);
    while(!DO);                        //等待写完
    CS=0;
}
```

9.6 1-Wire 接口

1-Wire 总线(单总线)是 Dallas 公司的一项专利技术,总线的数据传输采用单根信号线。单总线具有节省 I/O 口线资源、结构简单、成本低廉、便于总线扩展和维护等诸多优点,逐渐被广泛应用于民用电器、工业控制等领域。目前,单总线器件主要有数字温度传感器(如 DS18B20)、A/D 转换器(如 DS2450)门禁、身份识别器(如 DS1990A);单总线控制器(如 DSIWM)等。

1. 1-Wire 数据通信协议

单总线适用于单主机系统,即系统有一个主机,其他都是从设备,主机控制一个或多个从机设备。主机可以是微控制器,从机可以是单总线器件,它们之间的数据交换是通过一条信号线完成。当只有一个从机设备时,系统可按单节点系统操作;当有多个从机设备时,系统则按多节点系统操作。图 9-18 是单总线多节点系统的示意图。单总线只有一根数据线,数据交换、控制都由这根线完成,该信号线既传输时钟,又传输数据,而且数据传输是双向的。单总线通常要求外接一个约为 4.7kΩ 的上拉电阻。

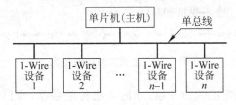

图 9-18 单总线多节点系统

所有采用 1-Wire 总线的器件都具有唯一的标识码,既可以作为产品身份标识,又可以作为多节点应用中的地址标识,因此,单片机系统中无须再为 1-Wire 器件人工分配网络的物理地址。

　　1-Wire 器件工作电源既可在远端引入，电压范围是 3.0～5.5V，也可采用寄生电源方式产生（即直接从单总线上获得足够的电源电流），大多数 1-Wire 器件是寄生供电方式。

　　1-Wire 器件要求采用严格的通信协议，要求按照严格的命令顺序和时序操作，以保证数据的完整性。该协议定义了几种信号：复位脉冲、应答脉冲、写 0、写 1、读 0 和读 1，所有这些信号，除了应答脉冲以外，都由主机发出，并且发送所有的命令和数据都是字节的低位在前。

　　与 1-Wire 单总线器件的通信是通过操作时隙来完成 1-Wire 的。每个通信周期起始于微控制器发出的复位脉冲，其后紧跟 1-Wire 单总线器件响应的应答脉冲，复位及应答时序如图 9-19 所示。当从机发出响应主机的应答脉冲时，即向主机表明它处于总线上，且工作准备就绪。在主机初始化过程中，主机通过拉低单总线至少 480μs 以产生复位脉冲，接着主机释放总线并进入接收模式。当总线被释放后，4.7kΩ 上拉电阻将单总线拉高。在从机检测到上升沿时，延时 15～60μs，接着通过拉低总线 60～240μs 以产生应答脉冲。

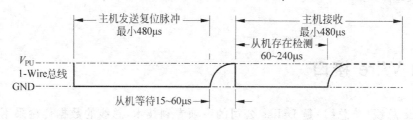

图 9-19　复位及应答时序

　　数据的通信是通过读写时隙来完成的，时序图如图 9-20 所示。在写时隙期间，主机向单总线器件写入数据，而在读时隙期间，主机读入来自从机的数据。在每一个时隙，总线只能传输一位数据。主机采用写 1 时隙向从机写入 1，写 0 时隙向从机写入 0。所有写时隙至少需要 60μs，且在两次独立的写时序之间至少需要 1μs 的恢复时间。两种写时序均起始于主机拉低总线。产生写 1 时序的方式是在主机拉低总线后，接着在 15μs 之内释放总线，由 4.7kΩ 上拉电阻将总线拉至高电平。而产生写 0 时序的方式是在主机拉低总线后，只需在整个时隙期间保持低电平至少 60μs 即可。

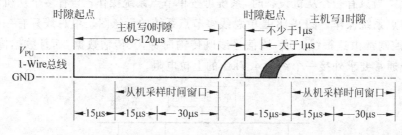

图 9-20　主机写时隙时序图

　　单总线器件仅在主机发出读命令后，才向主机传输数据，所以，在主机发出读数据命令后，必须马上产生读时隙，以便从机能够传输数据。所有读时隙至少需要 60μs，且在独立的读时隙之间至少需要 1μs 的恢复时间。每个读时隙都由主机发出，至少拉低总线 1μs，如图 9-21 所示。在主机发出读时隙之后，单总线器件才开始在总线上发送 0 或 1。因此，主机在读时序期间必须释放总线，并且在时序起始后的 15μs 之内采样总线状态。

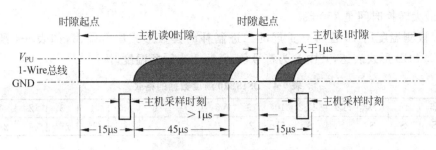

图 9-21 主机读时隙时序图

单总线命令序列如下：

第一步：初始化；

第二步：ROM 命令（跟随需要交换的数据）；

第三步：功能命令（跟随需要交换的数据）。

1）初始化

单总线上的所有传输过程都是以初始化开始的，初始化过程由主机发出的复位脉冲和从机响应的应答脉冲组成，应答脉冲使主机知道总线上有从机设备且准备就绪。

2）单总线命令

表 9-3 是单总线命令集。

表 9-3　单总线命令集

命令	内容	功能描述
搜索 ROM	F0H	主机通过重复执行搜索 ROM 循环，可以找出总线上所有的从机设备，从机设备返回其 ROM 代码
读 ROM	33H	使主机读出从机的 ROM 代码
匹配 ROM	55H	发出该命令后，主机接着发送某个指定从机设备的 64 位 ROM 代码。仅 64 位 ROM 代码完全匹配的从机设备才会响应主机随后发出的功能命令
跳越 ROM	CCH	使用该命令主机能够同时访问总线上的所有从机设备
开始转换	44H	DS18B20 收到该命令后立该开始温度转换
读出转换值	BEH	该命令可以从 DS18B20 读出温度值

2. 1-Wire 接口芯片 DS18B20 简介

DS18B20 是 Dallas 公司生产的 1-Wire 总线接口的数字温度传感器，具有结构简单、操作灵活、无需外接电路的优点。其小体积的 TO-92 封装形式，引脚排列如图 9-22 所示。其中 DQ 为数字信号输入/输出端，GND 为电源地，V_{DD} 为外接电源输入端（在寄生电源接线方式时该引脚接地）。

DS18B20 还有以下特点：

（1）温度测量范围为 $-55 \sim +125℃$，分辨率可达 $0.0625℃$，误差为 $0.5℃$。

（2）DS18B20 的温度转换时间与设定的分辨率有关，当设为

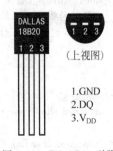

图 9-22 DS18B20 引脚

12 位时最大转换时间是 750ms。

（3）被测温度用 16 位符号扩展的二进制补码读数形式串行输出，如表 9-4 所示。以 0.0625℃/LSB 形式表达，其中 S 为符号位，S = 1 表示负温度。

表 9-4　DS18B20 温度数据的格式

位	15	14	13	12	11	10	9	8	7	6	5	4	3	2	1	0
描述	S	S	S	S	S	2^6	2^5	2^4	2^3	2^2	2^1	2^0	2^{-1}	2^{-2}	2^{-3}	2^{-4}

例：+125℃的数字输出为 07D0H，+25.0625℃的数字输出为 0191H，−25.0625℃的数字输出为 FF6FH，−55℃的数字输出为 FC90H。

9.7　DS18B20 的编程（实训十八）

DS18B20 与单片机的接口电路如图 9-23 所示。单片机使用 12MHz 晶振，单片机的 P2.2 引脚作为数据线，数据线有 4.7kΩ 的上拉电阻。DS18B20 采用独立电源方式供电。

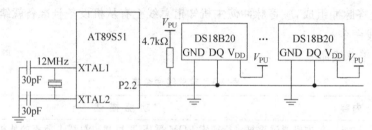

图 9-23　DS18B20 与单片机的接口电路

单片机 AT89S51 读取 DS18B20 温度值的流程如图 9-24 所示。其中 AT89S51 读 16 位温度数据的过程分两步，先读低 8 位温度数据，再读高 8 位温度数据。

下面是单片机读取 DS18B20 的程序（略掉读出的 16 位温度补码转换计算程序）。

```
#include<REGX51.H>
#include<INTRINS.h>
sbit DS18B20_DQ = P2^2;
//延时函数
void delay_us (unsigned int us)
{
    for(;us>0;us--);
}
//初始化
unsigned char reset_pulse(void)
{
    unsigned char flag=0;
    DS18B20_DQ=1;
    _nop_();
    DS18B20_DQ=0;         //拉低约 600μs
```

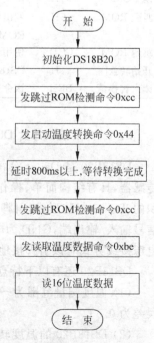

图 9-24　DS18B20 操作流程图

流程图内容：
开　始
初始化DS18B20
发跳过ROM检测命令0xcc
发启动温度转换命令0x44
延时800ms以上，等待转换完成
发跳过ROM检测命令0xcc
发读取温度数据命令0xbe
读16位温度数据
结　束

```
    delay_us(40);
    DS18B20_DQ=1;
    delay_us(12);
    while(DS18B20_DQ);                   //检测DS18B20应答
    return 0;
}
/* 从DS18B20读1个字节 */
unsigned char read_byte(void)
{
    unsigned char i,tmp;
    tmp=0;
    for(i=0;i<8;i++)
    {
        tmp>>=1;
        DS18B20_DQ=1;
        _nop_(); _nop_();
        DS18B20_DQ=0;                    //产生一个下降沿,开始一个读时隙
        delay_us(7);                     //延时至少1μs
        DS18B20_DQ=1;                    //释放总线
        delay_us(20);                    //延时至少15μs
        if(DS18B20_DQ) tmp|=0x80;
        delay_us(60);
    }
    return tmp;
}
/* 向DS18B20写1字节命令 */
void write_command(unsigned char cmd)
{
    unsigned char i;
    for(i=0;i<8;i++)
    {
        DS18B20_DQ=1;
        if(cmd&0x01)
        {
            DS18B20_DQ=0;                //产生下降沿,开始一个写1时隙
            DS18B20_DQ=1;                //释放总线
            delay_us(5);                 //延时至少60μs
        }
        else
        {
            DS18B20_DQ=0;                //产生下降沿,开始一个写0时隙
            delay_us(5);                 //保持最少60μs
            DS18B20_DQ=1;
        }
        cmd>>=1;
    }
}
/* 读取DS18B20温度值 */
unsigned int get_temperature_data()
{
    unsigned char temp0,temp1;
```

```
        reset_pulse();                    //启动一次温度测量
        write_command(0xCC);              //忽略 ROM 匹配操作
        write_command(0x44);              //开始温度转换命令
        …                                 //延时至少 800ms,等待转换结束
        reset_pulse();
        write_command(0xCC);              //忽略 ROM 匹配操作
        write_command(0xBE);              //读取温度寄存器命令

        temp0 = read_byte();              //读温度低字节
        temp1 = read_byte();              //读温度高字节
        reset_pulse();                    //终止继续传输后续字节
        return(temp0<<8+temp1);
    }
    main()
    {
    get_temperature_data();
    }
```

9.8　USB 接口

USB 是通用串行总线的简称,具有安装方便、带宽高、易于扩展、支持热插拔等优点。采用 USB 接口的设备产品逐年增加,现在 USB 接口开始应用于工业级的实时通信和控制中。USB 总线内置电源线,可以向外设提供电压为 5V、最高电流为 500mA 的电源。USB 总线的传输线如图 9-25 所示,其中 D+、D− 是 USB 接口引脚。

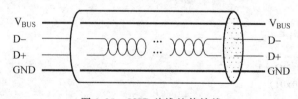

图 9-25　USB 总线的传输线

9.8.1　USB-to-RS-232 转换芯片 CP2102 和 PL-2303

1. USB-to-RS-232 转换芯片 CP2102

CP2102 是 Silabs 公司推出的一款高集成度专用通信芯片,该芯片能够实现 USB 和 UART 两种数据格式之间的转换,可用于 USB 转 RS-232/RS-485/RS-422 串行适配器、数码相机与 PC 的 USB 通信、手机与 PC 的 USB 通信、PDA 与 PC 的 USB 通信以及 USB 条形码阅读器接口等。

CP2102 的引脚描述如图 9-26 所示。其中 D+、D− 是 USB 接口引脚,RI、DCD、CTS、RTS、RXD、TXD、DSR、DTR 是 RS-232 接口引脚。该芯片集成了一个符合 USB 2.0 标准的全速功能控制器、E^2PROM、缓冲器和带有调制解调器接口信号的异步串行数据总线 (RS-232 协议),同时还具有一个集成的内部时钟和 USB 收发器,无须其他外部 USB 电路

元件。高性能的 CP2102 与其他型号的同类芯片相比功耗更低、体积更小、集成度更高(无须外接元件)。

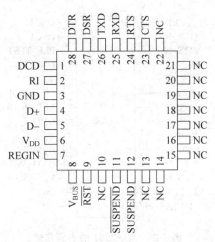

图 9-26　CP2102 的引脚描述图

CP2102 有如下特点:

(1) 较小封装。CP2102 为 28 脚 5mm×5mm MLP 封装。

(2) 高集成度。CP2102 内置了 E^2PROM、稳压器、USB 收发器和集成式内部振荡器,因而可以简化系统设计。此器件还包含完整的 USB 2.0 全速(full-speed)装置控制器、桥接控制逻辑以及包括传送/接收缓冲器和调制解调器握手信号(handshake signal)在内的 UART 接口,这些功能都集成在一个 5mm×5mm 的小型封装中。片内集成 512 字节 E^2PROM(用于存储厂家 ID 等数据)、收发器,无须外部电阻;集成时钟,无须外部晶体。电路简单,最多只需要 3 个电容和 2 个电阻,不需要外接晶振。

(3) 低成本。CP2102 的 USB 功能无须外部元件,而大多数其他 USB 器件则需要额外的终端晶体管、上拉电阻、晶振和 E^2PROM。具有竞争力的器件价格、简化的外围电路以及无成本驱动支持,使得 CP2102 在成本上的优势远超过其他解决方案。

(4) 具有低功耗、高速度的特性,符合 USB 2.0 规范,适合于所有的 UART 接口(波特率为 300bps～921.6kbps)。

Silabs 公司为 CP2102 提供了基于 PC 和 Mac 操作系统平台的免费器件驱动程序。使用时,CP2102 的 RS-232 输入和输出信号均为 TTL 电平,可以直接应用到单片机系统。它的使用与普通的 USB 外设相同,当第一次带电插入 PC USB 接口时,系统会提示安装相应的驱动程序,驱动程序可从公司网站上下载。驱动程序安装完后,系统会自动增加一个 COM 口,用户就可以按照传统的串行口控制方式来使用这个虚拟的 COM 口了。

2. USB-to-RS-232 转换芯片 PL-2303

PL-2303 是 Prolific 公司生产的 USB 与 RS-232 转换桥控制器,USB 端完全兼容 USB 1.1 标准,RS-232 端可以通过设置实现 75～1 228 800bps 的传输速率。PL-2303 上传和下传都有 256B 的缓冲区,内置的 ROM 存储了设备的传输参数,也可以使用外置 E^2PROM 自定义传输参数。支持 Windows 98/SE、ME、2000、XP,Windows CE3.0、CE. NET,Linux、

Mac OS 等操作系统。PL-2303 采用 28 引脚的 SOIC 封装形式，USB 接口使用 bulk 传输方式，串口支持握手协议。PL-2303 的引脚描述如图 9-27 所示。

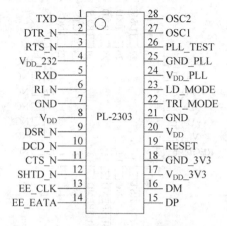

图 9-27　PL-2303 的引脚描述

9.8.2　单片机系统的 USB 接口设计实例

1. 接口电路

CP2102 与单片机、计算机的连接电路如图 9-28、图 9-29 所示。

（1）CP2102 与计算机连接时，系统会提示发现新硬件，并要求安装驱动程序。使用厂商免费提供的驱动程序，将计算机的 USB 口虚拟成一个 COM 口（一般是 COM3）。

（2）单片机端、计算机端使用普通操作串口的程序访问虚拟 COM 口。

图 9-28 是 CP2102 芯片的 USB 转串口模块，一端直接连接到计算机的 USB 口，并由计算机的 USB 口供电，另一端和单片机相连。

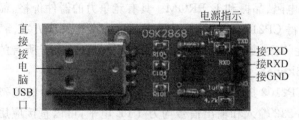

图 9-28　CP2102 芯片的 USB 转串口模块

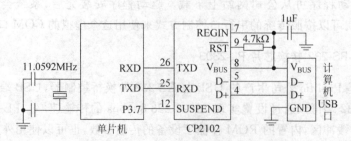

图 9-29　CP2102 与单片机、计算机的连接电路

2. CP2102、PL-2303 在 Windows 环境下的编程

在 Windows 环境下,以上两个器件安装了相应的驱动程序后,会在 Windows 中找到对应的虚拟 COM 口,在 Windows 的开发程序(如 VB、C++)中对该虚拟 COM 口进行编程即可。编程语句与实际的 COM 口相同。

思考与练习

1. DS1302 是美国 Dallas 公司推出的一种高性能、低功耗、带 RAM 的实时时钟电路,它可以对年、月、日、时、分、秒进行计时,具有闰年补偿功能,工作电压为 2.5~5.5V,采用 3 线接口与 CPU 进行同步通信。查找该芯片资料,设计电路,结合液晶实现万年历功能。

2. TMP101 是 TI 公司生产的 12 位低功耗、高精度数字温度传感器,它采用 I^2C 接口。查找该芯片资料,设计电路,结合液晶实现温度测试。

3. 使用 DS18B20,结合液晶实现温度测试。

4. 购买 USB-to-RS-232 转换线(CP2102 芯片的),编程实现计算机与单片机的通信。

5. 93C46 是 SPI 接口的 E^2PROM,结合液晶实现数据存储。

第10章
单片机应用系统设计技术

本章要点:

- 掌握单片机应用系统设计的基本原则和一般过程;
- 掌握单片机应用系统模块化设计的方法;
- 掌握单片机应用系统实际应用和抗干扰方法。

单片机应用系统由硬件和软件两部分组成,应用系统的硬件和软件设计各不相同,但总体设计方法和研制步骤基本相同。本章着重介绍单片机应用系统的设计方法以及一些实用技术。

10.1 单片机应用系统设计的基本原则

所谓单片机应用系统,就是为达到某种应用目的而设计的以单片机为核心的专用系统(在调试过程中通常称为目标系统)。单片机的应用系统和一般的计算机应用系统一样,也是由硬件和软件所组成。硬件由单片机、扩展的存储器、输入/输出设备、控制设备、执行部件等组成;软件是各种控制程序的总称。

硬件和软件只有紧密相结合,协调一致,才能组成高性能的单片机应用系统。在系统的研制过程中,软、硬件的功能总是在不断地调整,以便相互适应,相互配合,以达到最佳性能价格比。单片机应用系统的基本设计原则是:可靠性高、性能价格比高、操作简便、设计周期短。

1. 可靠性高

可靠性是指系统在规定的条件下、规定的时间内完成规定功能的能力。规定的条件包括环境条件(如温度、湿度、振动等)、供电条件等;规定的时间一般指平均无故障时间、连续正常运行时间等;规定的功能随单片机的应用系统不同而不同。

单片机应用系统的可靠性是一项最重要最基本的技术指标,在系统设计的每一个环节,都应该将可靠性高作为首要的设计准则。

单片机应用系统在实际工作中,可能会受到各种外部和内部的干扰,使系统工作产生错误或故障,为了减少这种错误和故障,就要采取各种提高可靠性的措施,其中抗干扰措施在硬件电路设计中尤为重要。

通常,可靠性设计可以从以下 7 个方面进行考虑:

(1)提高元器件的可靠性。注意选用质量好的电子元器件、接插件;要进行严格的测试、筛选和老化。同时,设计的技术参数应留有余量。

(2) 优化系统结构。优化的电路设计和合理的编程软件可以进一步提高系统运行的可靠性。

(3) 严格安装硬件设备及电路,提高印刷电路板和组装的质量。设计电路板时,布线及接地方法要符合要求。设计电路板一般采用电子设计自动化软件 Protel99。Protel99 具有强大的功能,成为电路设计不可或缺的工具,有关内容由专门课程讲解。

(4) 采取必要的抗干扰措施,以防止环境干扰(如空间电磁辐射、强电设备启停、酸碱环境腐蚀等)、信号串扰、电源或地线干扰等影响系统的可靠性。

(5) 作必要的冗余设计或增加自动检测与诊断功能。冗余设计是通过增加完成同一功能的备用单元或备份信息或重复操作来提高系统可靠性的一种设计方法。自动检测与诊断功能,可以通过在线的测试与诊断,及时地测试出故障区域,判定动作与功能的正常性。

(6) 电路设计时要注意电平匹配和阻抗匹配。在应用系统的电路设计时,会有很多外围电路,由于 TTL 电路和 CMOS 电路的逻辑电平有差异,CMOS 电路的逻辑电平与电源有关,TTL 电路的逻辑电平在电源值给定时,符合标准规范。当一个电路既有 TTL 集成电路器件又有 CMOS 集成电路器件时,若不经过电平转换,将会造成逻辑的混乱,使电路无法正常工作。因此在硬件设计时,必须选择合适的 TTL 和 CMOS 接口,以保证外围电路的逻辑电平匹配。另外设计时要充分考虑阻抗匹配,各部分间驱动能力要留有余地。

(7) 电路设计时要注意发热元器件的散热问题,特别在印制板的设计时要充分考虑,电路散热设计是关乎可靠性的原则问题。

2. 性能价格比高

单片机具有体积小、功耗低、性能价格比高等特点。在保证性能要求和可靠性的条件下,尽量选用廉价的元器件和经济型单片机,以降低成本。

3. 操作简便

如果所设计的产品人机交换过多,必然会给用户操作带来一定困难,也不利于最大限度地降低劳动强度。设计时要做到操作尽量简便。

4. 设计周期短

只有缩短设计周期,才能有效地降低设计费用,充分发挥新系统的技术优势,及早占领市场从而具有一定的竞争力。

10.2 单片机应用系统设计的一般过程

单片机的应用领域极为广泛,不同领域技术要求各不相同。用单片机组成应用系统时,涉及的实际问题不同,要求也各不相同,组成的方案也会千差万别,很难有一个固定的模式适应一切问题,但考虑问题的基本方法和设计过程大体相似。单片机应用系统的研制开发过程就是从提出任务到正式投入运行的过程,包括确定任务、总体设计、硬件设计、软件设计、在线仿真调试、程序固化等几个阶段。下面分别叙述几个阶段所完成的工作。

10.2.1 确定任务

在设计单片机应用系统前必须明确应用系统的功能和技术指标。首先要对应用对象的工作过程进行深入调查分析和细致研究，明确单片机系统所要完成的任务、控制对象的状况及所要达到的技术指标，例如功能要求、信号的种类和数量、应用的环境等，然后再综合考虑系统的先进性、可靠性、可维护性以及成本、经济效益等，拟订出合理可行的技术性能指标，以达到最高的性能价格比。

10.2.2 总体设计

在对应用系统进行总体设计时，应根据应用系统提出的各项技术性能指标，对单片机系统各部分的构成进行一个总体的构想，论证拟订出性价比最高的一套方案。总体方案设计中主要考虑系统构成、控制算法的确定、机型和外围器件的选择、划分软硬件的任务等几个方面。

1. 系统构成

确定整个单片机系统的组成部分，例如显示、键盘、输入通道、输出通道、打印、通信等。

2. 单片机机型的选择

首先，应根据任务的繁杂程度和技术指标要求（例如可靠性、精度和速度）选择机型。机型选择的出发点及依据，可根据市场情况，挑选成熟、稳定、货源充足的机型产品。同时还应根据应用系统的要求考虑所选的单片机应具有较高的性能价格比。所选机型性能应符合系统总体要求，且留有余地，以备后期更新。

另一方面为提高效率，缩短研制周期，最好选用最熟悉的机种和器件。采用性能优良的单片机开发工具也能加快系统的研制过程。

在目前情况下，AT89S 系列单片机带有 1～8KB Flash ROM，规格齐全，开发装置完善，速度和价格也比较理想，是一个理想的首选机型。选择大容量 AT89S 系列单片机基本上可以不用扩展程序存储器和数据存储器。

3. 外围器件选择

应用系统除单片机以外，通常还有执行器件、传感器、模拟电路、输入/输出接口电路、存储器等器件和设备。选定机型后，还要选择系统中用到的外围元器件，这些部件的选择应满足系统的精度、速度和可靠性等方面的要求。整个系统中的相关器件要尽可能做到性能匹配。例如，选用晶振频率较高时，存储器的存取时间就短，应选择存取速度较快的芯片；选择 CMOS 型单片机构成低功耗系统时，系统中的所有芯片都应该选择低功耗产品。如果系统中相关器件性能差异很大，则系统的综合性能将降低，甚至不能正常工作。

4. 软硬件功能划分

在总体方案设计过程中，对软件和硬件进行分工是一个首要的环节。软硬件所承担的任务明确之后,则可以分别确定出软硬件各自的功能及实现的方案。系统硬件和软件的设计是紧密联系在一起的,在某些场合硬件和软件具有一定的互换性。原则上,能够由软件来完成的任务就尽可能用软件来实现,以降低硬件成本,简化硬件结构,提高可靠性,但是这可能会降低系统的工作速度。若为了提高工作速度、精度、减少软件研制的工作量、提高可靠性,一些软件任务也可采用硬件来完成。总之,硬软件两者是相辅相成的,可根据实际应用情况来合理选择。

同时,总体设计还要求大致规定各接口电路的地址、软件的结构和功能、上下位机的通信协议、程序的驻留区域及工作缓冲区、系统的加密方案等。总体方案一旦确定,系统的大致规模及软件的基本框架就确定了。

10.2.3 硬件设计

硬件设计就是在总体方案的指导下,对构成单片机应用系统的所有功能部分进行详细具体的电路设计,设计出各部分硬件电路原理图,搭建具体电路进行实验检测(例如面包板电路)。硬件设计时,应考虑留有充分余量,电路设计力求正确无误,因为在系统调试中不易修改硬件结构。硬件设计的主要任务是根据总体设计要求,以及在所选机型的基础上,确定系统扩展所要用的存储器、I/O 电路、A/D、D/A 转换电路以及有关外围电路等,然后设计出系统的电路原理图。

1. 程序存储器的设计

通常尽可能选择满足系统程序容量要求的机型,而不再进行程序存储器的扩展。若单片机内无片内程序存储器或存储容量不够时,需外部扩展程序存储器。外部扩展的存储器通常选用 EPROM 或 E^2PROM 两种芯片,EPROM 集成度高、价格便宜,E^2PROM 则容易编程。从它们的价格和性能特点上考虑,对于大批量生产的已成熟的应用系统宜选用EPROM;当程序量较小时,使用 E^2PROM 较方便。EPROM 芯片的容量不同其价格相差并不大,一般宜选用速度高、容量较大的芯片,这样可使译码电路简单,且为软件扩展留有一定的余地(编程空间宽裕)。

实际设计中,要尽量避免用小容量的芯片组合扩充成大容量的存储器,常选用的EPROM 芯片,有 2764(8KB)、27128(16KB)、27256(32KB)等。

2. 数据存储器和输入/输出接口的设计

各个系统对于数据存储器的容量要求差别比较大。若要求的容量不大可以选用多功能的扩展芯片,如含有 RAM 的 I/O 口扩展芯片 8155(带有 256KB 静态 RAM)或 8255 等;若要求较大容量的 RAM,原则上应选容量较大的芯片以减少 RAM 芯片数量,从而简化硬件线路,使译码电路简单。常选用的 RAM 芯片有 6116(2KB)、6264(8KB)或 62256(32KB)。

I/O 接口大致可归类为并行接口、串行接口、模拟采集通道(接口)、模拟输出通道(接口)等。应尽可能选择集成了所需接口的单片机,以简化 I/O 口设计,提高系统可靠性。

在选择 I/O 接口电路时应从体积、价格、功能、负载等几个方面来考虑。标准的可编程接口电路 8255、8155 接口简单、使用方便、口线多、对总线负载小,是经常被选用的 I/O 接口芯片。但对于某些口线要求很少，且仅需要简单的输入或输出功能的应用系统，则可用不可编程的 TTL 电路或 CMOS 电路，这样可提高口线的利用率，且驱动能力较大。总之，应根据应用系统总的输入/输出要求来合理选择接口电路。

对于 A/D、D/A 电路芯片的选择原则应根据系统对它的速度、精度和价格要求而确定。除此之外还应考虑和系统的连接是否方便，例如，与系统中的传感器、放大器相匹配问题。

3．地址译码电路的设计

地址译码电路的设计，应考虑充分利用存储空间和简化硬件逻辑等方面的问题，通常采用全地址译码法和线选法相结合的办法。MCS-51 系统有充分的存储空间，包括 64KB 程序存储器和 64KB 数据存储器，在一般的控制应用系统中，主要是考虑简化硬件逻辑。当存储器和 I/O 芯片较多时，为了简化硬件线路，同时还要使所用到的存储器空间地址连续，可选用专用译码器 74S138 或 74LS139 等。

4．总线驱动器的设计

51 系列单片机扩展功能比较强，但扩展总线负载能力有限。例如，P0 口能驱动 8 个 TTL 电路，P1～P3 口只能驱动 3 个 TTL 电路。如果满载，会降低系统的抗干扰能力。在实际应用中，这些端口的负载不应超过总负载能力的 70%，以保证留有一定的余量。在外接负载较多的情况下，如果负载是 MOS 芯片，因负载消耗电流很小，所以影响不大。如果驱动较多的 TTL 电路则会满载或超载。若所扩展的电路负载超过总线负载能力时，系统便不能可靠地工作，这种情况下必须在总线上加驱动器。总线驱动器不仅能提高端口总线的驱动能力，而且可提高系统抗干扰性。常用的总线驱动器有双向 8 路三态缓冲器 74LS245、单向 8 路三态缓冲器 74LS244 等，数据总线宜采用 74LS245 作为总线驱动器，地址和控制总线可采用 74LS244 作为单向总线驱动器。

5．模拟量输入和模拟量输出电路的设计

单片机被大量地应用于工业测控系统中，而在这些系统中，经常要对一些现场物理量进行测量或者将其采集下来进行信号处理之后再反过来去控制被测对象或相关设备。在这种情况下，应用系统的硬件设计就应包括与此有关的外围电路，例如键盘接口电路、显示器、打印机驱动电路等外围电路。对这些外围电路要进行全盘合理设计，以满足实际设计要求。模拟量输入系统和模拟量输出系统的设计包括合理选择组成系统的元器件以及如何与单片机进行连接两方面内容。A/D 芯片是模拟量输入系统不可缺少的重要组成部分，D/A 芯片是模拟量输出系统不可缺少的重要组成部分。A/D 芯片、D/A 芯片与单片机的连接部分内容已经在第 8 章做过介绍，这里仅对系统组成和选择做简单介绍。

1）模拟量输入系统设计

单片机应用系统通常设置有模拟量输入通道和输出通道。模拟量输入系统是单片机测控应用系统的核心部分，又称数据采集系统，不可或缺。模拟量输入系统负责把传感器输出的模拟信号精确地转换为数字信号，提供给单片机进行处理。模拟量输入系统一般由电压形成，由模拟滤波（ALF）、采样保持（S/H）电路、模拟多路转换开关以及 A/D 转换器等组成。

A/D芯片是模拟量输入系统不可缺少的重要组成部分。为了抑制干扰和消除传输阻抗的影响,检测信号通常采用电流传输方式。电压形成回路负责将检测信号变换为 A/D 转换器所需的标准电压信号,通常采用 I/V 电阻变换器,若检测信号微弱还需要加接放大电路。

在 A/D 转换之前往往还需要加接采样保持(S/H)电路。原则上直流和变化非常缓慢的信号可不用采样保持电路,A/D 转换器中已集成有采样保持功能的可不用采样保持电路,其他情况都要加采样保持电路。采样频率要足够高,因为采样频率过低将不能真实地反映被采样信号的情况。

采样频率的选择是微机系统硬件设计中的一个关键问题。采样频率越高,要求 CPU 的速度越高,采样频率过低将不能真实地反映被采样信号的情况。为此要综合考虑很多因素,并从中作出权衡。实际上目前大多数的单片机应用系统都是反映低频信号的,在这种情况下,可以在采样保持电路前用一个低通模拟滤波器(ALF)将高频分量滤掉,这样就可以降低采样频率,从而降低对硬件提出的要求。

在单片机测控应用系统中,经常需要多路或多参数采集。除特殊情况采用多路独立的 A/D 转换器外,通常都采用公共的 A/D 转换器,这就需要采用模拟多路选择开关分时轮流地将多个回路与 A/D 转换器接通。由于多路选择开关是与模拟信号源串联相接的,因此它的工作状况对模拟信号的传输有很大影响。常用的多路转换开关有干簧继电器和电子模拟多路转换开关。干簧继电器的缺点是工作频率不足够高,接通和断开簧片时有抖动现象,电子模拟多路转换开关因为优良的性能得到了广泛应用。

2) 模拟量输出系统设计

模拟量输出通道负责把单片机系统处理后的信号转换为模拟信号作为最后的输出以驱动控制对象,实现自动控制,D/A 芯片是其重要组成部分。模拟量输出通道以它的 D/A 转换方式分为两种类型:一种是并行转换方式,这种方式的 D/A 转换器直接把数字转换为电压或电流信号,用连续的电压电流信号去控制执行机构;另一种是串行转换方式,这种方式主要用于控制步进电机,它将计算机送出的脉冲串信号变成步进电机的旋转角度。并行转换方式应用较多。被控对象大多需要电流驱动,因此,D/A 输出的电压信号一般还要通过一个 V/I 转换电路,将其电压信号转换成标准的电流信号。

D/A 转换器对输入数字量是否具有锁存功能将直接影响与 CPU 的接口设计。如果 D/A 转换器没有输入锁存器,通过 CPU 数据总线传送数字量时,必须外加锁存器,否则只能通过具有输出锁存器功能的 I/O 给 D/A 送入数字量。

有些 D/A 转换器并不是对锁存的输入数字量立即进行 D/A 转换,而是只有在外部施加了转换控制信号后才开始转换和输出。具有这种输入锁存及转换控制的 D/A 转换器(如 DAC0832),在 CPU 分时控制多路 D/A 输出时,可以做到多路 D/A 转换器的同步输出。

6. 系统速度匹配

51 系列单片机时钟频率可在 2~12MHz 范围内任选。在不影响系统技术性能的前提下,选择低时钟频率,可降低系统中对元器件工作速度的要求,利于提高系统的可靠性。

7. 抗干扰措施

单片机应用系统的工作环境中，会出现多种干扰，抗干扰措施在硬件电路设计中显得尤为重要。根据干扰源引入的途径，抗干扰措施可以从电源供电系统和硬件电路两个方面考虑。

首先，对电源供电系统采取抗干扰措施。为了克服电网以及来自系统内部其他部件的干扰，可采用隔离变压器、交流稳压、线滤波器、稳压电路、各级滤波及屏蔽等防干扰措施。例如，用带屏蔽层的电源变压器，采用电源滤波器等。电源变压器的容量应留有余地。

其次，为了进一步提高系统的可靠性，在硬件电路设计时，应采取一系列防干扰措施：

（1）大规模 IC 芯片电源供电端 V_{CC} 都应加高频滤波电容，根据负载电流的情况，在各级供电节点还应加足够容量的退耦电容。

（2）输入/输出通道抗干扰措施。可采用光电隔离电路、双绞线等提高抗干扰能力。特别是与继电器、可控硅等连接的通道，一定要采用隔离措施。

（3）可采用 CMOS 器件提高工作电压（+15V），这样干扰门限也相应提高。

（4）传感器后级的变送器尽量采用电流型传输方式，因电流型比电压型抗干扰能力强。

（5）电路应有合理的布线及接地方式。

（6）与环境干扰的隔离可采用屏蔽措施。

抗干扰设计技术内容在 10.6 节再详细介绍。

10.2.4　软件设计

整个单片机应用系统是一个整体，当系统的硬件电路设计定型后，软件的任务也就明确了。单片机应用系统的软件设计是研制过程中任务最繁重、最重要的工作之一，多使用汇编语言和高级语言来编程（例如 C51 语言）。通常软件编写可独立进行，编好的程序有些可以脱离硬件运行和测试，有些可以在局部硬件支持下完成调试。

单片机应用系统的软件主要包括两大部分：用于管理单片机系统工作的监控程序和用于执行实际具体任务的功能程序。对于前者，应尽可能利用现成微机系统的监控程序。为了适应各种应用的需要，现代的单片机开发系统的监控软件功能相当强，并附有丰富的实用子程序，可供用户直接调用，例如键盘管理程序、显示程序等。因此，在设计系统硬件逻辑和确定应用系统的操作方式时，就应充分考虑这一点。这样可大大减少软件设计的工作量，提高编程效率。对于后者要根据应用系统的功能要求来编程序。例如，外部数据采集、控制算法的实现、外设驱动、故障处理及报警程序等。

软件设计的关键是确定软件应完成的任务及选择相应的软件结构，开发一个软件的明智方法是尽可能采用模块化结构。下面介绍软件设计的一般方法和步骤。

1. 软件系统定义

系统定义是指在软件设计前，首先要进一步明确软件所要完成的任务，然后结合硬件结构，确定软件承担的任务细节。其软件定义内容有：

（1）定义各输入/输出的功能、信号的类别、电平范围、与系统接口方式、占用的接口地址、数据读取和输出的方式等。

（2）定义分配存储器空间，包括系统主程序、常数表格、功能子程序块的划分、入口地址表等。

（3）若有断电保护措施，应定义数据暂存区标志单元等。

（4）面板开关、按键等控制输入量的定义与软件编制密切有关，系统运行过程的显示、运算结果的显示、正常运行和出错显示等也是由软件完成的，所以事先要给予定义。

2. 软件结构设计

单片机应用系统的软件设计千差万别，不存在统一模式。合理的软件结构是设计出一个性能优良的单片机应用系统软件的基础，必须充分重视。依据系统的定义，可把整个工作分解为若干相对独立的操作，再考虑各操作之间的相互联系及时间关系而设计出一个合理的软件结构。不论采用何种程序设计方法，程序总体结构确定后，一般以程序流程框图的形式对其进行描述。程序流程图绘制成后，整个程序的轮廓和思路已十分清楚，便可开始编写实用程序。一个实用程序编好后，往往会有许多书写、语法、指令等错误，这些错误的出现是不可避免的，还需要对程序进行检查与修改。

对于简单的单片机应用系统，可采用顺序结构设计方法，其系统软件由主程序和若干个中断服务程序构成。要明确主程序和中断服务程序完成的操作及指定各中断的优先级。

对于复杂的实时控制系统，可采用实时多任务操作系统。该操作系统应具备任务调度、实时控制、实时时钟、输入/输出和中断控制、系统调用、多个任务并行运行等功能。以提高系统的实时性和并行性。

在程序设计方法上，模块化程序设计是单片机应用中最常用的程序设计方法（见10.3节）。模块化程序设计具有结构清晰、功能明确、设计简便、程序模块可共享、便于功能扩展及便于程序调试维护等特点，但各模块之间的连接有一定的难度。

为了编制模块程序，先要根据系统软件的总体构思，按照先粗后细的方法，把整个系统软件划分成多个功能独立、大小适当的子功能模块（太大会影响程序的可读性，太小则程序结构会过于分散）。然后应明确规定各模块的功能，确定各模块的输入、输出及相互间的联系。尽量使每个模块功能单一，各模块间的接口信息简单、完备，接口关系统一，尽可能使各模块间的联系减少到最低限度。这样，各个模块可以分别独立设计、编制和调试。最后再将各个程序模块连接成一个完整的程序进行总调试。

3. 控制算法的确定

对被控对象的变化规律或控制过程客观真实的描述，建立被控对象的数学模型，从而决定单片机系统需要检测哪些变量，采用怎样的控制算法。应用软件大多数含有各种各样的计算程序，有些还包含复杂的函数运算和数据处理程序，软件必须确保计算的精度，保证数据进入计算机经处理后，仍能满足设计的要求。为了达到这个目的，还要考虑软件算法的精度。各种数据滤波的方法、函数的近似计算、线性化校正、闭环控制算法等都不同程度地存在误差，影响了软件的计算精度。另外，由于单片机字长的限制，通过程序进行运算时也会产生误差。算法的误差是由计算方法所决定的，而程序的计算精度可以在设计过程中加以控制。对一个具体的单片机应用系统，数字的计算精度都有具体的指标要求。一般而言，软件的计算精度比硬件的转换精度高一个数量级就可以满足要求。

10.2.5　单片机应用系统的调试

单片机应用系统样机组装和软件设计完成后，便进入系统的调试阶段。系统调试检验所设计系统的正确性与可靠性，从中发现组装问题或设计错误。对于系统调试中发现的问题或错误以及出现的不可靠因素要提出有效的解决方法，然后对原方案做局部修改，再调试修改，直至完善。应用系统的调试除需要万用表、示波器等基本仪表仪器，还必须配有特殊的开发工具和相应软件，即单片机开发系统。有关单片机开发系统见10.4节。

应用系统的调试分为硬件调试和软件调试。硬件调试的任务是排除系统的硬件电路故障，包括设计性错误和工艺性故障。软件调试是利用开发工具进行在线仿真调试，除发现和解决程序错误外，也可以发现硬件故障。硬件调试和软件调试是分不开的，许多硬件故障是在软件调试时才发现的。但通常是首先排除系统硬件存在的明显错误，然后才进行具体硬件调试和软件调试。

1. 常见的硬件故障

（1）逻辑错误。它是由设计错误或加工过程中的工艺性错误所造成的。这类错误包括错线、开路、短路、错相位等。其中短路是最常见的故障，在印刷电路板布线密度高的情况下，极易因工艺原因造成短路。

（2）元器件失效。其产生的原因有两个方面：一是元器件本身已损坏或性能不符合要求；二是由于组装错误造成元器件失效，如电解电容、二极管的极性错误，集成芯片的安装方向错误等。

（3）可靠性差。引起系统不可靠的因素很多，如金属孔、接插件接触不良等，会造成系统时好时坏，经不起振动；内部和外部的干扰、电源的纹波系数较大、器件负荷过重等会造成逻辑电平不稳定。走线和布局不合理等也会引起系统可靠性差。

（4）电源故障。包括电压值不符合设计要求，电源引线和插座不对、电源功率不足、负载能力差等。如果样机存在电源故障，当加电后将会造成元器件损坏，严重时可能损坏整个样机。

2. 硬件调试方法

（1）脱机调试。脱机调试亦称静态调试。在样机加电之前，先用万用表等工具，根据硬件电气原理图和装配图仔细检查样机线路的正确性，并核对元器件的型号、规格和安装是否符合要求。应特别注意电源的走线，防止电源线之间的短路和极性错误，并重点检查扩展系统中是否存在相互间的短路或与其他信号线的短路。

对于样机所用的电源事先必须单独调试。检查其电压值、负载能力、极性等均符合要求，才能加到系统的各个部件上。在不插芯片的情况下，加电检查各插件上引脚的电位，仔细测量各点电位是否正常，尤其应注意单片机插座上各点电位是否正常，若有高压，联机时将会损坏开发机。

（2）联机调试。联机调试亦称动态调试。通过脱机调试可排除一些明显的硬件故障。有些故障还是要通过联机调试才能发现和排除。设计好的硬件电路和软件程序，只有经过联合调试，才能验证其正确性；软、硬件的配合情况以及是否达到设计任务的要求，也只有经过调试,才能发现问题并加以解决、完善,最终开发成实用产品。

联机前先断电,将单片机开发系统的仿真头插到样机的单片机插座上,检查一下开发机与样机之间的电源、接地是否良好。如一切正常,即可打开电源。

通电后执行开发机的读写指令,对用户样机的存储器、I/O端口进行读写操作、逻辑检查,若有故障,可用样机的存储器、I/O端口进行读写操作、逻辑检查,若仍有故障,可用示波器观察有关波形(如选中的译码器输出波形、读写控制信号、地址数据波形以及有关控制电平)。通过对波形的观察分析,寻找故障原因,并进一步排除故障。可能的故障有:线路连接上有逻辑错误、有断路或短路现象、集成电路失效等。

在用户系统的样机(主机部分)调试好后,可以插上用户系统的其他外围部件,如键盘、显示器、输出驱动板、A/D、D/A板等,再对这些板进行初步调试。

在调试过程中若发现用户系统工作不稳定,可能有下列情况:电源系统供电电流不足;联机时公共地线接触不良;用户系统主板负载过大;用户的各级电源滤波不完善等。对这些问题一定要认真查出原因并排除。

3. 软件调试方法

软件调试与所选用的软件结构和程序设计技术有关。如果采用模块程序设计技术,则逐个模块分别调试,一个子程序一个子程序地调试,最后联起来统调。调试各子程序时一定要符合现场环境,即入口条件和出口条件。调试的手段可采用开发工具的单步或设断点运行方式,检查用户系统CPU的现场、RAM和SFR的内容、I/O口的状态以及程序执行结果是否符合设计要求。通过检测可以发现程序中的逻辑错误、死循环错误、机器码错误及转移地址的错误等,同时也可以发现用户系统中的软件算法及硬件设计与工艺错误。在调试过程中不断调整、修改用户系统的软件和硬件,逐步测试通过每个程序模块,直到其正确为止。

各模块测试通过以后,可以把有关的功能模块联合起来一起进行综合调试。在这个阶段若发生故障,可以考虑各子程序在运行时是否破坏现场,缓冲单元是否发生冲突,标志位的建立和清除在设计上有没有失误,堆栈区域有无溢出,输入设备的状态是否正常等。若用户系统是在开发机系统的监控程序下运行时,还要考虑用户缓冲单元是否和监控程序的工作单元发生冲突。

单步和断点调试后,还应进行连续调试。这是因为单步运行只能验证程序正确与否,而不能确定定时精度、CPU的实时响应等问题。全部调试完成后,应反复运行多次,除了观察稳定性之外,还要观察用户系统的操作是否符合原始设计要求、安排的用户操作是否合理等,必要时再作适当的修正。

采用实时多任务操作系统时,调试方法与上述基本相似,只是实时多任务操作系统的应用程序是由若干个任务程序组成,一般是逐个任务进行调试,在调试某一个任务时,同时也调试相关的子程序、中断服务程序和一些操作系统的程序。各个任务调试好以后,再使各个任务程序同时运行,如果操作系统无错误,一般情况下系统就能正常运转。在调试过程中,要不断调整、修改系统的硬件和软件,直到其正确为止。

程序联调运行正常后,还需在模拟的各种现场条件和恶劣环境下调试、运行,以检查系统是否满足原设计要求。

10.2.6　程序固化

软件和硬件联机调试反复运行正常后,则可将用户系统程序固化到程序存储器,程序固化需要借助开发系统的编程器来完成。再将已固化的程序存储器芯片插入用户样机,用户系统即可脱离开发系统独立工作。应用系统还要到生产现场投入实际工作,检验其可靠性和抗干扰能力,直到完全满足要求,至此,系统才算研制成功。

10.3　模块化软件设计

为了使程序的组装、调试及控制系统方案的修改方便,也为了便于推广到其他过程控制对象,程序设计中一般采用模块化结构形式。

10.3.1　模块化结构的基本组成

各功能模块以子程序的形式出现。模块结构一般分为3层。

1. 最低一层

最低一层是一个通用子程序库,这个子程序库包括3个方面的功能子程序。

(1) 一般性子程序。包括各种数的四则运算、开方运算、数的转换(二进制与十进制之间、浮点数与定点数之间、原码数与补码数之间的相互转换)、浮点数的向上及向下规格化等。

(2) 过程控制通用子程序。包括过程控制中常用的各种控制算法,如PID运算、动态前馈补偿运算、史密斯补偿运算、参数采样和转换、数字滤波、工程量换算、上下限越限报警、信号限幅、高低限自动选择、非线性转换、参数在线修改、手动与自动切换等。

(3) 打印机及显示器的驱动子程序、数据传送和变换子程序。

2. 执行功能模块层

它能完成各种实质性的功能,即在以上通用子程序库的基础上,根据对过程控制系统结构的归纳、分类和规范化,组成各执行功能模块,如单回路PID控制、串级控制、前馈加单回路反馈控制、前馈加串级反馈控制、前馈加反馈加史密斯补偿控制、自动选择性控制等模块。执行功能模块层还有CRT画面显示、打印模块等。执行软件的设计侧重于算法,与硬件关系密切,千变万化。

3. 系统监控与管理模块层

它是专门用来协调各执行模块和操作者的关系,在系统软件中充当组织调度的角色。它包括主程序和中断管理程序,其中主程序由系统自检、初始化、键盘命令处理、接口命令处理、条件触发处理等模块组成。并根据需要完成对执行功能模块的调用。

在进行软件设计前应首先对软件任务进行分析、安排和规划。规划执行模块时,应将各执行模块一一列出,并对每一个执行模块进行功能定义和接口定义(输入、输出定义)。在定义各执行模块时,应将牵涉的数据结构和数据类型一并规划好。

各执行模块规划好后,就可以规划监控程序。首先根据系统功能和键盘设置选择一种最适合的监控程序结构。相对来讲,执行模块任务明确单纯,比较容易编程,而监控程序较易出问题。

4. 监控软件和各执行模块的安排

整个系统软件可分为后台程序(背景程序)和前台程序。后台程序指主程序及其调用的子程序,这类程序对实时性要求不是很高,延误几十毫秒甚至几百毫秒也没关系,故通常将监控程序(键盘解释程序)、显示程序、打印程序等与操作者打交道的程序放在后台程序中来执行。而前台程序安排一些实时性要求较高的内容,如定时系统和外部中断(如掉电中断)。在一些特殊场合,也可以将全部程序均安排在前台,后台程序为踏步等待循环或睡眠状态。

10.3.2　各模块数据缓冲区的建立

模块之间的联系是通过数据缓冲区以及控制字进行联系的。

1. 数据类型和数据结构规划

安排、规划好执行模块和监控程序后,还不能开始编程。因系统中各个执行模块之间有着各种因果关系,互相之间要进行各种信息传递,如数据处理模块和检测模块之间的关系,检测模块的输出信息就是数据处理模块的输入信息,同样数据处理模块和显示模块、打印模块之间也有这种产销关系。各模块之间的关系体现在它们的接口条件上,即输入条件和输出结果。为了避免产销脱节现象,就必须严格规定好各个接口条件,即各接口参数的数据结构和数据类型。这一步工作可以按下述方法来做:

(1) 将每一个执行模块要用到的参数和要输出的结果一并列出来。每一个参数规划一个数据类型和数据结构。对于与不同模块都有关的参数,只取一个名称,以保证同一个参数只有一种格式。

(2) 规划数据类型。从数据类型上来分类,数据可分为逻辑型与数值型。通常将逻辑型数据归到软件标志中去考虑。数值类型分为定点数和浮点数。定点数具有直观、编程简单、运算速度快的优点,其缺点是表示的数值动态范围小,容易溢出。浮点数则相反,数值动态范围大、相对精度稳定、不易溢出,但编程复杂,运算速度低。

2. 各模块数据缓冲区的确定

完成数据类型和数据结构的规划后,便可进行系统资源的分配。系统资源包括 ROM、RAM、定时器/计数器、中断源等。在任务分析时,实际上已将定时器/计数器、中断源等资源分配好了,而 ROM 资源一般用来存放程序和表格。所以,资源分配的主要工作是 RAM资源的分配。常用的方法如下:

(1) 片内 RAM 指 00H～7FH 单元。片内 RAM 常用于作为栈区、位寻址区和公共子程序的工作缓冲区,如存放参数、指针、中间结果等。片内 RAM 的 128 个字节的功能并不完全相同,分配时应注意充分发挥各自的特长,做到物尽其用。

00H～1FH 这 32 个字节可以作为工作寄存器。其中 00H～0FH 可用来作为 0 区、1

区工作寄存器,在一般的应用系统中,后台程序用 0 区工作寄存器,前台程序用 1 区工作寄存器。如果有高级中断,则高级中断可用 2 区工作寄存器(10H～17H)。如果前台程序中不使用工作寄存器,则系统只需 0 区工作寄存器。未用的工作寄存器的其他单元便可以作为其他用途。系统上电复位时,自动定义 0 区为工作寄存器,1 区为堆栈,并向 2 区、3 区延伸。如果系统前台程序要用 1 区、2 区作工作寄存器,就应将堆栈空间重新规划。

在工作寄存器的 8 个单元中,R0 和 R1 具有指针功能,是编程的重要角色,应充分发挥其作用,并尽量避免用来做其他事情。

20H～2FH 这 16 个字节具有位寻址功能,用来存放各种软件标志、逻辑变量、位输入信息、位输出信息副本、状态变量和逻辑运算的中间结果等。当这些项目全部安排好后,保留一两个字节备用,剩下的单元才可改做其他用途。

30H～7FH 为一般通用寄存器,只能存入整字节信息。通常用来存放各种参数、指针、中间结果,或用作数据缓冲区。也可将堆栈安放在片内 RAM 的高端,如 68H～7FH。

(2) 片外 RAM 的容量比片内 RAM 大,通常用来存放批量大的数据,可作为执行模块运算存储器用于存放需要保留时间较长的数据。使用时要根据各功能模块的任务、算法在片外 RAM 中开辟各自的数据区(参数表)。开辟时要考虑数据类型。RAM 资源规划好后,应列出一张 RAM 资源的详细分配清单,作为编程依据。

10.3.3　模块化程序设计方法

模块化程序编程有 2 种方法:一种是自上而下,逐步细化;另一种是自下而上,先设计出具体模块(子程序),然后再慢慢扩大,像搭积木一样,最后形成系统(主程序)。两种方法各有优缺点。自上而下方法在前期看不到什么具体效果,对于初学者来说,心中不踏实;而自下而上的方法一开始就有效果,每设计一个模块,即可进行调试,就能看到一个实际效果,给人一种一步一个脚印的感觉,对于初学者比较有利,能树立信心。

10.3.4　系统监控程序设计

1. 监控程序的任务

系统监控程序是控制单片机系统按预定操作方式运转的程序。它完成人机会话和远程控制等功能,使系统按操作者的意图或遥控命令来完成指定的作业。它是单片机系统程序的框架。

当用户操作键盘(或按钮)时,监控程序必须对键盘操作进行解释,并调用相应的功能模块,完成预定的任务,并通过显示等方式给出执行的结果。因此,监控程序必须完成解释键盘、调度执行模块的任务。

对于具有遥控通信接口的单片机系统,监控程序还应包括通信解释程序。由于各种通信接口的标准不同,通信程序各异,但命令取得后,其解释执行的情况和键盘命令相似,程序设计方法雷同。

系统投入运行的最初时刻,应对系统进行自检和初始化。开机自检在系统初始化前执行,如果自检无误,则对系统进行正常初始化。它通常包括硬件初始化和软件初始化两个方面。硬件初始化工作是指对系统中的各个硬件资源设定明确的初始状态,如对各种可编程芯片进行编程、对各 I/O 端口设定初始状态、为单片机的硬件资源分配任务等。软件初始化包括对中断的安排、堆栈的安排、状态变量的初始化、各种软件标志的初始化、系统时钟的初始化、各种变量存储单元的初始化等。初始化过程安排在系统上电复位后的主程序最前面,该过程也是监控程序的任务之一,但由于通常只执行一遍,且编写方法简单,故介绍监控程序设计时,通常也不再提及自检和初始化。

单片机系统在运行时也能被某些预定的条件触发,而完成规定的作业。这类条件中有定时信号、外部触发信号等,监控程序也应考虑这些触发条件。

综上所述,监控程序的任务有:完成系统自检、初始化、处理键盘命令、处理接口命令、处理条件触发并完成显示功能。但习惯上监控程序是指键盘解析程序,而其他任务都分散在某些特定功能模块中。

2. 监控程序的结构

监控程序的结构主要取决于系统功能的复杂性和键盘的操作方式。系统的功能和操作方法不同,监控程序就会不同,即使同一系统,不同的设计者往往会编写出风格不同的程序来。这里介绍两种常见的结构。

1) 作业顺序调度型

这种结构的监控程序最常见于各类无人值守的单片机系统,如图 10-1 所示。这类系统运行后按一个预定顺序依次执行一系列作业,循环不已。

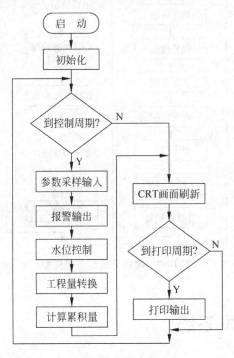

图 10-1　作业顺序调度型

其操作按钮很少(甚至没有),且多为一些启停控制之类开关按钮。这类单片机系统的功能多为信息采集、预处理、存储、发送、报警之类。作业的触发方式有 3 种:第一种是接力方式,上道作业完成后触发下一道作业运行;第二种是定时方式,预先安排好每道作业的运行时刻表,由系统时钟来顺序触发对应的作业;第三种是外部信息触发方式,当外部信息满足某预定条件时即触发一系列作业。不管哪种方式,它们的共同特点是各作业的运行次序和运行机会比例是固定的,在程序流程图中,如果不考虑判断环节,各个执行模块是串成一圈的。

2) 键码分析作业调度型

如果各作业之间既没有固定的顺序,也没有固定的优先关系。这时作业调度完全服从操作者的意图,操作者通过键盘(或遥控通信)来发出作业调度命令,监控程序接收到控制命令后,通过分析起动对应作业。大多数单片机系统的监控系统均属此类型。键码分析作业调度型监控程序如图 10-2 所示。

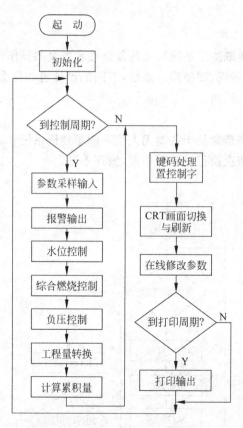

图 10-2　键码分析作业调度型

10.4　单片机开发系统

单片机可用来组成各种不同规模的应用系统,但它的硬件和软件的支持能力有限,自身无调试能力,开发困难,因此必须配备一定的开发系统。由于开发系统种类较多,系统开发者所用开发系统各不相同,所以在本节不对具体型号的开发系统进行介绍,主要从宏观上介绍单片机开发系统的基本构成和实现功能。

10.4.1　单片机开发系统的类型和组成

单片机应用系统建立以后,其应用程序的编程、修改、调试,运行结果是否符合设计要求,软、硬件故障的判断以及程序固化等问题,靠系统自身根本无法解决,必须借助外界的帮助。

在方案论证时就必须对关键性的环节进行试验、模拟;在对软、硬件分调时,有的应用程序较长,必须靠外界对程序进行机器码的翻译;在系统联调时,必须对软、硬件各部分进行全面测试,仔细检查样机是否达到了系统设计的性能指标,以便充分暴露可能存在的问题。要完成以上工作必须依靠开发工具。单片机开发系统是单片机编程调试的必需工具。

单片机开发系统和微机开发系统一样,是用来帮助研制单片机应用系统软件和硬件的一种专用装置。单片机开发系统和一般通用计算机系统相比,它除了具有通用机所有的软硬件资源(如磁盘、操作系统、程序语言、数据库管理系统等)以外,在硬件上增加了目标系统的在线仿真器、编程器等部件,在软件上还增加了目标系统的汇编和调试程序等。因此,单片机的开发系统由主处理机、在线仿真器、编程器及有关的软件组成。

单片机开发系统有通用和专用两种类型。通用的单片机开发系统配备多种在线仿真器和相应的开发软件,使用时,只要更换系统中的仿真器,就能开发相应的单片机或微处理器。只能开发一种类型的单片机或微处理器的开发系统称为专用开发系统。

开发系统产品种类很多,国外早已研制出功能较全的产品,但价格昂贵,在国内没有得到推广。国内很多单位根据我国国情研制出以 8051 作为开发芯片的 MCS-51 单片机开发系统的系列产品,例如 MICE-AT89S51、DVCC-AT89S51、SICE、SYBER 等。这些产品大部分是开发型单片机,通过软件手段可达到或接近国外同类产品的水平。尽管它们的功能强弱并不完全相同,但都具有较高的性能价格比。功能强、操作方便的单片机开发系统能加快单片机应用系统的研制周期,实际中应根据价格和功能综合考虑进行选择。

10.4.2　单片机开发系统的功能

单片机开发系统的性能优劣和单片机应用系统的研制周期密切相关。一个单片机开发系统功能强弱可以从在线仿真、调试、软件辅助设计、目标程序固化等方面来分析。

1. 仿真器在线仿真功能

仿真器通过串口与计算机相连通,构成单片机开发系统,可以在线仿真软件,同时调试和检查硬件电路,如图 10-3 所示。单片机仿真器本身就是一个单片机系统,它具有与所需开发的单片机应用系统相同的单片机芯片(如 8051 等)。当一个单片机用户系统接线完毕后,由于自身无调试能力,无法验证好坏,这时,可以把应用系统中的单片机芯片拔掉,插上在线仿真器提供的仿真头。所谓"仿真头"实际只是一个 40 引脚的插头,它是仿真器的单片机芯片信号的延伸,此时单片机应用系统与仿真器共用一块单片机芯片,当在开发系统上通过在线仿真器调试单片机应用系统时,就像使用应用系统中的真实的单片机一样,这种觉察不出的"替代"称为"仿真"。仿真是单片机开发过程中非常重要的一个环节,除了一些极简单的任务外，一般产品的开发过程中都需要仿真。

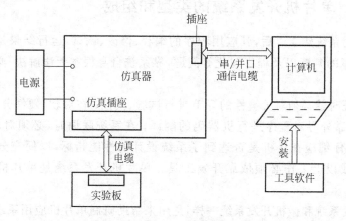

图 10-3　单片机开发系统连接图

在线仿真器的英文名为 In Circuit Emulator(简称 ICE)。ICE 是由一系列硬件构成的设备。开发系统中的在线仿真器应能仿真应用系统中的单片机，并能模拟应用系统中的 ROM、RAM 和 I/O 端口功能，使在线仿真器的应用系统的运行环境和脱机运行的环境完全"逼真"，以实现应用系统的一次性开发。仿真功能具体地体现在以下几个方面。

1）单片机仿真功能

在线仿真时，单片机开发系统应能将在线仿真器中的单片机完整地（即除 CPU 出借外，还将存储器等均出借）"出借"给应用系统，可以不占用应用系统单片机的任何资源，使应用系统在联机仿真和脱机运行时的环境（工作程序、使用的资源和地址空间）完全一致，以实现完全的一次性仿真。

单片机的资源包括片上的 CPU、RAM、SFR、定时器、中断源、I/O 口以及外部扩充的程序存储器和数据存储器。这些资源应允许目标系统充分自由地使用，不受任何限制，以实现应用系统软硬件的设计。

2）模拟功能

在应用系统的开发过程中，单片机开发系统允许用户使用它内部的 RAM 存储器和输入/输出来替代应用系统中的 ROM 程序存储器、RAM 数据存储器和输入/输出，使用户在应用系统样机还未完全配置好以前，便可以借用开发系统提供的单片机资源进行软件的开发。

在研制目标系统的初级阶段，用户系统中的目标程序还未生成前，用户的目标程序必须存放在开发系统 RAM 存储器内，以便于对目标程序进行调试和修改。开发系统中能"出借"的可作为应用系统程序存储器的 RAM 通常称为仿真 RAM。开发系统中仿真 RAM 的容量和地址映射应和应用系统完全一致。MCS-51 系列单片机开发系统，最多能出借 64KB 的仿真 RAM，并保持原有复位入口和中断入口地址不变。但不同的开发系统所出借仿真 RAM 容量不一定相同，使用时应参阅有关说明。

2．调试功能

开发系统对目标系统软硬件的调试功能强弱，将直接关系到开发系统的效率。因此，开发系统一般应具有以下一些调试功能。

1) 运行控制功能

开发系统应能使用户有效地控制目标程序运行,以便检查程序运行的结果,对存在的硬件故障和软件错误进行定位。单片机开发系统提供了以下几种程序运行方式。

(1) 单步运行(Step):能使 CPU 从任意的程序地址开始,执行一条指令后停止运行。单步运行可以使程序逐条指令地运行,每运行一步都可以看到运行结果。单步运行是调试程序中用得比较多的运行方式。

(2) 设置断点运行(Breakpoint):允许用户任意设置断点条件。启动 CPU 从规定地址开始运行后,当断点条件(程序地址和指定断点地址符合或者 CPU 访问到指定的数据存储器单元等条件)符合以后停止运行。

断点运行是预先在程序中设置断点,当全速运行程序时,遇到断点即停止运行,用户可以观察此时的运行结果。断点运行给调试程序提供了很大的方便。

(3) 全速运行(简称运行 Execute):能使 CPU 从指定地址开始连续地全速运行目标程序,全速运行可以直接看到程序的最终运行结果。

(4) 跟踪运行(Trace):跟踪运行与单步运行过程类似,不同之处在于跟踪运行可以跟踪进入到子程序中运行。

读者在今后的单片机系统开发过程中,可逐步深入地理解各种方式的应用。只有灵活运用这些方法,才能够对程序进行全方位的纠错、调试与运行。

2) 目标系统状态的读出修改功能

当 CPU 停止执行目标系统的程序后,用户应能方便地读出或修改目标系统所有资源的状态,以便检查程序运行的结果,设置的断点条件以及设置的初始参数。可供用户读出和修改的目标系统资源包括:

(1) 程序存储器(开发系统中的仿真 RAM 存储器或目标机中的程序存储器)。

(2) 单片机中片内资源(工作寄存器、特殊功能寄存器、I/O 口、RAM 数据存储器、位地址单元)。

(3) 系统中扩展的数据存储器、I/O 口。

3) 跟踪功能

高性能的单片机开发系统具有逻辑分析仪的功能,在目标程序运行的过程中,能跟踪存储器目标系统总线上的地址、数据和控制信息的状态变化,跟踪存储器能同步地记录总线上的信息。用户可根据需要显示出跟踪存储器搜集到的信息,也可以显示某一位总线上的状态变化的波形,从而掌握总线上状态变化的过程。这对各种故障的定位特别有用,可大大提高工作效率。

3. 软件辅助设计功能

软件辅助设计功能的强弱也是衡量单片机开发系统性能高低的重要标志。单片机应用系统软件开发的效率在很大程度上取决于开发系统的辅助设计功能。

1) 程序设计语言

目前单片机的程序设计语言有机器语言、汇编语言和高级语言。机器语言开发时,程序的设计、输入、修改和调试都很麻烦,只能用来开发非常简单的单片机应用系统,机器语言只在简单的开发装置中才使用。汇编语言具有使用灵活、程序容易优化的特点,是单片机中常用的程序设计语言。但是用汇编语言编写程序还是比较复杂的,只有对单片机的指令系统非常熟悉,并具有一定的程序设计经验,才能研制出功能复杂的应用程序。

高级语言通用性好,程序设计人员只要掌握开发系统所提供的高级语言的使用方法,就可以直接用该语言编写程序。MCS-51 系列单片机的编译型高级语言有 PL/M51、C-51、MBASIC-51 等。解释型高级语言有 BASIC-52、TINY BASIC 等。编译型高级语言可生成机器码,解释型高级语言必须在解释程序支持下直接解释执行,因此只有编译型高级语言才能作为单片机开发语言。高级语言对不熟悉单片机指令系统的用户比较适用,这种语言的缺点是不宜编写实时性很强的、高质量的、紧凑的程序。

2) 程序编辑

单片机大都在一些简单的硬件环境中工作,因此大都直接使用机器代码程序。用户系统的源程序翻译成目标程序可借助开发系统提供的软件来完成。通常几乎所有的单片机开发系统都能与 PC 及其兼容机连接,允许用户使用 PC 的编辑程序编写汇编语言或用高级语言来编写程序。例如 PC 上的 EDLIN 行编辑和 PE、WS 等屏幕编辑程序,可使用户方便地将源程序输入到计算机开发系统中,生成汇编语言或高级语言的源文件,然后利用开发系统提供的交叉汇编或编译系统在 PC 上将源程序编译成可在目标机上直接运行的目标程序。开发型单片机一般都具有能和 PC 串行通信的接口,在 PC 上生成的目标程序可通过开发机与 PC 之间的串行口,并利用操作命令直接送到开发机的 RAM 中。

除以上程序编辑功能以外,有些单片机开发系统还提供反汇编功能,以及可供用户调用的子程序库等,从而减少用户软件研制的工作量。

4. 程序固化功能

在单片机应用系统中常需要扩展 EPROM 或 E^2PROM,作为存放程序和常数的存储器。应用程序尚未调试好时可借用开发系统的存储器,当单片机应用系统程序调试完成以后,都要把它写入 EPROM 或 E^2PROM 中,这个过程称为固化。一般单片机开发系统都具有固化 EPROM 或 E^2PROM 芯片的功能。程序固化器就是完成这种任务的专用设备,它也是单片机开发系统的重要组成部分。

10.5　单片机应用系统设计举例

在实际的单片机工程开发中,需要进行下面的工作:

(1) 分析工程需求,确定单片机需要哪些外围器件。单片机系统包括单片机与外围器件,外围器件的选择要依据实际工程需要来决定,例如,温度传感器常选用 DS18B20、显示模块常使用 128×64 汉字液晶、网络传输常使用 485 总线等。

(2) 外围器件要尽量选择通用器件,这样做的好处是可以很容易地从互联网上找到器件的资料以及别人已经调试好的参考程序。这样可以减少开发的周期,器件有问题了容易更换维护。

(3) 根据工程要求,设计控制方案。方案包括是否用定时器、串口通信,并根据外围器件的要求分配单片机的引脚。

（4）根据单片机最小系统以及外围器件的要求设计电路板，并将元器件焊接到电路板上。

（5）逐个调试外围元器件程序，并将其编辑成函数形式，如液晶显示函数、按键读取函数、温度读取函数、电机旋转控制函数。

> **小经验——修改别人的程序到我们的工程中**
>
> 对外围元器件进行编程控制，这是许多初学者比较害怕做的工作。
>
> 实际上我们调试外围元器件没有像教材上讲的那么复杂。可以很容易地从互联网上找到别人已经调试好的参考程序（没有例程序的元器件可以换一种同样功能的元器件），我们的任务是看懂该程序的功能并稍加修改，修改的内容主要是引脚的分配（例如将引脚 P2.4 改为 P1.3）。

（6）编辑主函数、中断函数。按照控制的要求，主函数、中断函数调用其他函数操作外围器件，这就是工程的核心所在，也是困惑初学者的难点之一。

10.5.1　单片机系统与传感器

传感器是自动检测和自动控制不可缺少的部分。传感器能够感受规定的被测量，并按照一定规律转换成可用输出信号，传感器是把被测量转换为与之有确定对应关系的、便于应用的某种物理量的器件或装置。传感器有一定的精确度，其类型繁多，按照用途可分为光、位移、压力、振动、温度、湿度、烟雾、气敏、超声波、磁场传感器等。

传感器信号的输出方式，可分为模拟信号和数字信号。单片机能够直接接收数字信号。现在传感器的总线技术逐步实现标准化、规范化，即输出信号是数字信号，可以与单片机直接连接并能够被单片机直接读写操作，目前所采用的总线主要有第 9 章讲到的几种。表 10-1 是常见的传感器举例。

表 10-1　常见的传感器举例

传感器	功能	生产公司	总线接口
DS18B20	温度传感器	美国 Dallas	1-Wire
MAX6626	温度传感器	美国 Maxim	I^2C
LM74	温度传感器	美国国家半导体	SPI
MAX6691	配热电偶的四通道智能温度传感器	美国 Maxim	单线 PWM 输出
MAX6674	有冷端温度补偿的 K 型热电偶转换器	美国 Maxim	SPI
SHT11	单片智能化湿度/温度传感器	瑞士 Sensirion	2 线数字
MAX1458	数字式压力信号调理器	美国 Maxim	SPI
SB5227	超声波测距	重庆中易电测技术研究所	RS-485
FCD4B14	单片指纹传感器	美国 Atmel	EPP、USB、数字
MC1446B	离子型烟雾检测	Motorola	数字

如果传感器不是数字信号输出，为了满足系统功能要求需要配置各种接口电路。例如为构成数据采集系统，必须配置传感器接口电路，依测量对象不同有小信号放大、A/D 转换、脉冲整形放大、V/F 转换、信号滤波等。

现在许多单片机已经集成有多路的 A/D 转换功能，使控制开发更加方便，需要时可以购买该类型单片机。如中晶的 STC12C5A60AD 单片机，完全兼容 51 系列单片机，有 8 路 10 位 ADC。

小经验

（1）传感器输出信号可分为模拟信号和数字信号。

（2）传感器输出是模拟信号的需要加 A/D 转换芯片。

（3）尽量选有数字接口的芯片，这样电路简单、易于编程。

（4）尽量选通用的芯片，以便网上有可以参考的程序。

10.5.2　光电隔离技术

在驱动大电流电器或有较强干扰的设备时，常使用光电隔离技术，以切断单片机与受控对象之间的电气联系。目前常用的光电耦合器有晶体管输出型和晶闸管输出型。

1. 晶体管输出型光电耦合器

晶体管输出型光电耦合器如图 10-4 所示，由发光二极管和光电晶体管组成。当电流流过发光二极管时，二极管发光，引起光电晶体管有电流流过，该电流主要由光照决定，即由发光二极管控制。目前，常用的晶体管输出光电耦合器有 4N25、4N33 等，其中 4N33 是一种达林顿管输出型光电耦合器。

光电耦合器的输出电流随发光二极管的电流的增大而增大，其电流传输比不是常数，受发光二极管的电流影响。当发光二极管电流为 10～20mA 时，电流传输比最大；当发光二极管电流小于 10mA 或大于 20mA 时，电流传输比下降。

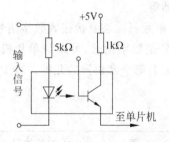

图 10-4　晶体管输出光电耦合器

2. 晶闸管输出型光电耦合器

晶闸管输出型光电耦合器由发光二极管和光敏晶闸管构成。光敏晶闸管有单向和双向之分，在构成光电耦合器的输入端有一定的电流流入时，晶闸管导通。

晶闸管输出型光电耦合器的内部结构以及构成输出电路的连接如图 10-5 所示。4N40 是常用的单向输出型光电耦合器。当输入端有 15～30mA 电流时，输出晶闸管导通，输出端额定电压为 400V，额定电流为 300mA，输入/输出隔离电压为 1500～7500V。4N40 的引脚 6 是输出晶闸管的控制端，不用时可通过电阻接阴极。MOC3043 是常用的双向晶闸管输出的光电耦合器，输入控制电流为 15mA，输出端额定电压为 400V。MOC3043 带有过零触发电路，最大重复浪涌电流为 1A，输入/输出隔离电压为 7500V。

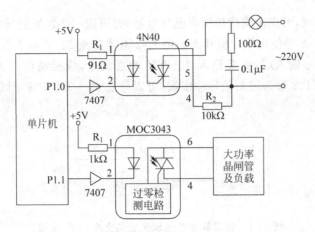

图 10-5 晶闸管输出光电耦合电路

10.5.3 单片机驱动低压电器

实际工程中,单片机可以通过简单的器件驱动灯泡,也可以通过简单的器件驱动几十千瓦的电机。下面介绍工程中常用的驱动低压电器的元器件。

小经验——单片机驱动低压电器的电路是固定的

工程中常用的驱动低压电器的元器件有继电器、固态继电器、交流接触器等。这些元器件与单片机的连接电路是固定的,我们只需要按照该电路设计连接即可。

1. 固态继电器

固态继电器(Solid State Releys,SSR)是一种无触点通断电子开关,为四端有源器件,其中两个端子为输入控制端,另外两端为输出受控端,器件中采用了高耐压的专业光电耦合器。当施加输入信号后,其主回路呈导通状态,无信号时呈阻断状态。整个器件无可动部件及触点,可实现相当于常用电磁继电器一样的功能。图 10-6 是固态继电器的原理图,图 10-7 是固态继电器的实物图。

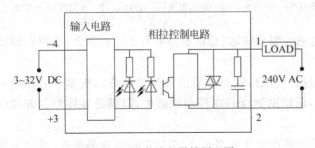

图 10-6 固态继电器的原理图

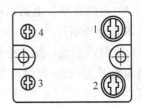

图 10-7 固态继电器的实物图

由于固态继电器是由固体元件组成的无触点开关元件,所以它较之电磁继电器具有工作可靠、寿命长、逻辑电路兼容、抗干扰能力强、开关速度快和使用方便等一系列优点,因而具有很宽的应用领域，可逐步取代传统电磁继电器，并可进一步扩展到传统电磁继电器无法应用的领域。图 10-8 是使用单片机和固态继电器驱动交流 220V 电器的电路，固态继电器的 3、4 端为控制信号输入端，需要输入 3～36V 的直流电，该控制信号由单片机的引脚提供。固态继电器的 1、2 端为控制信号输出端，可以导通 36～380V 的交流电，电流可以是几十安培。

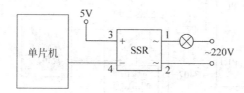

图 10-8　使用单片机和 SSR 驱动交流 220V 电器

2. 交流接触器

接触器是一种自动化的控制电器。接触器主要用于频繁接通或断开的交、直流电路，具有控制容量大，可远距离操作的特点，广泛应用于自动控制电路，其主要控制对象是电动机，也可用于控制其他电力负载，如电热器、照明、电焊机、电容器组等。接触器按被控电流的种类可分为交流接触器和直流接触器。

图 10-9 是交流接触器原理图，主要由电磁系统、触点系统、灭弧系统及其他部分组成。

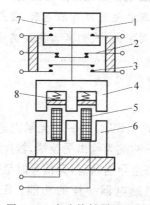

图 10-9　交流接触器原理图

1—主触点；2—常闭辅助触点；3—常开辅助触点；4—动铁芯；5—电磁线圈；6—静铁芯；7—灭弧器；8—弹簧

（1）电磁系统。电磁系统包括电磁线圈和铁芯，是接触器的重要组成部分，依靠它带动触点的闭合与断开。

（2）触点系统。触点是接触器的执行部分，包括主触点和辅助触点。主触点的作用是接通和断开主回路，控制较大的电流，而辅助触点是在控制回路中，以满足各种控制方式的要求。

（3）灭弧系统。灭弧装置用来保证触点断开电路时，产生的电弧可靠的熄灭，减少电弧对触点的损伤。为了迅速熄灭断开时的电弧，通常接触器都装有灭弧装置，一般采用半封式纵缝陶土灭弧罩，并配有强磁吹弧回路。

当接触器电磁线圈不通电时，弹簧的反作用力和衔铁芯的自重使主触点保持断开位置。

当电磁线圈通过控制回路接通控制电压(一般为额定电压,有 36V、110V、220V、380V 等)时,电磁力大于弹簧的反作用力而将衔铁吸向静铁芯,带动主触点闭合,接通电路,辅助触点随之动作。图 10-10 是使用单片机和交流接触器驱动 3 相电机的电路,KM 是交流接触器的电磁线圈(以交流 380V 线圈为例),单片机控制固态继电器的通断状态,进而控制接触器的电磁线圈是否吸合。因为固态继电器有光电隔离功能,所以 380V 的交流电对单片机的控制不会有干扰。

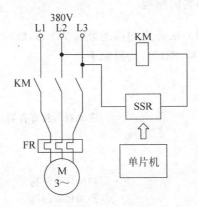

图 10-10　使用单片机和交流接触器驱动电机

10.5.4　单片机的看门狗电路

1. 单片机看门狗电路的功能

看门狗的作用就是防止程序发生死循环或防止单片机死机。由于单片机的工作常常会受到来自外界电磁场的干扰,程序有时会陷入死循环,并造成整个系统陷入停滞状态。出于对单片机安全运行进行实时监测的考虑,便产生了一种专门用于监测单片机程序运行状态的芯片,俗称“看门狗”(WDT)。

单片机的 WDT 其实是一个定时器,看门狗工作时启动了看门狗的定时器,看门狗就开始自动计数。在单片机正常工作的时候,需要每隔一段时间给定时器清零(即喂狗信号)。如果超过了定时器规定的时间还没有输入喂狗信号,看门狗的定时器会溢出,就会输出一个复位信号到单片机,并使单片机复位。

小知识——关于 AT89S51 的看门狗

1. AT89S51 的看门狗必须由程序激活后才开始工作。所以,必须保证 CPU 有可靠的上电复位,否则看门狗也无法工作。

2. 内部看门狗使用的是 CPU 的晶振。在晶振停振的时候看门狗就无效。

3. AT89S51 只有 14 位计数器。在 16383 个机器周期内必须至少喂狗一次。而且这个时间是固定的,无法更改。当晶振频率为 12MHz 时每 16ms 需喂狗一次。

4. 实践中也可采用外部看门狗的方法,可以选用的芯片很多,如 MAX708、MAX813、X25045。

2．AT89S51 单片机的内置看门狗功能

AT89S51 单片机内部集成了看门狗功能。看门狗的计数器称为 WDTRST 寄存器，是 14 位长度，最大计数值是 16383，即 3FFFH。WDTRST 寄存器在内部数据 RAM 的地址是 0A6H。

3．AT89S51 单片机看门狗的编程

激活 AT89S51 看门狗的方法是先向该地址写 01EH，然后写 0E1H 即可。喂狗指令也是先向该地址写 01EH，然后写 0E1H，代码如下：

```c
#include<reg51.h>
...
sfr WDTRST = 0xA6;              //定义看门狗寄存器
...
void main()
{
    WDTRST=0x1E;               //初始化看门狗
    WDTRST=0xE1;               //初始化看门狗
while(1)
{
    WDTRST=0x1E;               //喂狗指令
    WDTRST=0xE1;               //喂狗指令
...                            //其他操作
}
}
```

10.5.5　单片机的低功耗工作方式

单片机有两种低功耗方式，即待机（或称空闲）方式和掉电（或称停机）保护方式。在低功耗方式，备用电源由 V_{cc} 或 RST 端输入。待机方式可使功耗降低，电流一般为 1.7～5mA；掉电方式可使功耗降到最低，电流一般为 5～50μA。待机方式和掉电保护方式所涉及的硬件如图 10-11 所示。

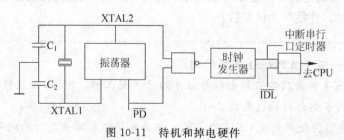

图 10-11　待机和掉电硬件

1．电源控制寄存器 PCON(87H)

单片机中，待机方式和掉电方式都是由电源控制寄存器（PCON）的有关位来控制的。PCON 是一个逐位定义的 8 位专用寄存器，其格式如下：

PCON(87H)	D7	D6	D5	D4	D3	D2	D1	D0
	SMOD	—	—	—	GF1	GF0	PD	IDL

SMOD：波特率倍增位，在串行通信时使用。

D6～D4：保留位。

GF1：通用标志位1，由软件置位和复位。

GF0：通用标志位0，由软件置位和复位。

PD：掉电方式位，当PD=1，则进入掉电方式。

IDL：待机方式位，当IDL=1，则进入待机方式。

要想使单片机进入待机或掉电方式，只要执行一条能使IDL或PD位为1的指令即可。如果PD和IDL同时为1，则进入掉电方式。复位时，PCON中有定义的位均为0。PCON为不可位寻址的SFR。下面说明两种低功耗方式操作过程。

2．待机方式

（1）待机方式的进入

如果向PCON中写入"PCON=0x01;"，即将IDL位置1，单片机进入待机方式。这时振荡器仍然运行，并向中断逻辑、串行口和定时器/计数器电路提供时钟，但向CPU提供时钟的电路被阻断，因此CPU停止工作，而中断功能继续存在。CPU内部的全部状态（包括SP、PC、PSW、ACC以及全部通用寄存器）在待机期间都被保留在原状态。

通常CPU耗电量占芯片耗电量的80%～90%，CPU停止工作会大大降低功耗。在待机方式下（V_{cc}仍为+5V），80C51消耗的电流可由正常的24mA降为3mA以下。

（2）待机方式的退出

终止待机方式有两种途径，方法一是采用中断退出待机方式。在待机方式下，若引入一个外中断请求信号，在CPU响应中断的同时，IDL位被硬件自动清零，结束待机状态，CPU进入中断服务程序。当执行到RETI中断返回指令时，结束中断，返回到主程序，进入正常工作方式。

在中断服务程序中只需安排一条RETI指令，就可以使单片机结束待机恢复正常工作，且返回断点继续执行主程序。也就是说，在主程序中，下一条要执行的指令将是原先使IDL置位指令后面的那条指令。

终止待机方式的第二种方法是靠硬件复位，需要在RST/VPD引脚上加入正脉冲。因为时钟振荡器仍在工作，硬件复位需要保持RST引脚上的高电平在2个机器周期以上就能完成复位操作，退出待机方式进入正常工作方式。

3．掉电保护方式

1）掉电保护方式的进入

如果向PCON中写入"PCON=0x02;"，即PD置位1，就可控制单片机进入掉电保护方式。该方式下，片内振荡器停止工作，此时使单片机一切工作都停止，只有片内RAM及专用寄存器中的内容被保存。端口的输出值由各自的端口锁存器保存。此时ALE和$\overline{PSEN}$引脚输出为低电平。

2）掉电保护方式的退出

退出掉电保护的唯一方法是硬件复位，即当 V_{CC} 恢复正常后，硬件复位信号起作用，并维持一段时间，即可使单片机退出掉电保护方式。复位操作将重新确定所有专用寄存器的内容，但不改变片内 RAM 的内容。

在掉电方式下，电源电压 V_{CC} 可以降至 2V，耗电低于 $50\mu A$，以最小的功耗保存片内 RAM 的信息。

必须注意的是，在进入掉电方式之前，V_{CC} 不能降低；同样在中止掉电方式前，应使 V_{CC} 恢复到正常电压值。复位不但能终止掉电方式，也能使振荡器重新工作。在 V_{CC} 未恢复到正常值之前不应该复位；复位信号在 V_{CC} 恢复后应保持一段时间，以便使振荡器重新启动，并达到稳态，通常小于 10ms 的时间。

10.5.6　单片机控制系统设计实例

单片机应用实例很多，设计方案及步骤灵活多样，这里以冲洗相片底片的单片机控制系统为例来详细介绍设计过程。

1. 功能要求

根据冲洗相片底片的要求，系统需要实现如下功能：

（1）需要对冲洗液的温度进行控制。即用户设定温度值后，显示设定的温度和当前的温度。根据当前温度与设定温度之间的差值，控制启动加热设备或加冷水，进而对洗液槽的温度进行控制。

（2）需要不断地搅拌冲洗液。控制电机进行搅拌保证洗液槽的温度均匀，电机能够正转和反转。

2. 方案论证

根据控制要求，系统框图如图 10-12 所示。

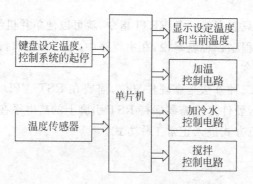

图 10-12　冲洗底片控制系统的系统框图

3. 硬件电路设计

依据系统框图及实际需要选择器件，具体硬件电路如图 10-13 所示，器件的选型及其功能描述如表 10-2 所示。

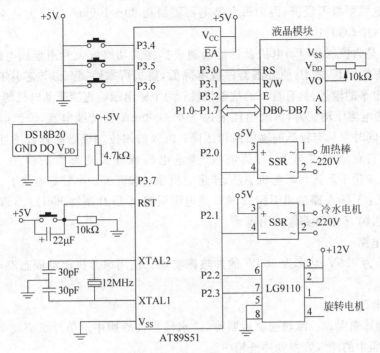

图 10-13 控制电路设计

表 10-2 器件的选型及其功能

器件	功能	使用控制引脚
AT89S51	控制核心芯片	
DS18B20	温度传感器	P3.7
3 个按键	设定温度增减、起停	P3.4、P3.5、P3.6
液晶	显示设定温度和当前温度	P1 口、P3.0、P3.1、P3.2
固态继电器	控制 220V 加热棒通断	P2.0
固态继电器	控制 220V 冷水电机运转	P2.1
LG9110	驱动 12V 搅拌电机运转	P2.2、P2.3

下面分模块介绍硬件电路的功能。

1）温度采集单元

温度采集电路使用温度传感器 DS18B20。

2）按键单元

系统使用 3 个按键。P3.4 使设定温度加 0.1°，P3.5 使设定温度减 0.1°，P3.6 控制系统起停。

3）显示电路

因为水槽的温度在 100℃以下，选择 1602LCD 液晶，第一行显示设定的温度，第二行显示当前的温度。

4）搅拌电路

使用 12V 的小型直流电机对液体进行搅拌。通常选用的电机驱动电路是由晶体管控制继电器来改变电机的转向和进退,这种方法目前仍然适用于大功率电机的驱动,但是对于中小功率的电机则极不经济,因为每个继电器要消耗 20～100mA 的电力。本系统使用电机专用控制芯片 LG9110。

LG9110 是为控制和驱动电机设计的两通道推挽式功率放大专用集成电路器件,将分立电路集成在单片 IC 之中,使外围器件成本降低,整机可靠性提高。该芯片有两个 TTL/CMOS 兼容电平的输入,具有良好的抗干扰性;两个输出端能直接驱动电机的正反向运动,它具有较大的电流驱动能力,每通道能通过 750～800mA 的持续电流,峰值电流能力可达1.5～2.0A;同时它具有较低的输出饱和压降;内置的钳位二极管能释放感性负载的反向冲击电流,使它在驱动继电器、直流电机、步进电机或开关功率管的使用上安全可靠。LG9110 广泛应用于玩具汽车电机驱动、步进电机驱动和开关功率管等电路上。

引脚定义:1 是 A 路输出引脚、2 和 3 是电源引脚、4 是 B 路输出引脚、5 和 8 是地线、6是 A 路输入引脚、7 是 B 路输入引脚。

5) 加热电路

使用电压为 220V,功率为 300W 的加热棒实现。使用单片机驱动固态继电器,进而控制加热棒。

6) 制冷电路

使用微型冰箱实现。冰箱起动后制冷,冷水储存在冷胆中。单片机驱动 220V 的小电机,可以将冷胆中的冷水置换到冲洗箱中。

4．程序设计

程序包括两部分组成,定时器中断程序和主程序。

使用定时器 T0 中断产生 20ms 的时间,对该 20ms 计数可以产生 1s、2s、8s 等时间,进而实现温度检测、控制搅拌、加热等。

主程序设计思想如图 10-14 所示。

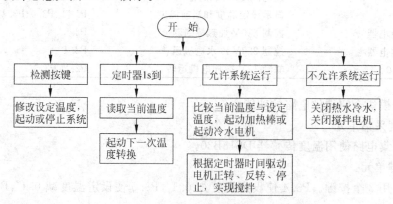

图 10-14　程序设计思想

5．程序清单（省略部分参考前面程序）

```
# include <REGX51.H>
# define unchar unsigned char
```

```
# define unint unsigned int
# define Port_Data P1                              //液晶数据接口定义
sbit RS = P3^0;                                    //液晶时钟接口定义
sbit RW = P3^1;                                    //液晶读写控制线定义
sbit E = P3^2;                                     //液晶操作允许接口定义
sbit DQ_18b20=P3^7;                                //DS18B20数据接口定义
unint Tem_set;
unchar a;
unint b;
bit RUN=0;
//ms 延时时间函数
void delayms(unchar ms)
{
  ...
}
/ * 下面是液晶显示函数,参考液晶章节 * /
//读出忙状态
void Read_Busy(void)
{
  ...
}
//写入数据函数
void Write_Data(unchar Data)
{
  ...
}
//写入指令函数
void Write_Command(unchar Command,bit Busy_Bit) //Busy_Bit 为 0 时忽略忙检测
{
  ...
}
//LCD 初始化
void LCD_Init(void)
{
  ...
}
//在指定位置显示一个字符
void Printc(unchar x,unchar y,unchar Data)
{
  ...
}
//在指定位置显示字符串
void Prints(unchar x,unchar y, unchar * Data)
{
  ...
}
/ * 下面是 DS18B20 函数,参考 DS18B20 章节 * /
//18B20 延时
void delay_18b20(unsigned int i)
{
while(i--);
```

```
}
//DS18B20 初始化函数
bit Init_DS18B20(void)
{
    ...
}
//从 DS18B20 读出一个字节
unsigned char ReadOneChar(void)
{
    ...
}
//向 DS18B20 写入一个字节
void WriteOneChar(unsigned char dat)
{
    ...
}
//启动一次温度测量,开始转换
void tmstart(void)
{
    ...
}
//读出当前的温度数据,延时至少 800ms,等待转换结束
unsigned int ReadTemperature(void)
{
    ...
}
/* 下面是按键处理函数 */
void Key (void)
{
if((P3&0xf0) != 0xf0)
{
delayms(20);                          //延时,去抖动
if(P3_4 == 0) Tem_set += 2;
if(P3_5 == 0) Tem_set -= 2;
if(P3_6 == 0) RUN=! RUN;
display(Tem_set,0);                   //显示设定温度
delayms(500);                         //延时
}
}
//定时器初始化,fosc = 12MHz
void T0_init(void)
{
    TMOD = 0x01;
    TH0 = 0x3c;                        //50000μs
    TL0 = 0xb6;
    IE |= 0x82;
    TR0 = 1;
}
//定时器中断服务
void T0_intservice(void) interrupt 1
```

```
{
    TH0 = 0x3c;
    TL0 = 0xb6;
a++; b++;
}
//液晶显示当前温度,TEMP 是温度, y 是第几行
void Temdisplay(unint TEMP, unchar y)
{
    unchar DispBuf;
    DispBuf=TEMP/1000;
    Printc(10, y, DispBuf+'0');          //显示百位
    TEMP =TEMP%1000;
    DispBuf=TEMP/100;
    Printc(11, y, DispBuf+'0');          //显示十位
    TEMP =TEMP%100;
    DispBuf=TEMP/10;
    Printc(12, y, DispBuf+'0');          //显示个位
    DispBuf =TEMP%10;
    Printc(12, y, '.');                  //显示小数点
    Printc(12, y, DispBuf +'0');         //显示 0.1 位
}
/*下面是按键处理函数*/
void Key (void)
{
  if((P3&0xf0) != 0xf0)
    {
    delayms(20);                         //延时,去抖动
    if(P3_4 == 0)
        {
      Tem_set++;
        Temdisplay(0,0);                 //显示设定温度
        delayms(500);                    //延时
        }
    if(P3_5 == 0)
        {
        Tem_set--;
        Temdisplay(Tem_set,0);           //显示设定温度
          delayms(500);                  //延时
        }
    if(P3_6 == 0)
        {
        RUN = !RUN;
    delayms(500);                        //延时
    }
    }
}
    void main(void)
    {
    unint Tem;
    T0_init();                           //初始化定时器
    LCD_Init();                          //初始化液晶
```

```
Tem_set=256;                          //初始设定温度为 25.6℃
Prints(0,0,"Tem_set:");               //第一行显示
Temdisplay(Tem_set,0);                //显示设定温度
Prints(0,1,"Tem_Read:");              //第一行显示
while (1)
  {
    Key();                            //修改参数,显示
    if(a>49)                          //1s 到,检测 DS18B20
      {
        a=0;                          //重新 1s 计时
        Tem = ReadTemperature();      //读取当前温度
        Tem= Tem * 10/16;
        Temdisplay(Tem,1);            //显示当前温度
        tmstart();                    //发送 DS18B20 开始转换命令
      }
    if(RUN==1)
  {
  P2_0=1; P2_1=1;                     //先关闭热水冷水,再启动温度控制
  if(Tem> Tem_set+3){ P2_0=0; }       //加冷水
    if(Tem> Tem_set-3){ P2_1=0;}      //加热水
  //下面是控制电机正反转
      if (b <=400){P2_2=0; P2_3=1;}   //旋转电机正传 8s
      else if (b <=500){P2_2=1; P2_3=1;}  //旋转电机停传 2s
      else if (b <=900){P2_2=1; P2_3=0;}  //旋转电机反传 8s
      else if (b <=1000){P2_2=1; P2_3=1;} //旋转电机停传 2s
      if (b>1000) b=0;                //旋转电机下一周期动作
      }
    if(RUN==0)
      {
        P2_0=1; P2_1=1;               //关闭热水冷水
        P2_2=1;                       //关闭旋转电机
      }
    }
  }
```

10.6 单片机应用系统的抗干扰技术

一台在实验室设计、制作和调试好的样机系统,投入实际工作环境,有可能无法正常工作。这是因为工作环境中存在强大的干扰,在设计单片机应用系统时,没有采取抗干扰措施或措施不力。必须反复修改硬件和软件设计,增加相应的抗干扰措施,系统才能适应现场环境,按设计要求可靠工作。抗干扰设计工作甚至比前期研制工作还要重,抗干扰设计是非常重要的。

10.6.1 干扰及其危害

所谓干扰,一般是指有用信号以外的噪声。干扰对电路的影响,轻则降低信号的质量,影响系统的稳定性,重则破坏电路的正常功能,造成逻辑关系混乱,控制失灵。干扰的来源

有外部干扰和内部干扰两种。内部干扰是应用系统本身引起的各种干扰,硬件和软件设计的不合理都会出现此类干扰;外部干扰是由系统外部窜入到系统内部的各种干扰,包括某些自然现象(如闪电、雷击、辐射等)引起的自然干扰和人为干扰(如电台、车辆、家用电器、电器设备等发出的电磁干扰,以及电源的工频干扰)。一般来说,自然干扰对系统影响不大,而人为干扰则是外部干扰的关键。下面对系统内部干扰和供电干扰进行简单说明。

1) 接口电路的干扰

在单片机应用系统中,数据传输需要接口电路和一定距离的导线,这会使信号产生延时、畸变、衰减,造成干扰,特别是输出通道中存在大的负载时,更会造成严重干扰。

2) 电路板的干扰

印制电路板是电子元器件安装、连接的载体,电路板的地线、电源线、信号线、元器件的布局不合理,包括焊接的质量都是各种干扰的因素。

3) 元器件造成的干扰

在电路中,使用了大量的电阻、电容和集成电路,这些元器件质量的好坏,都会直接影响到系统的可靠性。

4) 供电系统的干扰

由于大部分单片机应用系统都通过 220V 供电,而 220V 电源上有大量的其他用电设备,会引起电压的欠压、过压、尖峰电压、浪涌射频等干扰,这些干扰源都会造成对单片机供电的不稳定,影响系统的正常工作。

由于干扰或程序设计错误等各种原因,程序在运行过程中可能会偏离正常的顺序而进入到不可预知、不受控制的状态,甚至陷入死循环,称此故障为飞程序、死机。飞程序、死机会造成系统无法正常工作。为提高系统的可靠性,人们常采用硬件抗干扰和软件抗干扰措施。硬件抗干扰就是在硬件设计时想办法,抑制或消除干扰;软件抗干扰就是尽量将软件规范化、标准化和模块化设计,达到抑制或消除干扰的目的。常采用的硬件抗干扰措施主要有滤波技术、去耦电路、接地技术、系统监控技术、隔离和屏蔽技术等;常采用的软件抗干扰措施主要有数字滤波、软件冗余、程序运行监视及故障自动恢复技术等。

10.6.2 硬件抗干扰措施

1. 电源干扰及其对策

系统的很多干扰都来自电源系统。现在的单片机应用系统大都使用市电,在工业现场中,由于生产负荷的变化,例如大电机的启停、强继电器的通断等,往往造成电源电压的波动,有时还会产生幅度在 40~5000V 范围内的高能尖峰脉冲。它对系统的危害性最为严重,很容易使系统造成飞程序或死机。因此,必须对交流供电采取一些措施,以抑制电源引起的干扰。另外,单片机应用系统需要的直流电源都是由交流电源变换来的,这一变换过程也可能存在着波动和干扰。抗干扰的对策除了"远离"这些干扰源以外,例如,与大的用电设备分开供电,通常采取以下措施:

(1) 对交流电源进行滤波和屏蔽。在 220V 进线处,设置一个低通滤波器,它对 50Hz 的市电影响很小,但对频率较高的干扰波具有很强的抑制力。低通滤波器、电源变压器初级绕组、次级绕组以及初级绕组与次级绕组之间都要加接屏蔽层,屏蔽层要接地良好。对于要求较高的系统，可在滤波之前，采取交流稳压和隔离措施。

（2）整流组件上并接滤波电容。滤波电容选用 $1000pF \sim 0.01\mu F$ 的瓷片电容。

（3）采用高质量的开关稳压电源。开关电源具有体积小、重量轻、隔离性能好及抗干扰性能强等优点，常被单片机系统采用。

（4）采用专用的抗尖峰干扰抑制器。目前采用频谱均衡法制成的抗干扰抑制器产品已被使用。

（5）使用 DC-DC 变换器，采用直流集成稳压块单独供电。

在便携式低功耗的单片机系统中，常常采用电池作为电源进行供电。为了降低功耗，显示器部分均采用 LCD 液晶显示器。由于在直流供电时，供电电池的电压会逐步下降，再加上各部件所需电压有所不同，为此，必须在系统中设计 DC-DC 升压或降压变换器以及稳压电路，还要设计低压报警提示以便及时充电或更换电池。

现在市场上有大量的 DC-DC 变换器，用户可以根据系统要求进行选择设计。多直流集成稳压块供电，与单一的稳压电路方式相比有很多优点。它实际上是一种多级稳压电路，可以把稳压器造成的故障分散，利于系统的散热，从而使系统更加稳定可靠。

（6）对于要求更高的系统，如大型单片机系统，可采用不间断电源（Uninterrupted Power Supply，UPS）供电。UPS 电源价位较高，一般不宜采用。

2．地线干扰及其对策

在单片机应用系统中，接地是否正确，将直接影响到系统的正常工作。这里包含两方面的内容，一是接地点是否正确，二是接地是否牢固。前者用来防止系统各部分的窜扰，后者尽量使各接地点处于零阻抗，用以防止接地线上的压降。单片机应用系统及智能化仪器仪表中的地线主要有以下几种。

- 数字地：即系统数字逻辑电路的零电位。例如，TTL 或 CMOS 芯片、CPU 芯片的地端，A/D 和 D/A 转换器的数字地。
- 模拟地：是放大器、A/D 和 D/A 转换器及采样/保持器中模拟电路的零电位。
- 信号地：是传感器的地。
- 功率地：指大电流网络部件的零电位。
- 交流地：50Hz 交流市电的地，它是噪声地。
- 直流地：即直流电源的地线。
- 屏蔽地：为防止静电感应和电磁感应而设计的，有时也称为机壳地。

不同的地线有不同的处理方法，设计安装时，一定要特别注意。下面介绍几种常用的接地方法。

1）一点接地和多点接地的应用

在低频电路中，布线和元器件间的寄生电感影响不大，但接地电路若形成环路，对系统影响很大，因此应一点接地。通常，频率小于 1MHz 时，可采用一点接地，以减少地线造成的地环路；在高频电路中，布线和元器件间的寄生电感及分布电容将造成各接地线间的耦合，地线变成了天线，向外辐射噪声信号，因此，要多点就近接地。通常，频率高于 10MHz 时，应采用多点接地，以避免各地线之间的耦合。当频率处于 $1 \sim 10MHz$ 范围内时，如采用一点接地，其地线长度不应超过波长的 1/20，否则应采用多点接地。

2）数字地和模拟地的连接原则

在单片机应用系统中，数字地和模拟地必须分别接地，即使是一个芯片上有两种地（如A/D、D/A、S/H），也要分别接地，然后仅在一点处把两种地连接起来，否则数字回路通过模拟电路的地线再返回到数字电源，将会对模拟信号产生影响。

3）交流地、功率地与信号地

交流地、功率地与信号地不能公用。流过交流地和功率地的电流较大，会造成数毫伏、甚至几伏电压，这会严重地干扰低电平信号的电路，因此信号地与交流地、功率地分开。

4）信号地与屏蔽地的连接

信号地与屏蔽地的连接不能形成死循环回路；否则会感生出电压，形成干扰信号。

为了防止系统内部地线干扰，在设计印刷电路板时应遵循下列地线分布原则：

（1）TTL、CMOS器件的地线要呈辐射网状，避免环形。

（2）要根据通过电流的大小决定地线的宽度，最好不小于3mm。在可能的情况下，地线尽量加宽。

（3）旁路电容的地线不要太长。

（4）功率地通过的电流较大，地线应尽量加宽，且必须与小信号地分开。

3．屏蔽技术

用金属外壳将整机或部分元器件包围起来，再将金属外壳接地，就能起到屏蔽的作用，对于各种通过电磁感应引起的干扰特别有效。屏蔽外壳的接地点要与系统的信号参考点相接，而且只能单点接地，所有具有同参考点的电路必须装在同一屏蔽盒内。如有引出线，应采用屏蔽线，其屏蔽层应和外壳在同一点接系统参考点。参考点不同的系统应分别屏蔽，不可共处一个屏蔽盒内。

4．传输线的抗干扰措施

一般单片机过程控制系统中，变送器及执行机构上都有电源，而且它们到主机的距离都比较长，易产生干扰，因此在布线上应注意以下几个问题：

（1）一定要把模拟信号线、数字线以及电源线分开。尽量避免并行敷设，若无法分开时，要保持一定的距离（如20～30mm）。

（2）信号线尽量使用双绞线或屏蔽线，屏蔽线的屏蔽层要良好接地。

（3）信号线的铺设要尽量远离干扰源，以防止电磁干扰。若条件许可，最好单独穿管配线。

（4）对于长传输线，为了减少信号失真，采用电流方式传送信号。

对于模拟量输入/输出通道，随着单片机的工作频率越来越高，单片机和应用对象之间的长线传输容易产生干扰。一般来说，当单片机的振荡频率在1MHz时，传输线长于0.5m，或振荡频率为4MHz，传输线长于0.3m时，就属于长传输线情况。在单片机应用系统中，很多模拟量输入/输出通道的干扰，主要是由长线传输引起的。为了保证长线传输的可靠性，提高模拟量输入/输出通道的抗干扰能力，可以采用电流方式传送信号。把单片机应用系统中的0～5V电压信号变换成0～10mA或4～20mA的标准电流信号，以电流方式从现场传送到单片机输入通道的输入端，或以电流方式把单片机的信号传送到输出通道的输出

端,然后通过并联在输入或输出端的精密电阻,再转换成需要的电压信号输入给单片机的
CPU 或输出给外部设备。除此之外,对于传输线的干扰还可以采用隔离技术。

5. 光电隔离技术

单片机应用系统的干扰很大程度上来源于模拟输入/输出通道,如传感器,A/D 转换电
路等。为了系统的可靠,在系统硬件设计时,必须充分保证输入/输出通道的抗干扰措施。
通常的方法是抑制相应的模拟信号干扰,如在输入回路中接入模拟滤波器,使用双积分式
A/D 转换器、V/I 转换器、采用数字传感器、对输入/输出通道进行隔离等措施。双积分 A/D
转换器抗干扰能力强,数字传感器是数字化的模拟传感器,多数情况下其输出为 TTL 脉冲
电平,而脉冲量抗干扰能力强。

单片机应用系统是一个数字-模拟混合的系统,为了防止电气干扰信号从输入/输出通
道进入单片机系统,最常用的方法是在输入/输出通道上采用隔离技术。用于隔离的主要器
件有隔离放大器、光电耦合器等,其中应用最多的是光电耦合器。

光电隔离是通过光电耦合器实现的。常用光电耦合器由一个发光二极管和一个光敏三
极管封装在一起构成。发光二极管与光敏三极管之间用透明绝缘体填充,并使发光管与光
敏管对准,则输入电信号使发光二极管发光,其光线又使光敏三极管产生电信号输出,从而
既完成了信号的传递,又实现了信号电路与接收电路之间的电气隔离,割断了噪声从一个电
路进入另一个电路的通路。除隔离和抗干扰功能以外,光电耦合器还可用于实现电平转换。
光电耦合的响应时间一般不超过几微秒。采用光电隔离技术,不仅可以把主机与输入通道
进行隔离,而且还可以把主机与输出通道进行隔离,构成所谓的“全浮空系统”。光电耦合器
将传输长线“浮空”,没有了长线两端的公共地线,有效地消除了各逻辑电路的电流流过公共
地线时,所产生的噪声电压的相互窜扰,也有效地解决了长线驱动和阻抗匹配等问题,而且,
还可以在控制设备短路时,保护系统不受损害。

6. 系统监控技术

虽然采取了各种抗干扰措施,但由于各种原因,仍然可能出现掉电、飞程序、死机等系统
完全失灵的情况。为防止这种情况造成重大损失,并让系统能够自动恢复正常运行,必须对
系统运行进行监控,完成系统运行监控功能的电路或软件称为“看门狗”电路或“看门狗”定
时器。其工作原理是系统在运行过程中,每隔一段固定的时间给“看门狗”一个信号,表示系
统运行正常。如果超过这一时间没有给出信号,则表示系统失灵。“看门狗”将自动产生一
个复位信号使系统复位,或产生一个“看门狗”定时器中断请求,系统响应该请求,转去执行
中断服务子程序,处理当前的故障,如停机或复位等。

系统监控(也称作 μP,即 Microprocessor 监控)是针对上述情况而设置的最后一道防
线,用以确保系统的可靠性。系统监控电路一般应具有系统复位、电源电压监测、备份电池
切换、程序运行监控(即“看门狗”)等多种功能。

系统监控电路可保证程序非正常运行(如掉电、飞程序、死机)时,能及时进入复位状态,
恢复程序正常运行。系统监控电路的设置通常采用以下几种实现方法。

方法一:选择内部带有 WDT 功能单元的单片机。

方法二:在单片机外部设置 WDT 电路。

方法三：选择 μP 监视控制器件，这些器件中大多有 WDT 电路，如美国 MAXIM 公司推出的微处理机/单片机系统监控集成电路 MAX705/706/813L 芯片具有系统复位、备份电池切换、"看门狗"定时输出、电源电压监测等多种功能。MAX705/706/813L 芯片均为 8 引脚双列直插式封装，+5V 供电，与单片机连接简单，使用方便。

10.6.3　软件抗干扰措施

单片机应用系统的干扰不仅影响硬件工作，也会干扰软件的正常运行，软件设计本身对系统的可靠性也起着至关重要的作用。随着微处理器性能的不断提高，用软件的方法来实现一些硬件的抗干扰功能，简便易行，成本低，因而愈来愈受到人们的重视。

软件对系统的危害主要表现在数据采集不可靠、控制失灵、程序运行失常等几个方面。为了避免上述情况发生，人们研究了许多对策。在这一节中，介绍几种简单、易行且行之有效的软件抗干扰方法。

1．数字滤波提高数据采集的可靠性

对于实时数据采集系统，为了消除传感器通道中的干扰信号，在硬件措施上常采取有源或无源 RLC 网络，构成模拟滤波器对信号实现频率滤波。随着单片机运算速度的提高，运用 CPU 的运算、控制能力也可以完成模拟滤波器的类似功能，这就是数字滤波。数字滤波的方法在许多数字信号处理的专著中都有详细的论述，可以参考。下面介绍几种常用的简便有效的方法。值得注意的是，选取何种方法必须根据信号的变化规律进行选择。

(1) 算术平均法。对一点数据连续采样多次，计算其平均值，以其平均值作为采样结果。这种方法可以减少系统的随机干扰对采集结果的影响。一般取 3～5 次平均值即可。

(2) 比较取舍法。当控制系统测量结果的个别数据存在明显偏差时(例如尖峰脉冲干扰)，可采用比较取舍法，即对每个采样点连续采样几次，根据所采数据的变化规律，确定取舍办法来剔除个别错误数据。例如，"采三取二"即对每个点连续采样 3 次，取两次相同的数据作为采样结果。

(3) 中值法。根据干扰造成数据偏大或偏小的情况，对一个采样点连续采集多个信号，并对这些采样值进行比较，取中值作为该点的采样结果。

(4) 一阶递推数字滤波法。这种方法是利用软件完成 RC 低通滤波器的算法。

2．控制状态失常的软件抗干扰措施

在大量的开关量控制系统中，控制状态输出常常依据于某些条件状态的输入及其逻辑处理结果。干扰的入侵，会造成控制条件的偏差、失误，致使控制输出失误，甚至控制失常。为了提高输入/输出控制的可靠性，可以采取以下抗干扰措施。

1) 软件冗余

在条件控制中，对控制条件的一次采样、处理、控制输出，改为循环地采样、处理、控制输出。这种方法对于惯性较大的控制系统有良好的抗偶然因素干扰的作用。

对于开关量的输入，为了确保信息准确无误，在不影响实时性的前提下，可采取多次读入的方法(至少读两次)，认为无误后(例如两次读入结果相同)再输入。开关量输出时，应将输出量回读(这要由硬件配合)，以便进行比较，确认无误后再输出给执行机构。

有些执行机构由于外界干扰，在执行过程中可能产生误动作，比如已关(开)的闸门、料斗可能中途突然打开(关闭)。对于这些误动作，可以采取在应用程序中每隔一段时间(例如几个毫秒)发出一次输出命令，不断地开或关的措施来避免。

当读入按钮或开关状态时，由于机械触点的抖动，可能造成读入错误，可以采用硬件去抖或用软件延时去抖。

2) 软件保护

当单片机输出一个控制指令时，相应的执行机构便会工作。由于执行机构的工作电压、电流都可能较大，在其动作瞬间往往伴随火花、电弧等干扰信号。这些干扰信号有时会通过公共线路返回到接口中，导致片内 RAM、外部扩展 RAM 以及各特殊功能寄存器数据发生窜改，从而使系统产生误动作。再者，当命令发出之后，程序立即转移到检测返回信号的程序段，一般执行机构动作时间较长(从几十毫秒到几秒不等)，在这段时间内也会产生干扰。

为防止这种情况发生，可以采用一种所谓软件保护的方法。其基本思想是，设置当前输出状态表(当前输出状态寄存单元)，输出指令发出后，立即修改输出状态表。执行机构动作前即调用此保护程序，该程序不断将输出状态表的内容传输到各输出接口的端口寄存器中，以维持正确的输出控制。当干扰造成输出状态破坏时，由于不断执行保护程序，可以及时纠正输出状态，从而达到正确控制的目的。

3) 设置自检程序

在单片机应用系统中，编写一段程序，能自动测试检查系统的硬件故障和软件故障并及时做出响应，这是一种软件技术，称为自诊断技术。设置自检程序可在上电复位后及程序中间的某些点上插入自检，并显示、报警异常点，或自动关闭故障部分。在自诊断技术中，能够对系统自动进行保护或纠错，这种保护在单片机应用系统中是非常重要的。

3. 程序运行失常的软件抗干扰措施

单片机应用系统引入强干扰后，程序计数器 PC 的值可能被改变，因此会破坏程序的正常运行，被干扰后的 PC 值是随机的，这将导致程序飞出，即程序偏离正常的执行顺序。PC 值可能指向操作数，将操作数当作指令码执行，并由此顺序地执行下去；PC 值也可能超出应用程序区，将未使用的 EPROM 区中的随机数当作指令码执行。这两种情况都将使程序执行一系列非预计、无意义、不受控的指令，会使输出严重混乱，最后多由偶然巧合进入死循环，系统失去控制，造成死机。

为了防止程序飞出及死机，人们研制出各种办法，其基本思想是发现失常状态后及时引导程序恢复原始状态。

1) 设立软件陷阱

所谓软件陷阱，是指一些可以使混乱的程序恢复正常运行或使飞出的程序恢复到初始状态的一系列指令。主要有以下两种：

(1) 空指令(NOP)。在程序的某些位置插入连续几个(3 个以上)NOP 指令(即将连续几个单元置成 00H)，不会影响程序的功能，而当程序失控时，只要 PC 指向这些单元(落入陷阱)，连续执行几个空操作后，程序会自动恢复正常，不会再将操作数当作指令码执行，将正常执行后面的程序。这种方法虽然浪费一些内存单元，但可以保证不死机。通常在一些决定程序走向的位置，必须设置 NOP 陷阱，包括：

- 0003H～0030H 地址未使用的单元。这是 5 个中断入口地址，一般用于存放一条绝对跳转指令，但一条绝对跳转指令只占用了 3 个字节，而每两个中断入口之间有 8 个单元，余下的 5 个单元应用 NOP 填满。
- 跳转指令及子程序调用和返回指令之后。
- 程序段之间的未用区域。
- 也可每隔一些指令(一般为十几条指令)设置一个陷阱。

(2) 跳转指令"LJMP ♯add16"和"JB bit,rel"。当 PC 失控导致程序乱飞进入非程序区时，只要在非程序区设置拦截措施，强迫程序回到初始状态或某一指定状态，即可使程序重新正常运行或进行故障处理。

利用"LJMP ♯0000H"(020000H)和"LJMP ♯0202H"(020202H)指令，将非程序区和未用的中断入口地址反复用"020000020000…H"或"02020202…H"填满，则不论程序失控后指向上述区域的哪个字节，最后都能强迫程序回到复位状态，重新执行；或转去 0202H 地址执行抗干扰处理程序。

2) 加软件"看门狗"

如果"跑飞"的程序落到一个临时构成的死循环中，冗余指令和软件陷阱都将无能为力，这时可采取 WATCHDOG(俗称"看门狗")措施。

WATCHDOG 有如下特性：

(1) 本身能独立工作，基本上不依赖于 CPU。CPU 只在一个固定的时间间隔内与之打一次交道，表明整个系统"目前尚属正常"。

(2) 当 CPU 落入死循环后，"看门狗"能及时发现并使陷入死机的系统产生复位，重新启动程序运行。

"看门狗"功能可以由专门的硬件电路来完成，也可以由软件程序和定时器来实现。定时器的定时时间稍大于主程序正常运行一个循环的时间，而在主程序运行过程中执行一次定时器时间常数刷新。这样，当程序失常时，将不能刷新定时器时间常数而导致定时器中断，利用定时器中断服务子程序可将系统复位。

单片机应用系统的加密也是应用系统设计中的一个重要环节。为了防止单片机应用系统被他人抄袭仿造，可以通过改变单片机系统的硬件电路和软件程序对单片机系统加密。硬件加密技术，可以通过 GAL 或 FPGA，将系统逻辑电路做到一块芯片内，使其无法被仿造。为了不影响系统的可靠性或不增加成本，硬件加密必须在不增加或极少增加芯片、连线等前提下实现。采用硬件加密技术时，研制者在目标程序的调试过程中，应首先在未加密的情况下完成调试。除硬件加密技术外，还可以对软件进行适当的加密。软件加密简单易行，不增加任何成本。限于篇幅本章对单片机应用系统的加密技术不进行详细探讨，请有兴趣的读者参阅有关资料。

思考与练习

设计恒温箱的温度控制系统。控制系统为以单片机为核心，实现对温度实时监测和控制。温度传感器采用 DS18B20，能够通过按键设置温度，使用数码管显示温度。

设计提示如下：

1. 利用单片机 AT89C2051 实现对温度的控制，实现保持恒温箱在最高温度为 110℃。

2. 可预置恒温箱温度，烘干过程恒温控制，温度控制误差小于±2℃。

3. 预置时显示设定温度，恒温时显示实时温度，采用 PID 控制算法显示精确到 0.1℃。

4. 温度超出预置温度±5℃时发出声音报警。

5. 对升、降温过程没有线性要求。

6. 温度检测部分采用 DS18B20 数字温度传感器，无须模/数转换，可直接与单片机进行数字传输。

7. 人机对话部分由键盘、显示和报警 3 个部分组成，实现对温度的显示、报警。

第11章

单片机汇编指令系统及编程

本章要点：

- 掌握单片机汇编语言的寻址方式；
- 掌握汇编语言的指令系统；
- 掌握汇编语言的基本程序结构；
- 理解和掌握汇编语言的典型程序。

11.1 单片机汇编指令系统概述

指令是 CPU 用于控制功能部件完成某一指定动作的指示和命令。一台计算机所具有的所有指令的集合，就构成了指令系统(Instruction Set)。指令系统是一套控制计算机执行操作的二进制编码，称为机器语言，机器语言指令是计算机唯一能识别和执行的指令。

为了容易编辑程序，指令系统是利用指令助记符来描述的，称为汇编语言。

51 单片机共有 111 条指令，同一指令还可以派生出多条指令。

1. 汇编语言指令格式

指令格式是指令的表示方式，它规定了指令的长度和内部信息的安排。完整的指令格式如下：

　　[标号:] 操作码　[操作数][,操作数][;注释]

其中：[ ]项是可选项，可有可无。各部分的含义解释如下：

(1) 标号：该语句的符号地址，可以由编程人员根据需要而设置，是可选项。当汇编程序对源程序进行汇编时，结果以该指令所在的实际地址来代换标号。标号便于查询、修改以及转移指令的编程。标号通常用于转移和调用指令的目标地址。

标号由 1～8 个字符组成，第一个字符必须是英文字，不能是数字或其他符号，其余的可以是其他符号或数字，标号和操作码之间的分隔符号必须用冒号。

(2) 操作码：规定了指令的性质和功能，用单片机所规定的助记符来表示，表示单片机做何种动作，如 MOV 表示数据传送操作，SUBB 表示减法操作。

(3) 操作数：说明参与操作的数据或该数据所存放的地址。51 单片机指令系统中，操作数一般有以下几种形式：没有操作数项，操作数隐含在操作码中，如 RET 指令；只有一个操作数，如"CPL　A"指令；有两个操作数，如"ADD A，#00H"指令，操作数之间以逗号相隔；有 3 个操作数，如"CJNE　A,40H,LOOP"指令，操作数之间以逗号相隔。不同功能的指令,操作数的个数和作用也不同。例如,指令中若有两个操作数,写在左面的称为目的操作数(表示操作结果存放的单元地址),写在右面的称为源操作数(指出操作数的来源)。

（4）注释：是对指令的解释说明,用以提高程序的可读性,是可选项。注释前必须加分号。

2．机器码指令格式

机器码指令包括操作码和操作数基本部分。不同指令翻译成机器码后字节数也不一定相同。按照机器码个数,指令可以分为单字节指令、双字节指令、三字节指令 3 种,如下所示。

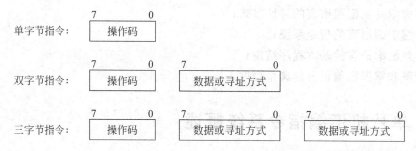

（1）单字节指令：只有 1 个字节的操作码,无操作数,在程序存储器中只占 1 个存储单元。例"RET"指令的机器码为 22H。该指令只有机器码,没有操作数。

（2）双字节指令：包括 2 个字节,第 1 个字节为操作码,第 2 个字节为操作数,在程序存储器中要占 2 个存储单元。例如,"ADD A,30H" 指令的机器码为"25H,30H"。

（3）三字节指令：这类指令中,第 1 个字节为操作码,第 2 和第 3 字节均为操作数。在程序存储器中要占 3 个存储单元。例如,"MOV 20H,30H" 指令机器码为"85H,20H,30H"。

11.2　汇编语言的伪指令

伪指令仅仅是能够帮助汇编进行的一些指令,它主要用来指定程序或数据的起始位置,给出一些连续存放数据的确定地址,或为中间运算结果保留一部分存储空间以及表示源程序结束等。

伪指令只出现在汇编前的源程序中,仅提供汇编用的某些控制信息,编译后不产生可执行的目标代码,是单片机的 CPU 不执行的指令。下面介绍几种常用的伪指令。

1．设置目标程序起始地址伪指令 ORG

设置目标程序起始地址伪指令格式：ORG　n

其中：n 通常为绝对地址,可以是十六进制数、标号或表达式。

功能：规定编译后的机器代码存放的起始位置。在一个汇编语言源程序中允许存在多条定位伪指令,但每一个 n 值都应和前面生成的机器指令存放地址不重叠。

例如：

ORG　1000H

```
START: MOV   A,#20H
       MOV   B,#30H
           ...
```

在一个源程序中,可以多次使用 ORG 指令,以规定不同的程序段的起始位置。但所规定的位置应该是从小到大,而且程序的存储空间不允许重叠,即不同的程序段之间不能有重叠地址。如果源程序没有 ORG 指令,程序则从 0000H 开始存放目标程序。

2. 结束汇编伪指令 END

结束汇编伪指令格式：[标号：]　END

END 是汇编语言源程序的结束标志,表示汇编结束。在 END 以后所写的指令,汇编程序都不予以处理。一个源程序只能有一个 END 命令。在同时包含主程序和子程序的源程序中,也只能有一个 END 命令,并放到所有指令的最后;否则,就有一部分指令不能被汇编。

3. 定义字节伪指令 DB

定义字节伪指令格式：[标号：]DB 项或项表

其中项或项表指一个字节,或用逗号分开的字符串,或以引号括起来的字符串(一个字符用 ASCII 码表示,就相当于一个字节)。该伪指令的功能是把项或项表的数值(字符则用 ASCII 码)存入从标号开始的连续存储单元中。

【例 11-1】

```
        ORG    2000H
TAB1: DB      30H, 8AH, 7FH, 73
        DB      '5','A','BCD'
```

由于"ORG 2000H",所以 TAB1 的地址为 2000H,因此以上伪指令经汇编以后,将对 2000H 开始的若干内存单元赋值:

(2000H) = 30H

(2001H) = 8AH

(2002H) = 7FH

(2003H) = 49H;十进制数 73 以十六进制数存放

(2004H) = 35H;数字 5 的 ASCII 码

(2005H) = 41H;字母 A 的 ASCII 码

(2006H) = 42H;'BCD'中 B 的 ASCII 码

(2007H) = 43H;'BCD'中 C 的 ASCII 码

(2008H) = 44H;'BCD'中 D 的 ASCII 码

4. 定义字伪指令 DW

定义字伪指令格式：[标号：]DW 项或项表

DW 伪指令与 DB 的功能类似,所不同的是 DB 用于定义一个字节(8 位二进制数),而 DW 则用于定义一个字(即两个字节,16 位二进制数)。在执行汇编程序时,机器会自动按高 8 位先存入,低 8 位后存入的格式排列,这和 MCS-51 指令中 16 位数据存放的方式一致。

【例 11-2】

```
      ORG   1500H
TAB2:DW   1234H,   80H
```

汇编以后：(1500H)＝12H，(1501H)＝34H，(1502H)＝00H，(1503H)＝80H。

5．预留存储空间伪指令 DS

预留存储空间伪指令格式：［标号：］DS 表达式

该伪指令的功能是从标号指定的单元开始，保留若干字节的内存空间以备源程序使用。存储空间内预留的存储单元数由表达式的值决定。

【例 11-3】

```
ORG   1000H
DS    20H
DB    30H, 8FH
```

汇编时，从 1000H 开始，预留 32(20H)个字节的内存单元，然后从 1020H 开始，按照下一条 DB 指令赋值，即(1020H)＝30H,(1021H)＝8FH。保留的存储空间将由程序的其他部分决定它们的用处。

6．标号定义伪指令

1）等值伪指令（EQU）或＝

指令格式：＜标号＞EQU＜表达式＞   或   符号名＝表达式

功能：将表达式的值或某个特定汇编符号定义为一个指定的符号名，只能定义单字节数据，并且必须遵循先定义后使用的原则，因此该语句通常放在源程序的开头部分。其含义是标号等值于表达式，这里的标号和表达式是必不可少的。

【例 11-4】

```
TTY   EQU   1080H
```

功能是向汇编程序表明标号 TTY 的值为 1080H。

【例 11-5】

```
LOOP1 EQU   TTY
```

TTY 如果已赋值为1080H,则 LOOP1 也为1080H,在程序中 TTY 和 LOOP1 可以互换使用。

用 EQU 语句给一个标号赋值以后,在整个源程序中该标号的值是固定的,不能更改。

2）数据赋值伪指令 DATA

指令格式：符号名   DATA   表达式

功能：将表达式的值或某个特定汇编符号定义为一个指定的符号名,只能定义单字节数据,但可以先使用后定义,因此用它定义数据可以放在程序末尾进行数据定义。

【例 11-6】

```
MOV   A,   #LEN
```

LEN   DATA   10

尽管 LEN 的引用在定义之前,但汇编语言系统仍可以知道 A 的值是 0AH。

7. 数据地址赋值伪指令 XDATA

数据地址赋值伪指令格式:符号名   XDATA   表达式

功能:将表达式的值或某个特定汇编符号定义为一个指定的符号名,可以先使用后定义,并且用于双字节数据定义。

【例 11-7】

DELAY XDATA 0356H
LCALL   DELAY   ;执行指令后,程序转到 0356H 单元执行

8. 位地址赋值伪指令 BIT

位地址赋值伪指令格式: 标号   BIT   位地址

该指令的功能是将位地址赋予特定位的标号,经赋值后就可用指令中 BIT 左面的标号来代替 BIT 右边所指出的位。

【例 11-8】

FLG BIT   F0
AI   BIT   P1.0

经以上伪指令定义后,在编程中就可以把 FLG 和 AI 作为位地址来使用。

11.3　51 单片机的寻址方式

在计算机中,说明操作数所在地址的方法称为指令的寻址方式。计算机执行程序实际上是在不断寻找操作数并进行操作的过程。51 单片机的指令系统提供了 7 种寻址方式,分别为立即寻址、直接寻址、寄存器寻址、寄存器间接寻址、变址寻址、相对寻址和位寻址。一条指令可能含多种寻址方式。

1. 立即寻址

将立即参与操作的数据直接写在指令中,这种寻址方式称为立即寻址。特点是指令中直接含有所需的操作数。该操作数可以是 1 字节或 2 字节,常常处在指令的第 2 字节和第 3 字节的位置上。立即数通常使用"♯data"或"♯data16"表示,它紧跟在操作码的后面,作为指令的一部分与操作码一起存放在程序存储器内,可以立即得到并执行,不需要再去寄存器或存储器等处寻找和取数,故称为立即寻址。操作数是放在程序存储器的常数。注意在立即数前面加"♯"标志,用以和直接寻址中的直接地址(direc 或 bit)相区别。

【例 11-9】

MOV   A,♯20H;

该指令功能是将 8 位的立即数 20H 传送至累加器 A 中。该
指令的执行过程如图 11-1 所示。

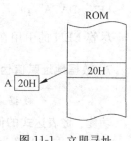

图 11-1　立即寻址

【例 11-10】

MOV DPTR,♯1000H;

将 16 位的立即数 1000H 传送到数据指针 DPTR 中，立即数
的高 8 位 10H 装入 DPH，低 8 位 00H 装入 DPL 中。

立即寻址所对应的寻址空间应为 ROM 存储空间。

2. 直接寻址

直接寻址是指指令中直接给出操作数所在存储单元地址的寻址方式。在这种方式中，
指令的操作数部分直接是操作数的地址。MCS-51 单片机中，对于专用寄存器，直接地址是
访问专用寄存器的唯一方法，也可以用专用寄存器的名称表示。

【例 11-11】

MOV　A,20H；

该指令将片内 RAM 的 20H 单元中的内容传送至 A 中。其操作数 20H 就是存放数据
的单元地址，因此该指令是直接寻址。20H 是 8 位地址。该指令的执行过程见图 11-2。

在 MCS-51 单片机中，直接寻址方式只能使用 8 位二进制地址，可以直接寻址的寻址
空间为：

- 片内低 128 字节单元(00H～7FH)；
- 专用寄存器(如用专用寄存器的名称表示时，将被转换成相应的 SFR 地址)；
- 片内 RAM 的位地址空间。

3. 寄存器寻址

寄存器寻址是指将操作数存放于寄存器中，寄存器包括工作寄存器 R0～R7、累加器
A、通用寄存器 B、地址寄存器 DPTR 和进位 CY 等。其中 R0～R7 由操作码低 3 位的 8 种
组合表示，ACC、B、DPTR、CY 则隐含在操作码之中。这种寻址方式中被寻址的寄存器中
的内容就是操作数。

寄存器寻址的指令中以寄存器的符号来表示寄存器，如"MOV　A,R0；(A)←(R0)"。
该指令功能是将 R0 中的数传送至 A 中，如 R0 内容为 55H，则执行该指令后 A 的内容也
为 55H，如图 11-3 所示。在该条指令中，操作数是由寻址 R0 和 A 寄存器得到的，故属于
寄存器寻址。该指令为单字节指令，机器代码为 E8H。

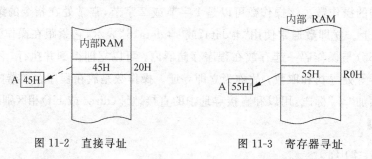

图 11-2　直接寻址　　　　　图 11-3　寄存器寻址

【例 11-12】

INC　R1

该指令中 R1 中的内容就是操作数,将 R1 中的数加 1 后再传送至 R1 中。

注意,工作寄存器的选择是通过程序状态字寄存器来控制的,在这条指令前,应通过 PSW 设定工作寄存器组。寄存器寻址的寻址空间如下:工作寄存器 R0～R7;累加器 A;通用寄存器 B;数据指针 DPTR;位累加器 CY。

4. 寄存器间接寻址

寄存器间接寻址是指将存放操作数的内存单元的地址放在寄存器中,指令中只给出该寄存器的寻址方法,称为寄存器间接寻址,简称寄存器间址。执行指令时,首先根据寄存器的内容,找到所需要的操作数地址,再由该地址找到操作数并完成相应操作。在 MCS-51 指令系统中,用于寄存器间接寻址的寄存器有 R0、R1 和 DPTR,称为寄存器间接寻址寄存器。

寄存器的内容不是操作数本身,而是操作数地址。间接寻址寄存器前面必须加上符号"@"指明。

寄存器间接寻址可用于访问片内数据存储器或片外数据存储器。但它不能访问特殊功能寄存器 SFR,这是因为内部 RAM 的高 128 字节地址与 SFR 的地址是重叠的。当访问片内 RAM 或片外的低 256 字节空间时,可用 R0 或 R1 作为间址寄存器;当访问片外 RAM 时,也可用 DPTR 作为间址寄存器,DPTR 为 16 位寄存器,因此它可访问片外整个 64KB 的地址空间。在执行堆栈操作时,也可采用寄存器间接寻址,此时用堆栈指针 SP 作间址寄存器。

例如,指令"MOV A,@R0;"。该指令的功能是将 R0 的内容作为内部 RAM 的地址,再将该地址单元中的内容取出来送到累加器 A 中。设 R0＝50H,内部 RAM 50H 的值是 40H,则"MOV A,@R0"执行的结果是累加器 A 中的值是 40H,该指令的执行过程如图 11-4 所示。

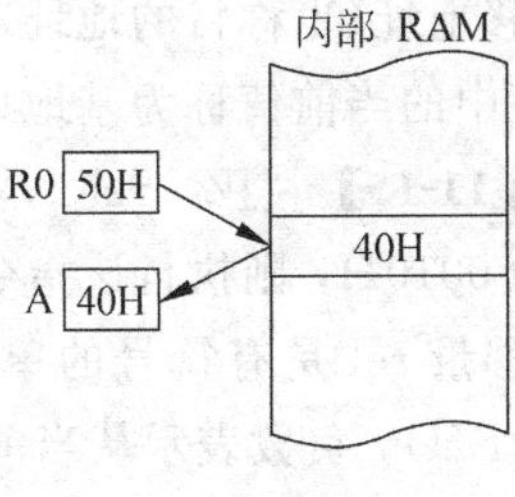

图 11-4　寄存器间接寻址示意图

【例 11-13】

MOVX A,@DPTR;

该指令将 DPTR 指示的地址单元中的内容传送至累加器 A 中。寄存器间接寻址空间为:片内 RAM;片外 RAM。

5. 变址寻址

变址寻址是指将基址寄存器与变址寄存器的内容相加,结果作为操作数的地址,这种间接寻址称为基址加变址寻址,简称变址寻址。DPTR 或 PC 是基址寄存器,累加器 A 是变址寄存器,两者的内容之和为操作数的地址,改变 A 中的内容即可改变操作数的地址。该类寻址方式主要用于查表操作。变址寻址的指令只有两条:

MOVC A,@A+DPTR
MOVC A,@A+PC

变址寻址虽然形式复杂,但是变址寻址的指令都是单字节指令。

变址寻址方式用于对程序存储器中的数据进行寻址,寻址范围为 64KB,由于程序存储器是只读存储器,所以变址寻址只有读操作而无写操作。

【例 11-14】 指令"MOVC A,@A+DPTR"执行的操作是将累加器 A 和基址寄存器 DPTR 的内容相加,相加结果作为操作数存放的地址,再将操作数取出来送到累加器 A 中。

设累加器 A=02H,DPTR=0300H,外部 ROM 中,0302H 单元的内容是 55H,则指令"MOVC A,@A+DPTR"的执行结果是累加器 A 的内容为 55H。该指令的执行过程如图 11-5 所示。变址寻址可寻址的空间是 ROM 空间。

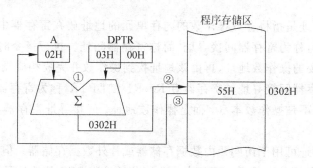

图 11-5   变址寻址

6. 相对寻址

相对寻址是指程序计数器 PC 的当前内容与指令中的操作数相加,其结果作为跳转指令的转移地址(也称目的地址)。它用于访问程序存储器,主要用于跳转指令。

PC 中的当前值称为基地址,PC 当前值 = 源地址 + 转移指令字节数。

【例 11-15】 "JZ   rel"是一条累加器 A 为零就转移的双字节指令。若该指令地址(源地址)为 0010H,则执行该指令时的当前 PC 值即为 0012H。

偏移量 rel 是有符号的单字节数,以补码表示,其相对值的范围是 -128～+127(即 00H～FFH),负数表示从当前地址向上转移,正数表示从当前地址向下转移。所以,相对转移指令满足条件后,转移的地址(一般称为目标地址)应为:目标地址 = 当前 PC 值 + rel = 源地址 + 转移指令字节数 + rel。

此种寻址方式一般用于相对跳转指令,使用时应注意指令的字节数。设指令"SJMP 52H"的机器码"80H 52H"存放在 1000H 处,这条指令为双字节指令,当执行到该指令时,先从 1000H 和 1001H 单元取出指令,PC 自动变为 1002H;再把 PC 的内容与操作数 52H 相加,形成目标地址 1054H,再送回 PC,使得程序跳转到 1054H 单元继续执行。该指令的执行过程如图 11-6 所示。相对寻址寻址的空间为程序存储器。

7. 位寻址

位寻址是指按位进行的寻址操作,而上述介绍的指令都是按字节进行的寻址操作。MCS-51 单片机中,操作数不仅可以按字节为单位进行操作,也可以按位进行操作。当把某一位作为操作数时,这个操作数的地址称为位地址。位寻址方式中,操作数是内部 RAM

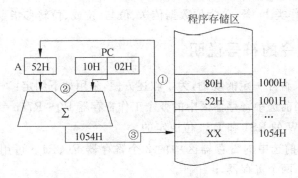

图 11-6　相对寻址示意图

单元中某一位的信息,位寻址指令中可以直接使用位地址。

　　在进行位操作时,借助于进位标志 CY 作为操作累加器。操作数直接给出该位的地址,然后根据操作码的性质对其进行位操作。位寻址的位地址与直接寻址的字节地址形式完全一样,主要由操作码来区分,使用时需注意。例如:"MOV C,30H"指令中的 30H 是位地址,而"MOV A,30H"指令中的 30H 是字节地址。指令"MOV C,30H"的功能是把 30H 位的状态送进位 C。

　　【例 11-16】　指令"SETB 35H"执行的操作是将内部 RAM 位寻址区中的 35H 位置 1。

　　设内部 RAM 26H 单元的内容是 00H(8 位 0),执行"SETB 35H"后,由于 35H 对应内部 RAM 26H 的第 5 位,因此该位变为 1,也就是 26H 单元的内容变为 20H。该指令的执行过程如图 11-7 所示。

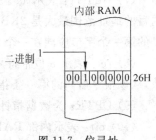

图 11-7　位寻址

　　位寻址可寻址空间为:

- 内部 RAM 的位寻址区,地址范围是 20H～2FH,共 16 个 RAM 单元,位地址为 00H～7FH;对这 128 个位的寻址使用直接位地址表示,位寻址区中的位有位地址和单元地址加位两种表示方法。
- 特殊功能寄存器 SFR 中有 11 个寄存器可以位寻址。并且位操作指令可对地址空间的每一位进行传送及逻辑操作。

　　综上所述,在 51 系列单片机的存储空间中,指令究竟对哪个存储器空间进行操作是由指令操作码和寻址方式确定的。

11.4　常用指令系统及应用举例

　　MCS-51 的指令系统共 111 条指令,分为 5 大类,具体如下所述:

- 数据传送指令类 29 条,分为片内 RAM、片外 RAM、程序存储器的传送指令、交换及堆栈操作指令。
- 算术运算类 24 条,分为加、带进位加、减、乘、除、加 1、减 1 指令。
- 逻辑运算类 24 条,分为逻辑与、或、异或、移位指令。
- 控制转移类 17 条,分为无条件转移与调用、条件转移、空操作指令。

• 布尔变量操作类 17 条，分为位数据传送、位与、位或、位转移指令。

11.4.1　指令的符号说明

指令的书写必须遵守一定的规则，为了叙述方便，采用如下约定：

(1) Rn：表示当前选中寄存器区中的 8 个工作寄存器 R0～R7(n=0～7)，当前工作寄存器的选定是由 PSW 的 RS1 和 RS0 位决定的。

(2) Ri：表示当前选中的寄存器区中的 2 个寄存器 R0、R1。可用作间接寻址的寄存器，只能是 R0 和 R1 两个寄存器，i=0、1。

(3) direct：表示 8 位内部数据存储器单元的地址。它可以是内部 RAM 的 0～127 单元地址或专用寄存器的地址(SFR 的单元地址或符号 128～255)，如 I/O 端口、控制寄存器、状态寄存器等的地址，寻址范围 256 个单元。对于 SFR 可直接用其名称来代替其直接地址。

(4) #data：表示包含在指令中的 8 位立即数，即 00H～FFH。

(5) #data16：表示包含在指令中的 16 位立即数，即 0000H～FFFFH。

(6) addr16：表示 16 位目的地址，主要用在 LCALL 和 LJMP 指令中。目的地址范围是 64KB 的程序存储器地址空间。

(7) Addr11：表示 11 位目的地址，用在 ACALL 和 AJMP 指令中。ACALL 和 AJMP 的目的地址范围最大是 2KB 的程序存储器地址空间。目的地址与该指令后面的第一条指令的第一个字节应同在一个 2KB 程序存储器地址空间之内(1 页内)。

(8) rel：表示 8 位带符号的偏移量，用于 SJMP 和所有条件转移指令中。偏移量(字节数)从该指令后面的第一条指令的第一个字节起计算，在 −128～+127 范围内取值。

(9) DPTR：为数据指针，可用作 16 位的地址寄存器。

(10) bit：表示内部 RAM 或专用寄存器中的直接寻址位。

(11) A：累加器 ACC。

(12) B：专用寄存器，用于 MUL 和 DIV 指令中。

(13) C：为进位标志或进位位，或布尔处理机中的累加器。

(14) @：为间址寄存器或基址寄存器的前缀，如@Ri，@A+PC，@A+DPTR，表示寄存器。

(15) /：位操作数的前缀，表示对该位操作数取反，如/bit。间接寻址。

(16) X：表示直接地址或寄存器。

(17) (X)：表示 X 中的内容。另外在注释间接寻址指令时，表示由间址寄存器 X 指出的地址单元。

(18) ((X))：注释间接寻址指令时，表示由间址寄存器 X 指出的地址单元中的内容。即将 X 的内容作为地址，表示该地址中的内容。

(19) ←：表示将箭头右边的内容传送至箭头的左边，在操作说明(注释)中用。

11.4.2　数据传送类指令

数据传送指令是 MCS-51 单片机汇编语言程序设计中最基本、最重要的指令，包括内部 RAM、寄存器、外部 RAM 以及程序存储器之间的数据传送。

数据传送指令一共 29 条,按存储器的空间划分来进行分类,共 5 类。这类指令一般是把源操作数传送到目的操作数,指令执行后,源操作数不变,目的操作数修改为源操作数。传送类指令一般不影响标志位,对目的操作数为累加器 A 的指令将影响奇偶标志位 P。传送类指令使用 8 种助记符:MOV、MOVX、MOVC、XCH、XCHD、SWAP、PUSH 及 POP。传送类指令的类型、目的操作数、助记符、功能、字节数、执行所用的机器周期等如表 11-1 所示。

表 11-1 数据传送类指令

类型	目的操作数	助 记 符	功 能	字节数	机器周期
片内 RAM 传送指令	A	MOV A,Rn	A←(Rn)	1	1
		MOV A,@Ri	A←((Ri))	1	1
		MOV A,#data	A←#data	2	1
		MOV A,direct	A←(direct)	2	1
	Rn	MOV Rn,A	Rn←(A)	1	1
		MOV Rn,direct	Rn←(direct)	2	2
		MOV Rn,#data	Rn←#data	2	1
	Direct	MOV direct,A	direct←(A)	2	1
		MOV direct,Rn	direct←(Rn)	2	2
		MOV direct1,direct2	Direct←(direct2)	3	2
		MOV direct,@Ri	direct←((Ri))	2	2
		MOV direct,#data	direct←#data	3	2
	@Ri	MOV @Ri,A	(Ri)←(A)	1	1
		MOV @Ri,direct	(Ri)←(direct)	2	2
		MOV @Ri,#data	(Ri)←#data	2	1
16 位数据传送指令	DPTR	MOV DPTR,#data16	DPTR←#data16	3	2
片外 RAM 传送指令	A	MOVX A,@Ri	A←((Ri))	1	1
		MOVX A,@DPTR	A←((DPTR))	1	2
	@Ri	MOVX @Ri,A	(Ri)←(A)	1	2
	@DPTR	MOVX @DPTR,A	(DPTR)←(A)	1	2
ROM 传送指令	A	MOVC A,@A+PC	A←((A)+(PC))	1	2
		MOVC A,@A+DPTR	A←((A)+(DPTR))	1	2
交换指令		XCH A,Rn	(A)⟷(Rn)	1	1
		XCH A,@Ri	(A)⟷((Ri))	1	1
		XCH A,direct	(A)⟷(direct)	2	1
		XCHD A,@Ri	$(A)_{0-3}⟷((Ri))_{0-3}$	1	1
		SWAP A	$(A)_{0-3}⟷(A)_{4-7}$	1	1
堆栈指令	Direct	PUSH direct	SP←(SP)+1;(SP)←(direct)	2	2
		POP direct	Direct←((SP));SP←(SP)−1	2	2

1. 内部 8 位数据传送指令(15 条)

内部 8 位数据传送指令共 15 条,主要用于 MCS-51 单片机内部 RAM 与寄存器之间的数据传送。指令的助记符为 MOV(MOVE)，指令基本格式.

MOV ＜目的操作数＞,＜源操作数＞

由于目的操作数和源操作数都能够采用多种寻址方式，所以这类指令可以延伸生成多条指令。注意，在立即寻址、直接寻址、寄存器寻址、寄存器间接寻址方式中，要注意下面几点：

- 立即数不能作为目的操作数；
- 工作寄存器和工作寄存器之间不能互传；
- 寄存器寻址和寄存器间接寻址不能互传。

其传送操作过程如图 11-8 所示。

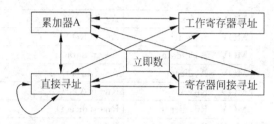

图 11-8   数据传送操作

1) 以累加器 A 为目的地址的传送指令（4 条）

MOV A, Rn
MOV A, direct
MOV A, @Ri
MOV A, ＃data

注意：以上传送指令的结果均影响程序状态字寄存器 PSW 的 P 标志。

【**例 11-17**】   已知(R0)＝30H,(30H)＝4EH,(50H)＝28H,请指出单条指令执行后，累加器 A 内容相应的变化。

(1) MOV A, ＃20H
(2) MOV A, 30H
(3) MOV A, R0
(4) MOV A, @R0

执行后：

(1) (A)＝20H
(2) (A)＝4EH
(3) (A)＝30H
(4) (A)＝4EH

2) 以 Rn 为目的地址的传送指令（3 条）

MOV Rn, A
MOV Rn, direct
MOV Rn, ＃data

注意：以上传送指令的结果不影响程序状态字寄存器的 PSW 标志。

例如,①MOV R7,A ②MOV R7,30H ③MOV R5,♯20H 这 3 条指令均不影响 PSW 标志。

3) 以直接地址为目的地址的传送指令(5 条)

MOV direct,A
MOV direct,Rn
MOV direct2,direct1
MOV direct,@Ri
MOV direct,♯data

注意:以上传送指令的结果不影响程序状态字寄存器 PSW 标志。如下面指令:

(1) MOV 40H,A
(2) MOV 40H,R5
(3) MOV 40H,50H
(4) MOV 40H,@R0
(5) MOV 40H,♯20H

均不影响 PSW 标志。

4) 以寄存器间接地址为目的地址的传送指令(3 条)

MOV @Ri,A
MOV @Ri,direct
MOV @Ri,♯data

注意:以上传送指令的结果不影响程序状态字寄存器 PSW 标志。

【例 11-18】 已知(R0)=50H,(20H)=48H,(50H)=28H,(R1)=60H,请指出单条指令执行后,各单元内容的变化。

(1) MOV 50H,♯20H
(2) MOV 40H,50H
(3) MOV 55H,R0
(4) MOV 20H,@R0
(5) MOV @R1,20H

执行后各单元内容如下:

(1) (50H)=20H
(2) (40)=28H
(3) (55H)=50H
(4) (20)=28H
(5) (60)=48H

5) 16 位数据传送指令(1 条)

MOV DPTR,♯data16

这是 51 单片机中唯一的一条 16 位立即数传递指令,大家知道 51 系列单片机是一种 8 位单片机,8 位单片机所能表示的无符号数只能是 0~255,如果现在有个数是 1234H,我们要把它送入 DPTR 该怎么办呢? Intel 公司已经把 DPTR 分成了两个寄存器 DPH 和 DPL,只要把 12H(高 8 位)送入 DPH,把 34H(低 8 位)送入 DPL 中去就可以了。所以,执行指令"MOV DPTR,♯1234Ⅱ"和执行指令"MOV DPⅡ ♯12Ⅱ（1）;"与"MOV DPL ♯34H（2）;"是一样的。

注意：以上指令结果不影响程序状态字寄存器 PSW 标志。

2. 外部数据传送指令（4 条）

单片机内部 RAM 容量有限,当单片机的内部 RAM 不够用时,就要扩充 RAM 空间。51 单片机的片外 RAM 可以扩展到 64KB,即 0000H～FFFFH。片外 RAM（即片外数据存储器）和累加器 A 通过外部数据传送指令进行数据传递,指令助记符为：MOVX（Move external）,它们之间的传递指令共有以下 4 条：

```
MOVX A,@DPTR
MOVX A,@Ri
MOVX @DPTR,A
MOVX @Ri,A
```

注意：以上传送指令结果通常影响程序状态字寄存器 PSW 的 P 标志。

外部 RAM 只能通过累加器 A 进行数据传送。

累加器 A 与外部 RAM 之间传送数据时只能用间接寻址方式,可以访问片外 RAM 64KB 的范围。间接寻址寄存器为 DPTR 和 Ri。其中 Ri 只能存放外部 RAM 地址的低 8 位,高 8 位地址由 P2 口输出。

使用时应当首先将要读出或写入的地址送入 DPTR 或 Ri 中,然后再用读写指令。

MCS-51 指令系统中没有设置访问外设的专用 I/O 指令,且片外扩展的 I/O 端口与片外 RAM 是统一编址的,因此对片外 I/O 端口的访问均可使用以上 4 条指令。

【例 11-19】 把外部 RAM 1000H 单元的内容送入内部 RAM 20H 单元中。

解：MOV DPTR,♯1000H
MOVX A,@DPTR
MOV 20H,A

【例 11-20】 已知(A)=30H,(P2)=20h,(R0)=50H 执行"MOVX @R0,A"后,相应单元内容的变化。

解：(2050H)=30H

3. ROM 查表指令（2 条）

指令的助记符为：MOVC（Move Code）。

通常 ROM 中可以存放两方面的内容：一是单片机执行的程序代码;二是一些固定不变的常数（如表格数据,字段代码等）。访问 ROM 实际是指从 ROM 中读取常数。ROM 只能读取指令,而不能写入数据,这一点和 RAM 是不同的。该类指令主要用于查表,其数据表格可以放在程序存储器中。有下列 2 条：

```
MOVC A,@A+PC
MOVC A,@A+DPTR
```

注意：该指令是将 ROM 中的数送入 A 中,通常称其为查表指令,我们常用此指令来查一个已做好在 ROM 中的表格。

该条指令为变址寻址,本指令是要在 ROM 的一个地址单元中找出数据,显然必须知道这个单元的地址,这个单元的地址是这样确定的,在执行本指令前 DPTR 中有·个数,A 中也有一个数,执行指令时,将 A 和 DPTR 中的数加起来,就成为要查找的数的单元地址,把查找到的结果放在 A 中,因此,本条指令执行前后 A 中的值不一定相同。

以上指令结果影响程序状态字寄存器 PSW 的 P 标志。

第一条指令:

MOVC A,@A+PC ;操作:PC←(PC)+1 A←((A)+(PC))

该指令是以 PC 作为基址寄存器,A 作为变址寄存器。将 A 的内容和 PC 当前的内容(下一条指令的第一字节地址)相加后得到一个 16 位地址,然后将该地址指定的程序存储器单元中的内容送累加器 A 中,变址寄存器 A 的内容为 0～255。因此。将 A 的内容和 PC 当前的内容相加所得的地址只能在该查表指令以下的 255 个单元的地址之内,表格的大小也受到限制,称为近程查表。

【例 11-21】 执行下列程序后,A 中的内容为多少?

```
        ORG  1000H      ;    各指令的地址为:
        MOV A,♯09H      ;    1000H
        MOVCA,@A+PC     ;    1002H
        RET             ;    1003H
        ORG  100AH
TAB: DB  00H            ;    100AH
     DB  0B6H           ;    100BH
     DB  0C4H           ;    100CH
     DB  0E0H           ;    100DH
```

运行结果:A=0C4H。

第二条指令:

MOVC A,@A+DPTR ;操作:A←((A)+(DPTR))

这条指令是以 DPTR 作为基址寄存器,A 作为变址寄存器。将 A 的内容和 DPTR 的内容相加后得到一个 16 位地址,然后将该地址指定的程序存储器单元中的内容送到累加器 A 中。

该表格的大小和位置可以在 64KB 的程序存储器中任意安排。

【例 11-22】 设累加器 A 中为 ASCII 码。试编程将其转换为十六进制表示(00H～09H)的 BCD 码,并将其送到 30H 地址单元中。

```
解:     ORG  0000H
        AJMP MAIN
        ORG  0100H
MAIN: MOV  DPTR,♯TAB
      MOVC A,@A+DPTR
      MOV  30h,A
RET
TAB: DB  00H,01H,02H,03H,04H,05H,06H,07H,08H,09H
```

4. 堆栈操作指令（2 条）

在单片机中,可以在内部 RAM 中构造出这样一个区域,这个区域存放数据的规则"先进后出,后进先出"的原则,为什么要有这样一个区域呢? 存储器本身不也同样可以存放数据吗? 是的,知道了存储器地址确实可以读出它里面的内容,但如果要读出的是一批数据,每一个数据都要给出一个地址就会很麻烦,为了简化操作就可以利用堆栈的存放方法来读取数据。那么堆栈在单片机的什么地方,也就是说把 RAM 空间的哪一块区域作为堆栈呢? 这就不好定了,因为单片机是一种通用的产品,每个人的实际需要各不相同。有人需要多一些堆栈,而有人则不需要那么多堆栈,用户(编程者)可以根据自己的需要来决定,所以单片机中堆栈的位置是可以变化的。而这种变化就体现在 SP 中值的变化。

对堆栈的操作指令有 2 条：

```
PUSH  direct  ;操作：SP←(SP)+1    (SP)←(direct)
POP   direct  ;操作：direct←((SP))    SP←(SP)−1
```

PUSH 指令是入栈(或称压栈、进栈)指令,其功能是先将栈指针 SP 的内容加 1,然后将直接寻址单元中的数压入到 SP 所指示的单元中。POP 是出栈(或称弹出)指令,其功能是先将栈指针 SP 所指示的单元内容弹出送到直接寻址单元中,然后将 SP 的内容减 1,仍指向栈顶。

使用堆栈时,一般需重新设定 SP 的初始值。系统复位或上电时 SP 的值为 07H,而 07H～1FH 正好也是 CPU 的工作寄存器区,故不能被占用。一般 SP 的值可以设置在 1FH 或更大一些的片内 RAM 单元。设 SP 初值时应保证堆栈有一定的深度。SP 的值越小,堆栈的深度越深。

注意：

- 堆栈是用户自己设定的内部 RAM 中的一块专用存储区,使用时一定先设堆栈指针,堆栈指针默认为 SP=07H。
- 堆栈遵循后进先出的原则安排数据。
- 堆栈操作必须是字节操作,且只能直接寻址。将累加器 A 入栈、出栈指令可以写成：

    PUSH(POP) ACC   或 PUSH(POP) 0E0H

而不能写成：

    PUSH(POP)   A

- 堆栈通常用于临时保护数据及子程序调用时保护现场和恢复现场。
- 以上指令结果不影响程序状态字寄存器 PSW 标志。

【例 11-23】 说明下面指令的执行过程。

```
MOV    SP, #5FH
MOV    A, #100
MOV    B, #20
PUSH   ACC
PUSH   B
```

上面指令的执行过程是这样的：将 SP 中的值加 1,即变为 60H,然后将 A 中的值

#100 送到 60H 单元中,因此执行完"PUSH ACC"这条指令后,内存 60H 单元的值就是 100,同样,执行"PUSH　B"时,先将 SP+1 即变为 61H 然后将 B 中的值送入到 61H 单元中,即执行完本条指令后 61H 单元中的值变为 20。

【例 11-24】　说明下面指令的执行过程。

```
MOV    SP,#5FH
MOV    A,#100
MOV    B,#20
PUSH   ACC
PUSH   B
POP    B
POP    ACC
```

POP 指令的执行是这样的:首先将 SP 中的值作为地址,并将此地址中的数送到 POP 指令后面的那个 direct 中,然后 SP 减 1。上面程序 POP 指令的执行过程是:将 SP 中的值,当前是 61H 作为地址,取 61H 单元中的数值 20 送到 B 中。所以执行完"POP　B"指令后 B 中的值是 20。然后将 SP 减 1,那么此时 SP 的值就变为 60H,然后执行"POP　ACC"将 SP 中的值 60H 作为地址,取该地址中的数值 100 送到 ACC 中。所以,执行完本条指令后 ACC 中的值是 100。

实际工作中,入栈结束后,即执行指令"PUSH　B"后,往往要执行其他的指令,这些指令就会改变 A 中和 B 中的值,所以在程序执行结束后,如果要把 A 和 B 中的值恢复到原来的值,那么这两条出栈指令就有意义了。

5. 交换指令(5 条)

1) 字节交换指令(3 条)
指令助记符为:XCH(exchange)。

```
XCH A,Rn
XCH A,direct
XCH A,@Ri
```

这 3 条指令的功能是将 A 的内容与源操作数所指出的数据互换。
注意:以上指令结果影响程序状态字寄存器 PSW 的 P 标志。
2) 半字节交换指令(1 条)
指令助记符为:XCHD(exchange low-order Digit)。

```
XCHD A,@Ri
```

该指令功能是将 A 内容的低 4 位与 Ri 所指的片内 RAM 单元中的低 4 位数据互相交换,各自的高 4 位不变。
注意:上面指令结果影响程序状态字寄存器 PSW 的 P 标志。
3) 累加器 A 中高 4 位和低 4 位交换(1 条)

```
SWAP A
```

该指令是将 A 中内容的高、低 4 位数据互相交换。
注意:该指令结果不影响程序状态字寄存器 PSW 标志。

【例 11-25】 已知(R0)=24H,(24H)=89H,(A)=56H,执行下面指令后,求各单元内容的变化。

(1) XCH A,R0
(2) XCH A,@R0
(3) XCHD A,@R0

解：执行完上述指令后,各地址单元的内容为：

(1) (A)=24H,(R0)=56H
(2) (A)=89H,(24H)=56H
(3) (A)=59H,(24H)=86H

【例 11-26】 试编程序将 A 中存放的 2 位 BCD 码转换为 ASCII 码,并送到 30H、31H 单元中。

解：编程序如下：

```
          ORG   0000H
          AJMP  MAIN
          ORG   0100H
MAIN:     MOV   20H,A
          ANL   A,#0FH
          ADD   A,#30H
          MOV   30H,A
          MOV   A,20H
          SWAP  A
          ANL   A,#0FH
          ADD   A,#30H
          MOV   31H,A
          RET
```

11.4.3 算术运算类指令

算术运算类指令共有 24 条。其中包括 4 种基本的算术运算指令,即加、减、乘、除。这 4 种指令能对 8 位无符号数进行直接运算。

算术运算指令对程序状态字 PSW 中的 CY、AC、OV 这 3 个标志位都有影响,根据运算的结果可将它们置 1 或清零。但是加 1 和减 1 指令不影响这些标志。其指令如表 11-2 所示。

表 11-2 算术运算类指令

类型	助记符	功　能	对 PSW 的影响	字节	机器周期
不带进位加	ADD A,Rn	A←(A)+(Rn)	CY OV AC	1	1
	ADD A,@Ri	A←(A)+((Ri))	同上	1	1
	ADD A,direct	A←(A)+(direct)	同上	2	1
	ADD A,#data	A←(A)+#data	同上	2	1
带进位加	ADDC A,Rn	A←(A)+(Rn)+(CY)	CY OV AC	1	1
	ADDC A,@Ri	A←(A)+((Ri))+(CY)	同上	1	1
	ADDC A,direct	A←(A)+(direct)+(CY)	同上	2	1
	ADDC A,#data	A←(A)+#data+(CY)	同上	2	1

续表

类型	助记符	功　　能	对 PSW 的影响	字节	机器周期
带借位减	SUBB　A,Rn	A←(A)−(Rn)−(CY)	CY　OV　AC	1	1
	SUBB　A,@Ri	A←(A)−((Ri))−(CY)	同上	1	1
	SUBB　A,direct	A←(A)−(direct)−(CY)	同上	2	1
	SUBB　A,#data	A←(A)−#data−(CY)	同上	2	1
加 1	INC　A	A←(A)+1	P	1	1
	INC　Rn	Rn←(Rn)+1	无影响	1	1
	INC　@Ri	(Ri)←((Ri))+1	同上	1	1
	INC　direct	Direct←(direct)+1	同上	2	1
	INC　DPTR	DPTR←(DPTR)+1	同上	1	2
减 1	DEC　A	A←(A)−1	P	1	1
	DEC　Rn	Rn←(Rn)−1	无影响	1	1
	DEC　@Ri	(Ri)←((Ri))−1	同上	1	1
	DEC　direct	Direct←(direct)−1	同上	2	1
乘法	MUL　AB	BA←(A)×(B)	CY=0 OV P	1	4
除法	DIV　AB	A←(A)/(B)(商),B←余数	同上	1	4
十进制调整	DA　A		CY　AC	1	1

1. 加法指令(8 条)

1) 不带进位加法指令(4 条)

ADD A,Rn
ADD A,direct
ADD A,@Ri
ADD A,#data

这 4 条指令使得累加器 A 可以和内部 RAM 的任何一个单元的内容进行相加,也可以和一个 8 位立即数相加,相加结果存放在 A 中。无论是哪一条加法指令,参加运算的都是两个 8 位二进制数。对用户来说,这些 8 位数可当作无符号数(0~255),也可以当作带符号数(−128~+127),即补码数。例:对于二进制数 11010011,用户可认为它是无符号数,即为十进制数 211,也可以认为它是带符号数,即为十进制负数−45。但计算机在做加法运算时,总按以下规定进行。

(1) 求和时,总是把操作数直接相加,而无须任何变换。

【例 11-27】 若 A=11010010B,R1=11101000B,执行指令"ADD　A,R1"时,其算式表达为:

```
      1 1 0 1 0 0 1 0
 ＋)   1 1 1 0 1 0 0 0
结果: 1 1 0 1 1 1 0 1 0
```

相加后(A)=10111010B。若认为是无符号相加,则 A 的值代表十进制数 186;若认为是带符号补码数相加,则 A 的值为十进制负数−70。

（2）在确定相加后进位标志 CY 的值时，总是把两个操作数作为无符号数直接相加而得出进位 CY 值。如上例中，相加后 CY＝1。

（3）在确定相加后溢出标志 OV 的值时，和的 D7 位、D6 位只有一个有进位时，(OV)＝1，D7、D6 位同时有进位或同时无进位时，(OV)＝0。在做加法运算时，一个正数和一个负数相加是不可能产生溢出的，只有两个同符号数相加才有可能产生溢出，表示运算结果出错。

（4）注意，加法指令还会影响半进位标志和奇偶标志 P。在上述例子中，由于 D3 相加对 D4 没有进位，所以 AC＝0，而由于运算结果 A 中 1 的数目为奇数，故 P＝1。

2）带进位加法（4 条）

带进位加减法指令一般用于多字节数的加减法运算。低字节相加减时，结果可能产生进、借位，可以通过带进位加减法指令将低字节产生的进、借位加减到高字节上去。高字节加减时必须使用带进位的加减法指令。

```
ADDC A, Rn
ADDC A, direct
ADDC A, @Ri
ADDC A, ♯data
```

注意：

（1）ADD 与 ADDC 的区别为是否加进位位 CY。

（2）指令执行结果均在累加器 A 中。

（3）以上指令结果均影响程序状态字寄存器 PSW 的 CY、OV、AC 和 P 标志。

【例 11-28】 双字节无符号数加法(R0 R1)＋(R2 R3) → (R4 R5)，R0、R2、R4 存放 16 位数的高字节，R1、R3、R5 存放低字节。由于不存在 16 位数加法指令，所以只能先加低 8 位，后加高 8 位，而在加高 8 位时要连低 8 位相加时产生的进位一起相加。假设其和不超过 16 位，其编程如下：

```
MOV   A,   R1      ;取被加数低字节
ADD   A,   R3      ;低字节相加
MOV   R5,  A       ;保存和低字节
MOV   A,   R0      ;取高字节被加数
ADDC  A,   R2      ;两高字节之和加低位进位
MOV   R4,  A       ;保存和高字节
```

3）加 1 指令（5 条）

```
INC   A
INC   Rn
INC   direct
INC   @Ri
INC   DPTR
```

从结果上看"INC　A"和"ADD　A，♯1"差不多，但"INC　A"是单字节单周期指令，而"ADD　A，♯1"则是双字节双周期指令，而且"INC　A"不会影响 PSW 位，如"A ＝ 0FFH"，"INC　A"后"A ＝00H"，而 CY 依然保持不变，如果是"ADD　A，♯1"，则"A ＝00H"，而 CY 一定是 1，因此，加 1 指令并不适合做加法，事实上它主要是用来做计数、地址

增加等用途。另外,加法类指令都是以 A 为核心的,其中一个数必须放在 A 中,而运算结果也必须放在 A 中,而加 1 类指令的对象则广泛得多,可以是寄存器、内存地址、间接寻址的地址等。

【例 11-29】 设(R0)=7EH,(7EH)=FFH,(7FH)=38H,(DPTR)=10FEH,分析逐条执行下列指令后各单元的内容。

```
INC @R0          ;使 7EH 单元内容由 FFH 变为 00H
INC R0           ;使 R0 的内容由 7EH 变为 7FH
INC @R0          ;使 7FH 单元内容由 38H 变为 39H
INC DPTR         ;使 DPL 为 FFH, DPH 不变
INC DPTR         ;使 DPL 为 00H, DPH 为 11H
INC DPTR         ;使 DPL 为 01H, DPH 不变
```

4) BCD 码调整指令(1 条)

```
DA   A
```

该指令是在进行 BCD 码加法运算时,用来对 BCD 码加法运算的结果进行修正。但对 BCD 码的减法运算不能用此指令来进行修正。

操作方法为:

若[(A)0~3>9 或(AC)=1,则 A←(A)+06h
若[(A)4~7>9 或(CY)=1,则 A←(A)+60h
若上述 2 个条件均满足,则 A←(A)+66h

BCD 码调整指令也叫十进制调整指令,是一条对二-十进制的加法进行调整的指令。两个压缩 BCD 码按二进制相加,必须经过本条指令调整后才能得到正确的压缩 BCD 码和数,实现十进制的加法运算。由于指令要利用 AC、CY 等标志才能起到正确的调整作用,因此它必须跟在加法 ADD、ADDC 指令后面方可使用。

BCD(Binary Coded Decimal)码是用二进制形式表示十进制数,例如十进制数 45,其BCD 码形式为 01000101B 和 45H。

BCD 码用 4 位二进制码表示 1 位十进制数,编码方式很多,8421 码 4 位二进制数的权为 8421,最为常用。十进制数码 0~9 所对应的二进制 8421 码如表 11-3 所示。

表 11-3　十进制数码与 BCD 码对应表

十进制数	0	1	2	3	4	5	6	7	8	9
二进制码	0000	0001	0010	0011	0100	0101	0110	0111	1000	1001

注意:

- 结果影响程序状态字寄存器 PSW 的 CY、OV、AC 和 P 标志。
- "DA A"指令将 A 中的二进制码自动调整为 BCD 码。
- "DA A"指令只能跟在 ADD 或 ADDC 加法指令后,不适用于减法。

【例 11-30】 BCD 码加法 65+58,进行十进制调整。

解: 参考程序如下:

```
MOV    A, #65H           ; (A) ← 65
ADD    A, #58H           ; (A) ← (A)+58
DA     A                 ; 十进制调整
                0110 0101   65H
        +)      0101 1000   58H
    结果：      1011 1101   BDH
    DA  A       1011 1101
        +)      0110 0110
    CY=1        0010 0011
```

执行结果：(A)=(23)BCD，(CY)=1，即：65+58=123。

【例 11-31】　6 位 BCD 码加法程序。设被加数放在 30H、31H、32H 地址单元中，加数放在 40H、41H、42H 地址单元中，和放在 30H、31H、32H 地址单元中。

```
BCD:  MOV    R0, #30H        ; 设置被加数的地址指针
      MOV    R1, #40H        ; 设置加数地址指针
      MOV    R5, #3          ; 设置计数器
      CLR    C               ; 清 CY
      MOV    A, @R0
LOOP: ADDC   A, @R1
      DA     A               ; 十进制调整
      MOV    @R0, A          ; 送结果
      INC    R0
      INC    R1
      DJNZ   R5, LOOP
      RET
```

2. 减法指令

1) 带借位减法(4 条)

```
SUBB A, Rn
SUBB A, direct
SUBB A, @Ri
SUBB A, #data
```

这组指令的功能是：将累加器 A 的内容与第二操作数及进位标志相减，结果送回到累加器 A 中。在执行减法过程中，如果位 7(D7)有借位，则进位标志 CY 置 1，否则清零；如果位 3(D3)有借位，则辅助进位标志 AC 置 1，否则清零；如位 6 有借位而位 7 没有借位，或位 7 有借位而位 6 没有借位，则溢出标志 OV 置 1，否则清零。若要进行不带借位的减法操作，则必须先将 CY 清零。

注意下面几点：

- 减法指令中没有不带借位的减法指令，在需要时，必须先将 CY 清零。
- 指令执行结果均在累加器 A 中。
- 减法指令结果影响程序状态字寄存器 PSW 的 CY、OV、AC 和 P 标志。

【例 11-32】　双字节无符号数相减(R0 R1)-(R2 R3) → (R4 R5)。R0、R2、R4 存放 16 位数的高字节，R1、R3、R5 存放低字节，先减低 8 位，后减高 8 位和低位减借位。由于

低位开始减时没有借位,所以要先清零。

```
        ORG   0000H
        AJMP  MAIN
        ORG   0100H
MAIN:   MOV   A,R1      ;取被减数低字节
        CLR   C         ;清借位位
        SUBB  A,R3      ;低字节相减
        MOV   R5,A      ;保存差低字节
        MOV   A,R0      ;取被减数高字节
        SUBB  A,R2      ;两高字节差减低位借位
        MOV   R4,A      ;保存差高字节
        RET
```

2) 减 1 指令(4 条)

```
DEC A
DEC Rn
DEC direct
DEC @Ri
```

这组指令的功能是:将指出的操作数内容减 1。如果原来的操作数为 00H,则减 1 后将产生下溢出,使操作数变成 0FFH,但不影响任何标志。

注意:以上指令结果通常不影响程序状态字寄存器 PSW。

3. 乘、除法指令

1) 乘法指令(1 条)

MUL AB

乘法指令的功能是把累加器 A 和寄存器 B 中的两个 8 位无符号数相乘,将乘积 16 位数中的低 8 位存放在 A 中,高 8 位存放在 B 中。若乘积大于 FFH(255),则溢出标志 OV 置 1,否则 OV 清零。乘法指令执行后进位标志 CY 总是清零,即 CY=0。另外,乘法指令本身只能进行两个 8 位数的乘法运算,要进行多字节乘法还需编写相应的程序。

【例 11-33】 若(A)=4EH,(B)=5DH,执行指令:MUL AB。

积为(BA)=1C56H > FFH,(A)=56H,(B)=1CH,OV=1,CY=0,P=0。

【例 11-34】 利用单字节乘法指令进行双字节数乘以单字节数运算。若被乘数为 16 位无符号数,地址为 20H 和 21H(低位先、高位后),乘数为 8 位无符号数,地址为 22H,积存入 R2、R3 和 R4 这 3 个寄存器中。

```
MOV   R0,#20H    ;被乘数地址存于 R0
MOV   A,@R0      ;取 16 位数低 8 位
MOV   B,22H      ;取乘数
MUL   AB         ;(20H)×(22H)
MOV   R4,A       ;存积低 8 位
MOV   R3,B       ;暂存(M1)×(M2)高 8 位
INC   R0         ;指向 16 位数高 8 位
```

```
MOV    A,@R0          ;取被乘数高 8 位
MOV    B,22H          ;取乘数
MUL    AB             ;(21H)×(22H)
ADD    A,R3           ;(A)+(R3)得(积)15～8
MOV    R3,A           ;(积)15～8 存 R3
MOV    A,B            ;积最高 8 位送 A
ADDC   A,＃00H        ;积最高 8 位+CY 得(积)23～16
MOV    R2,A           ;(积)23～16 存入 R2
RET
```

2）除法指令（1 条）

DIV AB

这条指令的功能是：将累加器 A 中的内容除以寄存器 B 中的 8 位无符号整数，所得商的整数部分存放在累加器 A 中，余数部分存放在寄存器 B 中。

注意：

- 除法结果影响程序状态字寄存器 PSW 的 OV（除数为 0 则置 1，否则为 0）和 CY（总是清零）以及 P 标志。
- 当除数为 0 时结果不能确定。

【例 11-35】　利用除法指令把累加器 A 中的 8 位二进制数转换为 3 位 BCD 数，并以压缩形式存放在地址 21H、22H 单元中。

累加器 A 中的 8 位二进制数，先对其除以 100（64H），商数即为十进制的百位数；余数部分再除以 10（0AH），所得商数和余数分别为十进制十位数和个位数，即得到 3 位 BCD 数。百位数放在 21H 中，十位、个位数压缩 BCD 数放在 22H 中，十位与个位数的压缩 BCD 数的存放是通过 SWAP 和 ADD 指令实现的。参考程序如下：

```
MOV    B,＃64H         ;除数 100 送 B
DIV    AB              ;得百位数
MOV    21H,A           ;百位数存于 21H 中
MOV    A,＃0AH          ;取除数 10
XCH    A,B             ;上述余数与除数交换
DIV    AB              ;得十位数和个位数
SWAP   A               ;十位数存于 A 的高 4 位
ORL    A,B             ;组成压缩 BCD 数
MOV    22H,A           ;十、个位压缩 BCD 数存 22H
RET
```

11.4.4　逻辑运算类指令

在数字电路中大家学过"与"、"或"、"非"等运算，在单片机中也有类似的运算。单片机的逻辑运算类指令共 24 条，包括与、或、异或、清零、求反、左右移位等操作指令。其中逻辑指令有"与"、"或"、"异或"、累加器 A 清零和求反 20 条，移位指令 4 条。

这些指令执行时一般不影响程序状态寄存器 PSW，仅当目的操作数为 A 时，对奇偶标志位 P 有影响，带进位的移位指令影响 CY 位。逻辑运算指令用到的助记符有 ANL、ORL、

XRL、RL、RLC、RR、RRC、CLR 和 CPL 共 9 种。其指令如表 11-4 所示。

表 11-4　逻辑运算类指令

类型	助记符	功　　能	字节数	振荡周期
与	ANL　A,Rn	A←(A)∧(Rn)	1	12
	ANL　A,@Ri	A←(A)∧((Ri))	1	12
	ANL　A,♯data	A←(A)∧data	2	12
	ANL　A,direct	Λ←(Λ)∧(direct)	2	12
	ANL　direct,A	Direct←(direct)∧(A)	2	12
	ANL　direct,♯data	Direct←(direct)∧data	3	24
或	ORL　A,Rn	A←(A)∨(Rn)	1	12
	ORL　A,@Ri	A←(A)∨((Ri))	1	12
	ORL　A,♯data	A←(A)∨data	2	12
	ORL　A,direct	A←(A)∨(direct)	2	12
	ORL　direct,A	Direct←(direct)∨(A)	2	12
	ORL　direct,♯data	Direct←(direct)∨data	3	24
异或	XRL　A,Rn	A←(A)⊕(Rn)	1	12
	XRL　A,@Ri	A←(A)⊕((Ri))	1	12
	XRL　A,♯data	A←(A)⊕data	2	12
	XRL　A,direct	A←(A)⊕(direct)	2	12
	XRL　direct,A	Direct←(direct)⊕(A)	2	12
	XRL　direct,♯data	Direct←(direct)⊕data	3	24
求反	CPL　A	A←(Ā)	1	12
清零	CLR　A	A←0	1	12
左循环移位	RL　A	A 左循环移一位	1	12
	RLC　A	A 带进位左循环移一位	1	12
右循环移位	RR　A	A 右循环移一位	1	12
	RRC　A	A 带进位右循环移一位	1	12

1. 逻辑运算指令(20 条)

1) 逻辑与指令(6 条)

ANL A,direct
ANL A,Rn
ANL A,@Ri
ANL A,♯data
ANL direct,A
ANL direct,♯data

逻辑"与"运算指令是将两个指定的操作数按位进行逻辑"与"的操作。

【例 11-36】　已知(A)=FAH=11111010B,(R1)=7FH=01111111B,执行指令:ANL A,R1;(A)←11111010∧01111111,结果为:(A)=01111010B=7AH。

逻辑"与"指令遵循"全 1 为 1,有 0 为 0"的原则,常用于屏蔽(清零)字节中某些位。若清除某位,则用 0 和该位相与;若保留某位,则用 1 和该位相与。

注意:

- 以上指令结果通常影响程序状态字寄存器 PSW 的 P 标志。
- 逻辑与指令通常用于将一个字节中的指定位清零,其他位不变。

2) 逻辑或指令(6 条)

```
ORL A,direct
ORL A,Rn
ORL A,@Ri
ORL A,#data
ORL direct,A
ORL direct,#data
```

逻辑"或"指令将两个指定的操作数按位进行逻辑"或"操作。遵循"有 1 为 1,全 0 为 0"的原则,常用来使字节中某些位置 1,欲保留(不变)的位用 0 与该位相或,而欲置位的位则用 1 与该位相或。

【例 11-37】 若(A)＝C0H,(R0)＝3FH,(3F)＝0FH,执行指令:ORL A,@R0;(A)←(A)∨((R0)),结果为:(A)＝CFH。

注意:

- 以上指令结果通常影响程序状态字寄存器 PSW 的 P 标志。
- 逻辑或指令通常用于将一个字节中的指定位置 1,其余位不变。

3) 逻辑异或指令(6 条)

```
XRL A,direct
XRL A,Rn
XRL A,@Ri
XRL A,#data
XRL direct,A
XRL direct,#data
```

"异或"运算是当两个操作数不一致时结果为 1,两个操作数一致时结果为 0,这种运算也是按位进行,共有 6 条指令,其助记符为 XRL。

逻辑"异或"指令遵循"相同为 0,不同为 1"的原则,常用来对字节中某些位进行取反操作,欲某位取反则该位与"1"相异或;欲某位保留则该位与"0"相异或。还可利用异或指令对某单元自身异或,以实现清零操作。

【例 11-38】 若(A)＝B5H＝10110101B,执行下列指令:

```
XRL A,#0F0H      ;A 的高 4 位取反,低 4 位保留
MOV 30H,A        ;(30H)←(A)＝45H
XRL A,30H        ;自身异或使 A 清零
```

执行后结果:(A)＝00H。

注意:

- 以上指令结果通常影响程序状态字寄存器 PSW 的 P 标志。
- "异或"原则是相同为 0,不同为 1。

4）累加器 A 清零和取反指令（2 条）

```
CLR   A
CPL   A
```

第 1 条是对累加器 A 清零指令，第 2 条是把累加器 A 的内容取反后再送入 A 中保存的对 A 求反指令，它们均为单字节指令。若用其他方法达到清零或取反的目的，则至少需用双字节指令。

【例 11-39】 双字节负数求补码。

解：对于一个 16 位负数，R3 存高 8 位，R2 存低 8 位，求补结果仍存 R3、R2。求补的参考程序如下：

```
MOV    A, R2
CPL    A
ADD    A, ♯01H
MOV    R2, A
MOV    A, R3
CPL    A
ADDC   A,  ♯80H
MOV    R3, A
```

2．循环移位指令（4 条）

```
RL   A
RLC  A
RR   A
RRC  A
```

注意：执行带进位的循环移位指令之前，必须给 CY 置位或清零。

移位指令有如下循环左移、带进位位循环左移、循环右移和带进位位循环右移 4 条指令，移位只能对累加器 A 进行。实际应用中，可用于多字节的乘法、除法以及对 I/O 口的操作中。其操作如图 11-9 所示。

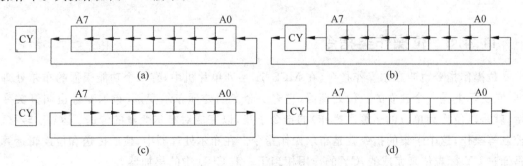

图 11-9　移位指令操作示意图

【例 11-40】　编制一个循环闪烁灯的程序。有 8 个发光二极管（共阳），每次其中某个灯闪烁点亮 20 次后，转移到下一个灯闪烁 10 次，循环不止。

其程序如下：

```
          ORG     0000H
MAIN:     MOV     A,♯0FEH        ；灯亮初值
MAIN1:    LCALL   FLASH          ；调闪亮20次子程序
          RR      A              ；右移一位
          SJMP    MAIN1          ；循环
FLASH:    MOV     R2,♯20         ；20次计数初值设置
FLASH1:   MOV     P1,A           ；点亮
          LCALL   DELAY          ；延时
          MOV     P1,♯0FFH       ；熄灭
          LCALL   DELAY          ；延时
          DJNZ    R2,FLASH1      ；循环控制20次
          RET
DELAY:    MOV     R5,♯00H
DELAY1:   MOV     R6,♯00H
          DJNZ    R6,$
          DJNZ    R5,DELAY1
          RET
```

【例 11-41】 16 位数的算术左移。16 位数在内存中低 8 位存放在 M1 单元，高 8 位存放在 M1＋1 单元。

解： 所谓算术左移就是将操作数左移一位，并使最低位补 0，相当于完成 16 位数的乘 2 操作，故称算术左移。

```
CLR  C              ；进位 CY 清零
MOV R1, ♯M1         ；操作数地址 M1 送 R1
MOV A, @R1          ；16 位数低 8 位送 A
RLC  A              ；低 8 位左移，最低位补 0
MOV @R1, A          ；低 8 位左移后，回送 M1 存放
INC  R1             ；指向 16 位高 8 位地址 M1＋1
MOV A, @R1          ；高 8 位送 A
RLC  A              ；高 8 位带低 8 位进位左移
MOV @R1, A          ；高 8 位左移后回送 M1＋1 存放
RET
```

11.4.5 位操作类指令

位操作指令也叫布尔操作指令，在 MCS-51 系列单片机中，有一个功能很强的布尔处理器，它实际上是一个独立的一位处理器，它有一套专门处理布尔变量（布尔变量也叫开关变量，就是以位作为单位的运算和操作）的指令子集，以完成对布尔变量的传送、运算、转移、控制等操作，这个子集的指令就是布尔操作指令。在布尔处理器中，位的传送和位逻辑运算是通过 CY 标志位来完成的，CY 的作用相当于一般 CPU 中的累加器。

被操作的位可以是片内 RAM 中 20H～2FH 单元的 128 位和专用寄存器中的可寻址位。

为什么要位寻址呢？单片机不是可以有多种寻址方式吗？前面所学的指令全都是用字节来介绍的，字节的移动、加减法、逻辑运算、移位等。用字节来处理一些数学问题，比如控

制空调的温度、电视机的音量等,非常直观,可以直接用数值来表示,可是如果用它来控制一个开关的打开或者闭合,一个灯的亮或者灭,就有些繁琐了。在工业控制中有很多场合需要处理这类单个的开关输出,比如一个继电器的吸合或者释放,一个指示灯的亮或者灭,用字节来处理就显得有些麻烦了,所以,在 51 系列单片机中就特意引入了一个位处理机制。

汇编语言中位地址的表达方式可有多种形式。

(1) 直接位地址表达方式:直接用位地址表示。如位地址 07H 为 20H 单元的 D7 位,D6H 为 PSW 的 D6 位,即 AC 标志位。

(2) 点操作符方式:即采用在字节地址或在 8 位寄存器名称后面缀上相应位来表示。字节或 8 位寄存器名称与位之间用"."隔开。如 PSW.4,P1.0,20H.0,1FH.7 等。

(3) 位名称方式:如 RS1,RS0,E0(ACC.0)。

(4) 用户定义名方式:如用伪指令 bit。

如 USR_FLG bit F0 经定义后,允许指令中用 USR_FLG 代替 F0。

位操作指令共 17 条,分 4 种类型,如表 11-5 所示。

表 11-5　位操作类指令

类　型		助记符	功　能	字节数	振荡周期
位传送		MOV　C,bit	CY←(bit)	2	12
		MOV　bit,C	bit←(CY)	2	12
位修正	清零	CLR　C	CY←0	1	12
		CLR　bit	bit←0	2	12
	取反	CPL　C	CY←$(\overline{CY})$	1	12
		CPL　bit	bit←$(\overline{bit})$	2	12
	置位	SETB　C	CY←1	1	12
		SETB　bit	bit←1	2	12
逻辑运算	与	ANL　C,bit	CY←(CY)∧(bit)	2	24
		ANL　C,/bit	CY←(CY)∧(bit)	2	24
	或	ORL　C,bit	CY←(CY)∨(bit)	2	24
		ORL　C,/bit	CY←(CY)∨(bit)	2	24
判位转移		JC　rel	(CY)=1,转移	2	24
		JNC　rel	(CY)=0,转移	2	24
		JB　bit,rel	(bit)=1,转移	3	24
		JNB　bit,rel	(bit)=0,转移	3	24
		JBC　bit,rel	(bit)=1,转移,后 bit←0	3	24

说明:/bit 将直接寻址位取反后再进行指定操作。

1. 位传送指令

MOV C,bit
MOV bit,C

注意:位传送指令的操作数中必须有一个是进位位 C,不能在其他两个位之间直接传送。进位位 C 也称为位累加器。

2. 位清零指令

```
CLR  C
CLR  bit
```

3. 置 1 指令

```
SETB C
SETB bit
```

4. 取反指令

```
CPL   C
CPL   bit
```

5. 位逻辑与指令

```
ANL   C,bit
ANL   C,/bit
```

第 1 条 CY 位与指定的位地址的值相与结果送回 CY,第 2 条先将指定的位地址的值取出后取反再和 CY 相与,结果送回 C,但需注意,指定的位地址中的值本身并不发生变化。

【例 11-42】

```
ANL  C,/P1.0
```

设执行本指令前 CY=1, P1.0 等于 1,则执行完本指令后 CY=0,而 P1.0 仍等于 1。

```
       ORG  0000H
       AJMP START

       ORG  0030H
START: MOV  SP ♯5FH
       MOV  P1, ♯0FFH
       SETB C
       ANL  C,/P1.0
       MOV  P1.1,C
```

6. 位逻辑或指令

```
ORL   C,bit
ORL   C,/bit
```

7. 判位转移指令

```
JB   bit,rel ; (bit)=1 时, 转移; 操作: PC←(PC)+3
```

      (bit)=1: PC←(PC)+rel,转移

      (bit)=0: 顺序执行

JNB bit,rel ; (bit)=0 时,转移; 操作: PC←(PC)+3

      (bit)=0: PC←(PC)+rel,转移

      (bit)=1: 顺序执行

JBC bit,rel ; (bit)=l时,转移; 操作: PC←(PC)+3

      (bit)=1: PC←(PC)+rel,转移,bit←0

      (bit)=0: 顺序执行

注意:

- JBC 与 JB 指令的区别是: 前者转移后并把寻址位清零,后者只转移不清零寻址位。
- 以上指令结果不影响程序状态字寄存器 PSW。

8. 判 CY 转移指令

JC rel ; (CY)=1时,转移; 操作: PC←(PC)+2

     (CY)=1: PC←(PC)+rel,转移

     (CY)=0: 顺序执行

JNC rel ; (CY)=0时,转移; 操作: PC←(PC)+2

     (CY)=0: PC←(PC)+rel,转移

     (CY)=1: 顺序执行

注意:

- 以上结果不影响程序状态字寄存器 PSW。
- Rel 的计算通式为:

    Rel=目的地址-(转移指令的起始地址+指令的字节数)

【例 11-43】 比较内部 RAM 中 30H 和 40H 中的两个无符号数的大小。并将大数存入 50H,小数存入 51H 单元中。若两数相等则将片内 RAM 的 27H 位置 1。

```
        MOV    A,30H
        CJNE   A,40H,Q1        ;不相等转
        SETB   27H             ;两数相等时 27H 置 1
        RET
Q1:     JC     Q2              ;(CY)=1,(30H)<(40H)转
        MOV    50H,A           ;(30H)>(40H)
        MOV    51H,40H
        RET
Q2:     MOV    50H,40H
        MOV    51H,A
        RET
```

11.4.6 控制转移类指令

  控制转移指令共有 17 条,不包括按布尔变量控制程序转移指令(见表 11-6)。其中有 64KB 范围内的长调用、长转移指令;有 2KB 范围内的绝对调用和绝对转移指令;有全空间的长相对转移及一页范围内的短相对转移指令;还有多种条件转移指令。有了丰富的控制转移类指令,就能很方便地实现程序的向前、向后跳转,并根据条件分支运行、循环运行、调用子程序等,在编程上相当灵活方便。这类指令用到的助记符共有 10 种:AJMP、

LJMP、SJMP、JMP、ACALL、LCALL、JZ、JNZ、CJNE、DJNZ。其指令见表 11-6 所示。

表 11-6　控制程序转移类指令

类型	助记符	功　　能	字节数	振荡周期
无条件转移	LJMP　addr16	PC←addr16	3	24
	AJMP　addr11	PC←addr11	2	24
	SJMP　rel	PC←(PC)+2+rel	2	24
间接转移	JMP　@A+DPTR	PC←(A)+(DPTR)	1	24
无条件调用及返回	LCALL　addr16	断点入栈，PC←addr16	3	24
	ACALL　addr11	断点入栈，PC←addr11	2	24
	RET	子程序返回	1	24
	RETI	中断服务程序返回	1	24
条件转移	JZ　rel	(A)为 0 转移，PC←(PC)+2+rel	2	24
	JNZ　rel	(A)不为 0 转移，PC←(PC)+2+rel	2	24
	CJNE　A,#data,rel	(A)不等于 data 转移，PC←(PC)+3+rel	3	24
	CJNE　A,direct,rel	(A)不等于(direct)转移，PC←(PC)+3+rel	3	24
	CJNE　Rn,#data,rel	(Rn)不等于 data 转移，PC←(PC)+3+rel	3	24
	CJNE　@Ri,#data,rel	((Ri))不等于 data 转移，PC←(PC)+3+rel	3	24
	DJNZ　Rn,rel	(Rn)不等于 0 转移，PC←(PC)+2+rel	2	24
	DJNZ　direct,rel	(direct)不等于 data 转移，PC←(PC)+3+rel	3	24
空操作	NOP	PC←(PC)+1	1	12

1．无条件转移指令（3 条）

```
LJMP    addr16      ；操作：PC←(PC)+3,PC←addr16
AJMP    addr11      ；操作：PC←(PC)+2,PC10~0←addr10~0,PC15~11 不变
SJMP    rel         ；操作：PC←(PC)+2,PC←(PC)+rel
```

这类指令是当程序执行该类指令后，无条件地转移到指令所提供的地址处。指令执行后均不影响标志位。

第一条指令称长转移指令。允许转移的目的地址在 64KB 空间范围内。

第二条指令称绝对转移指令。指令中包含有目的地址的低 11 位，转移最大范围为 2KB。它是把 PC 所指向的当前地址的高 5 位与目的地址的 10~0 位合并在一起构成新的 16 位的目标转移地址。

使用"AJMP addr11"编程时必须注意：转移的目的地址必须与该转移指令后面的第一条指令的首地址同在一页内，即二者地址的高 5 位相同。否则，不能正常转移。

【例 11-44】 在以下 3 种情况，判断执行"KRD：AJMP　KWRD"后能否实现正常跳转。KRD 为转移指令所在的地址，KWRD 为跳转目标标号地址。

```
KRD＝0730H；KWRD＝0100H
KRD＝07FEH；KWRD＝0100H
KRD＝07FEH；KWRD＝0830H
```

第一种情况能够实现正常跳转，由于 KRD+02＝0732H，与 KWRD＝0100H 的高 5 位

相同,在同 1 页内。

第二种情况不能够实现正常跳转,由于 KRD+02=0800H,与 KWRD=0100H 的高 5 位不相同,不在同 1 页内。

第三种情况能够实现正常跳转。

SJMP 指令是无条件相对转移指令又称短转移指令。该指令为双字节,指令中的相对地址是一个带符号的 8 位偏移量(二进制的补码),其范围为−128～+127。负数表示向后转移,正数表示向前转移,该指令执行后程序转移到当前 PC 与 rel 之和所指示的地址单元。指令中的 Rel 可以直接用目的标号地址代替。编程时应注意目的标号地址与该转移指令之间的距离,即 rel 的取值范围,其范围应为−128～+127。rel 的计算应从转移指令后面的第一条指令的首地址算起。

2. 间接长转移指令(1 条)

```
JMP   @A+DPTR      ; PC←(A)+(DPTR)
```

该指令是无条件间接转移(又称散转)指令。目的地址由数据指针 DPTR 和 A 的内容之和形成。相加之后不修改 A 也不修改 DPTR 的内容,而是把相加的结果直接送 PC 寄存器,指令执行后不影响标志位。该指令一般用于散转程序中。

【例 11-45】 根据 A 的数值设计散转表程序,程序如下:

```
        MOV   A, R1
        MOV   B, #02
        MUL   AB
        MOV   DPTR, #TABLE        ; DPTR 指向数据散转表首地址
        JMP   @A+DPTR
        RET
TABLE:  AJMP  PROG0               ; 散转表
        AJMP  PROG1
        AJMP  PROG2
        ...
```

当(A)=0 时,散转到 PROG0;(A)=1 时,散转到 PROG1……

TABLE 表是若干条 AJMP 语句,每个 AJMP 语句都占用了两个存储器的空间,并且是连续存放的,所以程序开始将 A 的内容乘以 2。

用"JMP @A+DPTR"这条指令就实现了按下一个键跳转到相应程序段去执行的这样一个要求。

3. 子程序调用及返回指令(4 条)

在主程序中,有时需要反复执行某段程序,通常把这段程序设计成子程序,用一条子程序调用指令,将程序转向子程序的入口地址。主程序调用了子程序,子程序执行完之后必须再返回到主程序继续执行,不能"一去不回头"。那么回到什么地方呢? 就是回到调用子程序的下面一条指令处继续执行。

```
LCALL  addr16          ; 操作: PC←(PC)+3, SP←(SP)+1
```

$$(SP) \leftarrow (PC)0 \sim 7, SP \leftarrow (SP) + 1$$

$$(SP) \leftarrow (PC)8 \sim 15, PC \leftarrow addr16$$

ACALL addr11 ；操作：$PC \leftarrow (PC) + 2, SP \leftarrow (SP) + 1$

$$(SP) \leftarrow (PC)0 \sim 7, SP \leftarrow (SP) + 1$$

$$(SP) \leftarrow (PC)8 \sim 15, PC0 \sim 10 \leftarrow addr0 \sim 10$$

$$(PC)11 \sim 15 \text{ 不变}$$

RET ；操作：$PC8 \sim 15 \leftarrow ((SP)), SP \leftarrow (SP) - 1$

$$PC0 \sim 7 \leftarrow ((SP)), SP \leftarrow (SP) - 1$$

RETI ；中断返回

注意：该类指令的执行均不影响标志位。

LCALL 与 LJMP 一样提供 16 位地址，可调用 64KB 范围内所指定的子程序。由于该指令为三字节指令，所以执行该指令时首先把$(PC) + 3 \rightarrow (PC)$，以获得下一条指令地址，并把此时 PC 内容压入堆栈（先压入低字节，后压入高字节）作为返回地址，堆栈指针 SP 加 2 指向栈顶，然后把目的地址 addr16 装入 PC。执行该指令不影响标志位。

ACALL 与 AJMP 一样提供 11 位目的地址。由于该指令为两字节指令，所以执行该指令时$(PC) + 2 \rightarrow (PC)$以获得下一条指令的地址，并把该地址压入堆栈作为返回地址。该指令可寻址 2KB，只能在与 PC 同一 2KB 的范围内调用子程序。执行该指令不影响标志位。

【例 11-46】 设（SP）$=$30H，标号为 SUB1 的子程序首址在 2500H，（PC）$=$3000H。执行指令"3000H：LCALL SUB1"，结果为：（SP）$=$32H，（31H）$=$03H，（32H）$=$30H，（PC）$=$2500H。

RET 指令是子程序返回指令，RETI 指令是中断返回指令。这两条指令的功能基本相同，只是 RETI 指令除把栈顶的断点弹出送 PC 外，同时释放中断逻辑使之能接受同级的另一个中断请求。使用时应注意：PSW 不能自动地恢复到中断前的状态。

4. 空操作指令

NOP ；$(PC) \leftarrow (PC) + 1$

空操作指令是一条单字节单周期指令。它控制 CPU 不做任何操作，仅仅是消耗这条指令执行所需要的一个机器周期的时间，不影响任何标志，故称为空操作指令。但由于执行一次该指令需要一个机器周期，所以，常在程序中加上几条 NOP 指令用于设计延时程序，拼凑精确延时时间或产生程序等待等。

5. 条件转移指令（8 条）

条件转移指令是当某种条件满足时，程序执行转移；条件不满足时，程序仍按原来顺序继续执行。条件转移的条件可以是上一条指令或者更前一条指令的执行结果（常体现在标志位上），也可以是条件转移指令本身包含的某种运算结果。

1）累加器判零转移指令

这类指令有 2 条：

JZ rel ；若（A）$=$0，则 （PC）$\leftarrow$（PC）$+2+$rel

若（A）$\neq$0，则 （PC）$\leftarrow$（PC）$+2$

```
JNZ rel   ；若 (A)≠0，则 (PC) ← (PC)+2+rel
          若 (A)=0，则 (PC) ← (PC)+2
```

【例 11-47】 将外部数据 RAM 的一个数据块传送到内部数据 RAM，两者的首址分别为 DATA1 和 DATA2，遇到传送的数据为零时停止。

解：外部 RAM 向内部 RAM 的数据传送一定要以累加器 A 作为过渡，利用判零条件转移正好可以判别是否要继续传送或者终止。

```
        MOV   R0, #DATA1      ；外部数据块首址送 R0
        MOV   R1, #DATA2      ；内部数据块首址送 R1
LOOP:   MOVX  A, @R0          ；取外部 RAM 数据入 A
HERE:   JZ    HERE            ；数据为零则终止传送
        MOV   @R1, A          ；数据传送至内部 RAM 单元
        INC   R0              ；修改地址指针，指向下一数据地址
        INC   R1
        SJMP  LOOP            ；循环取数
```

2）比较转移指令

比较转移指令共有 4 条，其一般格式为：

CJNE 目的操作数，源操作数，rel

这组指令是先对两个规定的操作数进行比较，根据比较的结果来决定是否转移到目的地址。

4 条比较转移指令如下：

```
CJNE   A, #data , rel
CJNE   A, direct, rel
CJNE   @Ri, #data, rel
CJNE   Rn, #data, rel
```

这 4 条指令的含义分别为：

若目的操作数=源操作数，则 (PC) ← (PC)+3 ；
若目的操作数>源操作数，则 (PC) ← (PC)+3+rel, CY=0;
若目的操作数<源操作数，则 (PC) ← (PC)+3+rel, CY=1;

指令的操作过程如图 11-10 所示。

【例 11-48】

```
      MOV  A, R0
      CJNE A, #10H, L1
      MOV  R1, #0FFH
      AJMP L3
L1:   JC   L2
      MOV  R1, #0AAH
      AJMP L3
L2:   MOV  R1, #0FFH
L3:   SJMP L3
```

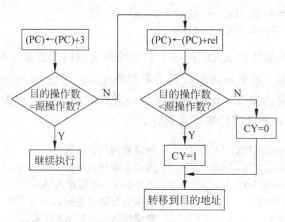

图 11-10　比较转移指令操作示意图

3）减条件转移指令（循环转移指令）

减 1 条件转移指令有如下两条：

```
DJNZ    direct, rel;    (direct)←(direct)−1 , D5  direct  rel
                        若(direct)=0，则(PC)←(PC)+3
                        否则，(PC)←(PC)+3+rel
DJNZ    Rn, rel;        (Rn)←(Rn)−1 , D8~DF  rel
                        若(Rn)=0，则(PC)←(PC)+2
                        否则，(PC)←(PC)+2+rel
```

在应用中，当需要多次重复执行某段程序时，可以将工作寄存器或片内 RAM 中的地址单元作为一个计数器，每执行一次该段程序，计数器内容减 1。当计数器内容减 1 不为 0 时，继续执行该段程序，直至减至 0 时退出。使用时，应首先将计数器预置初值，然后再执行该段程序和减 1 判零指令。

【例 11-49】　从 P1.0 输出 15 个方波。

```
        MOV     R2, ♯30         ;预置方波数
PULSE:  CPL     P1.0            ;P1.0 取反
        DJNZ    R2,PULSE        ;(R2)−1 不等于 0 继续循环
        RET
```

因为执行 CPL P1.0 需要一个机器周期宽度，执行"DJNZ R2,PULSE"需要 2 个机器周期宽度，二者之和为 3 个机器周期。所以执行上面程序时，P1.0 输出方波的周期为 6 个机器周期，高低电平各 3 个机器周期。

【例 11-50】　将内部 RAM 中从 DATA 单元开始的 10 个无符号数相加，相加结果送 SUM 单元保存。

解：设相加结果不超过 8 位二进制数，则相应的程序如下：

```
        MOV     R0, ♯0AH        ;给 R0 置计数器初值
        MOV     R1, ♯DATA       ;数据块首址送 R1
        CLR     A               ;A 清零
LOOP:   ADD     A, @R1          ;加一个数
        INC     R1              ;修改地址，指向下一个数
```

```
DJNZ    R0, LOOP              ; R0 减 1, 不为零循环
MOV     SUM, A                ; 存 10 个数相加和
RET
```

11.5　汇编语言程序设计举例

11.5.1　计算机程序设计语言概述

程序设计语言是指计算机所能理解的语言。现在的程序设计语言和设计软件繁多,从语言结构及其与计算机之间的关系来看,程序设计语言一般可以分为机器语言(Machine Language)、汇编语言(Assembly Language)和高级语言(High-Level Language)3 类。

1. 机器语言

机器语言就是用二进制代码 0 和 1 表示指令和数据的程序设计语言。构成计算机的电子器件特性决定了计算机只能识别二进制数,因此,这种语言是唯一能被计算机直接识别和执行的机器级语言。计算机就是按照机器语言的指令来完成各种功能操作的,它具有程序简捷、占用存储空间小、执行速度快、控制功能强等特点。

机器语言是面向计算机系统的,由于各种计算机内部结构、线路的不同,每种计算机系统都有它自己的机器语言,即使执行同一操作,其指令也不相同。机器语言的可读性极差,程序的设计、输入、修改和调试都很麻烦,一般只在简单的开发装置中使用。因此,几乎没有人直接使用机器语言来编写程序。

2. 汇编语言

汇编语言是一种用助记符来表示的面向机器的程序设计语言,它与机器语言一一对应。汇编语言是面向机器的程序设计语言,与具体的计算机硬件有着密切的关系,不同的 CPU 所使用的汇编语言一般是不同的。用汇编语言编写的程序,称为汇编语言源程序或汇编源程序。51 系列单片机是用 51 系列单片机的指令系统来编程的,其汇编语言的语句格式,也就是单片机的指令格式。

在汇编语言中,由于用助记符代替了二进制操作码,因此,汇编语言具有程序结构简单、执行速度快、程序易优化、编译后占用存储空间小、控制功能强等特点,这使得用汇编语言编写的程序直观易懂,给程序的编写、阅读和修改带来了很大的方便。汇编语言是单片机应用系统开发中最常用的一种程序设计语言。

在用它编写汇编语言程序时,必须熟悉机器的指令系统、寻址方式、寄存器设置和使用方法,而编出的程序也只适用于某一系列的计算机。因此,可读性差、可移植性差,不能直接移植到不同类型的计算机系统上去。计算机的 CPU 并不能直接识别汇编语言,所以用汇编语言编写的源程序必须经过编译将其翻译成机器语言程序后才能被执行。

汇编语言和机器语言一样是面向硬件的,非常适合于实时控制的场合,它仍是一种低级语言。

3. 高级语言

高级语言是面向问题或过程并能独立于计算机硬件结构的通用程序设计语言。它采用一种接近人的自然语言和习惯的数学表达式的方法来描述算法、过程和对象，具有语句直观、易学、易懂的特点，如 C、VB、JAVA 等，特别适应于不熟悉单片机指令系统的用户。

由于它与硬件相对独立，所以采用高级语言编写程序时，不需要设计人员对计算机的硬件结构有太多了解，编写出的高级语言程序也具有通用性强、便于移植和推广的优点。但高级语言程序在执行前也必须进过编译，且在编译过程中产生的目标程序大、占用内存多，因而运行速度较慢，不利于实时控制。

11.5.2　汇编语言程序设计的步骤

根据实际功能需要，采用汇编语言编写程序的过程称为汇编语言程序设计。对于一个单片机应用系统，在硬件调试通过后就可以着手进行程序设计。在进行程序设计时，要按照实际问题的要求和单片机的特点，决定所采用的计算方法、计算公式和步骤，也就是通常所说的算法，有了合适的算法常常可以起到事半功倍的效果。然后根据单片机的指令系统，按照尽可能节省数据存放单元、缩短程序长度和加快运算时间 3 个原则来编制程序。设计程序大致可以分为以下几个步骤。

1. 分析问题

分析问题的主要目的是根据实际系统的要求明确软件需要实现的具体功能，如测量数据显示等，进一步设计任务书。

2. 建立数学模型并确定算法

根据实际情况，建立输入/输出变量之间的数学关系，即数学模型。进而结合数据模型和指令系统的特点，确定合适的计算公式和计算方法。数学模型的正确性和算法的合理性关系到系统性能的好坏。

3. 画出程序流程图

根据所选择的算法，结合系统的整体功能，制定出运算的步骤和顺序，并画出程序的流程图，以方便程序的编写、阅读和修改。

程序流程图也称为程序框图，所谓流程图就是用各种符号、图形、箭头把程序的流向及过程用图形表示出来。它可以使程序清晰，结构合理，便于调试。绘制流程图是单片机程序编写前最重要的工作，通常我们的程序就是根据流程图的指向采用适当的指令来编写的。图 11-11 就是绘制流程图用的工具。

绘制流程图时，首先画出简单的功能流程图（粗框图），再对功能流程图进行扩充和具体化，即对存储器、标志位等单元做具体的分配和说明，把功能图上的每一个粗框图转化为具体的存储器或地址单元从而绘制出详细的程序流程图，即细框图。

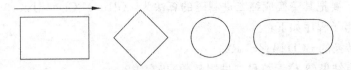

图 11-11　流程图工具

说明：

流向线(表示程序的执行顺序)

矩形框(表示一般的处理和动作)

菱形框(表示判断操作)

连接符号(表示流程图之间的连接)

椭圆框(表示程序的起始或结束)

4．分配内存工作区及有关端口地址

分配内存工作区，要根据程序区、数据区、暂存区、堆栈区等预计所占空间大小，对片内外存储区进行合理分配并确定每个区域的首地址，便于编程使用。

5．编写源程序

根据程序流程图编写汇编语言源程序，再经过"手工汇编"或"机器汇编"的方式编译生成机器代码。"手工汇编"是指编程人员通过查找指令表的方式完成汇编，手工汇编虽然简单易行，但出错率高。"机器汇编"是指通过编译软件由计算机自动完成汇编。实际中，通常采用机器汇编方式。

6．程序的调试与修改

单片机没有自开发功能，因此需要利用仿真器或仿真软件进行仿真调试，排除程序中的错误，直到程序正确为止。

7．软件的整体运行与测试

程序调试通过后下载到单片机，将整个硬件系统完整连接，进行总体测试。

11.5.3　汇编语言程序设计

汇编语言程序有 3 种基本结构形式，即顺序程序结构、分支(选择)程序结构和循环程序结构。下面详细介绍各种程序结构及其编程方法。

1．顺序结构程序设计

顺序结构是最简单、最基本的程序结构，其特点是按指令的排列顺序一条条地执行，直到全部指令执行完毕为止。不管多么复杂的程序，总是由若干顺序程序段所组成的。如果某一个需要解决的问题可以分解成若干个简单的操作步骤，并且可以由这些操作按一定的顺序构成一种解决问题的算法，则可用简单的顺序结构来进行程序设计。

【例 11-51】　单字节压缩 BCD 码转换成二进制码子程序。

解：设两个 BCD 码 d1d0 表示的两位十进制数压缩存于 R2，其中 R2 高 4 位存十位，低 4 位存个位，要把其转换成纯二进制码的算法为：(d1d0)BCD＝d1×10＋d0。实现该算法所编制的参考子程序如下：

入口：待转换的 BCD 码存于 R2。

出口：转换结果(8 位无符号二进制整数)仍存 R2。

```
ORG   0000H
MOV   A, R2        ; (A) ← (d1d0)BCD
ANL   A, ♯0F0H     ; 取高位 BCD 码 d1
SWAP  A            ; (A)=0d1H
MOV   B, ♯0AH      ; (B) ←10
MUL   AB           ; d1×10
MOV   R3 , A       ; R3 暂存乘积结果
MOV   A, R2        ; (A) ← (d1d0)BCD
ANL   A, ♯0FH      ; 取低位 BCD 码 d0
ADD   A, R3        ; d1×10＋d0
MOV   R2, A        ; 保存转换结果
RET                ; 子程序返回
```

【例 11-52】 将两个半字节数合并成一个一字节数。

设内部 RAM 40H，41H 单元中分别存放着 8 位二进制数，要求取出两个单元中的低半字节，并成一个字节后，存入 50H 单元中。程序如下：

```
START:  MOV  R1, ♯40H    ; 设置 R1 为数据指针
        MOV  A, @R1      ; 取出第一个单元中的内容
        ANL  A, ♯0FH     ; 取第一个数的低半字节
        SWAP A           ; 移至高半字节
        INC  R1          ; 修改数据指针
        XCH  A, @R1      ; 取第二个单元中的内容
        ANL  A, ♯0FH     ; 取第二个数的低半字节
        ORL  A, @R1      ; 拼字
        MOV  50H, A      ; 存放结果
        RET
```

2. 分支程序设计

顺序结构程序设计是最基本的程序设计技术。在实际的程序设计中，有很多情况往往还需要程序按照给定的条件进行分支。这时就必须对某一个变量所处的状态进行判断，根据判断结果来决定程序的流向。这就是分支(选择)结构程序设计。

在编写分支程序时，关键是如何判断分支的条件。在 51 单片机指令系统中，有 JZ (JNZ)、CJNE、JC(JNC)及 JB(JNB)等丰富的控制转移指令，它们是分支结构程序设计的基础，可以完成各种各样的条件判断、分支。

注意：执行一条判断指令，只可以形成两路分支，如果要形成多路分支，就必须进行多次判断，也就是多条指令连续判断。

【例 11-53】 两个无符号数比较(两分支)。内部 RAM 的 20H 单元和 30H 单元各存放了一个 8 位无符号数，请比较这两个数的大小，比较结果显示在实训的实验板上：若(20H)≥(30H)，则 P1.0 引脚连接的 LED 发光；若(20H)＜(30H)，则 P1.1 引脚连接的 LED 发光。

本例是典型的分支程序,根据两个无符号数的比较结果(判断条件),程序可以选择两个流向之中的某一个,分别点亮相应的 LED。

比较两个无符号数常用的方法是将两个数相减,然后判断有否借位 CY。若 CY=0,无借位,则 X≥Y;若 CY=1,有借位,则 X<Y。程序的流程图如图 11-12 所示。

源程序如下:

```
X       DATA  20H      ;数据地址赋值伪指令 DATA
Y       DATA  30H
ORG   0000H
MOV  A, X
CLR   C
SUBB  A, Y
JC      L1
CLR   P1.0
SJMP  FINISH
L1:     CLRP1.1
FINISH: SJMP  $
END
```

3. 循环程序设计

【例 11-54】　工作单元清零程序。设 R1 中存放被清零的低字节单元地址;R3 中存放欲清零的字节数,即 R3 为计数指针。程序采用先进入处理部分,再控制转移。控制转移指令采用 DJNZ。程序如下:

```
START: MOV  R3, #data    ;清零的字节数送 R3
        MOV  R1, #addr    ;R1 指向被清零字节的首地址
        CLR   A            ;清零累加器
LOOP:  MOV  @R1, A        ;指定单元清零
        INC   R1
        DJNZ  R3, LOOP     ;(R3)-1≠0,继续清零
        RET
```

由于程序设计中经常会出现如图 11-13 所示的循环程序结构,为了编程方便,单片机指令系统中专门提供了循环指令 DJNZ,以适用于上述结构的编程。

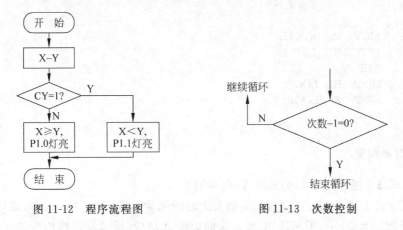

图 11-12　程序流程图　　　　图 11-13　次数控制

　　DJNZ　R3,LOOP　;R3 中存放控制次数,R3-1→R3,R3≠0,转移到 LOOP 继续循环,否则执行下面指令

【例 11-55】　设在内部 RAM 的 BLOCK 单元开始处有长度为 LEN 个的无符号数据块,试编一个求和程序,并将和存入内部 RAM 的 SUM 单元(设和不超过 8 位)。

```
        BLOCK   EQU   20H
        LENEQU  30H
        SUM     EQU   40H
START:  CLR     A               ;清累加器 A
        MOV     R2,#LEN          ;数据块长度送 R2
        MOV     R1,#BLOCK        ;数据块首址送 R1
LOOP:   ADD     A,@R1            ;循环加法
        INC     R1               ;修改地址指针
        DJNZ    R2,LOOP          ;修改计数器并判断
        MOV     SUM,A            ;存和
        RET
```

4. 子程序调用

　　调用子程序的指令有 ACALL 和 LCALL,执行调用指令时,先将程序地址指针 PC 改变(ACALL 加 2,LCALL 加 3),然后 PC 值压入堆栈,即具有保护主程序断点的功能,然后用新的地址值代替。

　　子程序调用中,主程序应先把有关的参数存入约定的位置,子程序在执行时,可以从约定的位置取得参数,当子程序执行完,将得到的结果再存入约定的位置,返回主程序后,主程序可以从这些约定的位置上取得需要的结果,这就是参数的传递。

【例 11-56】　调用 100ms 延时子程序。

主程序:

```
ACALL DELAY
...
...
```

子程序:

```
DELAY:  MOV    R6,#0C8H
LOOP1:  MOV    R7,#0F8H
        NOP
LOOP2:  DJNZ   R7,LOOP2
        DJNZ   R6,LOOP1
        RET
```

5. 定时器编程

【例 11-57】　用定时器 1,方式 0,1s 的延时。

　　解:因方式 1 采用 16 位计数器,其最大定时时间为:$65\,536 \times 1\mu s = 65.3536ms$,因此可选择定时时间为 50ms,再循环 20 次。定时时间选定后,再确定计数值为 50 000,则定时

器 1 的初值为

$$X = M - 计数值 = 65\ 536 - 50\ 000 = 15\ 536 = 3CB0H$$

即：TH1 = 3CH，TL1 = 0B0H，又因采用方式 1 定时，故 TMOD = 10H。可编得 1s 延时
子程序如下：

```
DELAY: MOV    R3,#14H          ；置 50ms 计数循环初值
       MOV    TMOD,#10H        ；设定时器 1 为方式 1
       MOV    TH1,#3CH         ；置定时器初值
       MOV    TL1,#0B0H
       SETB   TR1              ；启动定时器 1
LP1:   JBC    TF1,LP2          ；查询计数溢出
       SJMP   LP1              ；未到 50ms 继续计数
LP2:   MOV    TH1,#3CH         ；重新置定时器初值
       MOV    TL1,#0B0H
       DJNZ   R3,LP1           ；未到 1s 继续循环
       RET
```

6. 外部中断编程

【例 11-58】 利用$\overline{INT0}$做一个计数器。当$\overline{INT0}$有脉冲时，A 的内容加 1。并且当 A 的
内容大于或等于 100 时将 P1.0 置位。

```
       ORG    0000h
       LJMP   MIN0
       ORG    0003h
       LJMP   INTB0
       ORG    000bh
       ret    i
       ORG    0013h
       reti
       ORG    001bh
       reti
       ORG    0023h
       reti
       ORG    0030h
Min0:  mov    sp,#30h          ；主程序
       Setb   IT0
       Setb   EX0
       CLR    PX0
       SETB   EA
       Mov    a,#00
Min1:  NOP
       LJMP   Min1
       Org    0100h
INTB0: Push   psw              ；$\overline{INT0}$的中断服务程序
       Add    A,#01
       Cjne   a,#100,INTB1
       Ljmp   INTB2
INTB1: jc     INTB3
```

```
INTB2: setb      P1.0
INTB3: POP       PSW
       RETI
```

7. 定时器中断编程

【例 11-59】   试编写由 P1.0 输出一个周期为 2min 的方波信号的程序。已知 $f_{osc} = 12\text{MHz}$。

解：此例要求 P1.0 输出的方波信号的周期较长，用一个定时器无法实现。解决的办法可采用定时器加软件计数的方法或者采用两个定时器合用的方法来实现。这里仅介绍定时器加软件计数的方法。

具体方法为：将 T1 设置为定时器方式，定时时间为 10ms，工作于模式 1；再利用 T1 的中断服务程序作为软件计数器；共同实现 1min 的定时。整个程序由两部分组成，即由主程序和 T1 的中断服务程序。其中主程序包括初始化程序和 P1.0 输出操作程序，中断服务程序包括毫秒(ms)、秒(s)、分(min)的定时等。

编写 T1 的中断服务程序时，应首先将 T1 初始化，并安排好中断服务程序中所用到的内部 RAM 中地址单元。

T1 的计数初值：$X = 216 - 12 \times 10 \times 1000/12 = 55\,536 = \text{D8F0H}$。

中断服务程序所用到的地址单元安排如下：

40H 单元作 ms 的单元，计数值为 1s/10ms=100 次；

41H 单元作 s 的计数单元，计数值为 1min/1s=60 次；

29H 单元的 D7 位（位地址为 4FH）作 1min 计时到的标志位，即标志用 4FH。

具体程序如下：

主程序：

```
       ORG    0000H
       AJMP   0030H
       ORG    001BH
       AJMP   1100H
       ORG    0030H
       MOV    TMOD,＃10H        ; T1 定时,模式 1
       MOV    TH1,＃0D8H        ; T1 计数初值
       MOV    TL1,＃0F0H
       SETB   EA                ; CPU、T1 开中断
       SETB   ET1
       SETB   TR1               ; 启动 T1
       MOV    40H,＃100         ; ms 计数初值
       MOV    41H,＃60          ; s 计数初值
       CLR    4FH
TT:    JNB    4FH,TT            ; 等待 1min 到
       CLR    4FH               ; 清分标志值
       CPL    P1.0              ; 输出变反
       AJMP   TT                ; 反复循环
```

T1 中断服务程序：（由 001BH 转来）

```
        ORG     1100H
        PUSH    PSW
        MOV     TH1,#0D8H        ; T1 重赋初值
        MOV     TL1,#0F0H
        DJNZ    40H,TT1          ; 1s 到否?
        MOV     40H,#100         ; 1s 到,重赋秒的计数值
        DJNZ    41H,TT1          ; 1min 到否?
        MOV     41H,#60          ; 1min 到了,重赋 1min 的计数值
        SETB    4FH              ; 置 1min 到标志位,告诉主程序
TT1:    POP     PSW
        RETI
```

8. 串口通信编程

【例 11-60】　单片机通过中断方式接收 PC 发送的数据,并回送。单片机串行口工作在方式 1,晶振为 6MHz,波特率 2400b/s,定时器 1 按方式 2 工作,经计算,定时器预置值为 0F3H,SMOD＝1。

参考程序如下:

```
        ORG   0000H
        LJMP  CSH              ; 转初始化程序
        ORG   0023H
        LJMP  INTS             ; 转串行口中断程序
        ORG   0050H
CSH:    MOV   TMOD,#20H        ; 设置定时器 1 为方式 2
        MOV   TL1,#0F3H        ; 设置预置值
        MOV   TH1,#0F3H
        SETB  TR1              ; 启动定时器 1
        MOV   SCON #50H        ; 串行口初始化
        MOV   PCON #80H
        SETB  EA               ; 允许串行口中断
        SETB  ES
        LJMP  MAIN             ; 转主程序(主程序略)
        ...
INTS:   CLR   EA               ; 关中断
        CLR   RI               ; 清串行口中断标志
        PUSH  DPL              ; 保护现场
        PUSH  DPH
        PUSH  A
        MOV   A,SBUF           ; 接收 PC 发送的数据
        MOV   SBUF,A           ; 将数据回送给 PC
WAIT:   JNB   TI,WAIT          ; 等待发送
        CLR   TI
        POP   A                ; 发送完,恢复现场
        POP   DPH
        POP   DPL
        SETB  EA               ; 开中断
        RETI                   ; 返回
```

11.6 在 C 语言代码中加入汇编指令

51 单片机相对执行速度较慢，因此需要注意程序的执行效率及编程上的技巧处理，最大限度地发挥单片机性能，满足项目开发的实际需要。而汇编语言的高效、快速及可直接对硬件进行操作等优点是 C 语言所难以达到的。本节介绍 Keil C51 中 C 语言和汇编语言混合编程的方法，将这两种语言的优点完美的结合，更大限度地发挥 51 单片机的性能。

C 语言和汇编语言混合编程时，用汇编语言编写对有关硬件的驱动和处理、复杂的算法、实时性要求较高的底层代码，来满足某些硬件上的高效、快速、精确的处理等要求。用 C 语言来编写程序的主体部分。这样可以将 C 语言的可移植性强和可读性好与汇编语言的高效、快速及可直接对硬件进行操作的优点相结合。

11.6.1 在 C 语言代码中加入汇编指令的方法

通过使用预处理指令"♯ pragma asm"和"♯ pragma endasm"来实现汇编语言。"♯pragma asm"用来标识所插入的汇编语句的起始位置，"♯ pragma endasm"用来标识所插入的汇编语句的结束位置，这两条命令必须成对出现，并可以多次出现。C51 编译时不对插入的汇编代码进行任何的处理。

【例 11-61】 在 C 语言中加入汇编语言模块。

```
void func()
{
    ...        //C 语言代码
♯ pragma asm
        MOV      R6,♯23
DELAY2：MOV      R7,♯191
DELAY1：DJNZ     R7,DELAY1
        DJNZ     R6,DELAY2
        RET
♯ pragma endasm
    ...        //C 语言代码
}
```

11.6.2 C 语言函数的参数与汇编寄存器的对应关系

如果进行 C 语言函数与汇编的混合编程，需要知道 C 语言函数的参数与汇编寄存器的对应关系，C51 函数的参数传递规则如表 11-7、表 11-8 所示。

表 11-7　通过寄存器传递的函数参数表

参数长度	第 1 个形参	第 2 个形参	第 3 个形参
1 字节(char)	R7	R5	R3
2 字节(int)		R4(H) R5	R2(H) R3
3 字节(通用指针)	R1(H)～R3	—	—
4 字节(long)	R4(H)～R7	—	—

表 11-8　函数返回值使用的寄存器列表

返回类	使用的寄存器	返回类	使用的寄存器
位数据(bit)	位累加器 CY	3 字节(通用指针)	R3(类型)R2(H)R1
1 字节(char)	R7	4 字节(long)	R4(H)～R7
2 字节(int)	R6(H) R7		

11.6.3　编译时提示 asm/endasm 出错的解决方法

上面程序在编编译时,可能会有如下报错:

compiling sendata.c...
sendata.c(81): error C272: 'asm/endasm' requires src-control to be active
sendata.c(87): error C272: 'asm/endasm' requires src-control to be active
Target not created

解决方法如图 11-14 所示,首先右击包含有汇编部分的 C 语言文件名,然后单击图中所示的菜单项中的选项,弹出图 11-15 所示对话框。

图 11-14　提示 asm/endasm 出错的解决方法

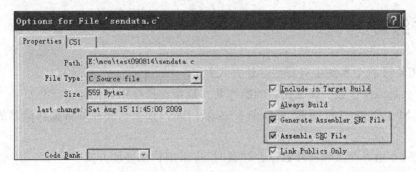

图 11-15　设置文件属性对话框

在对话框中,将图中有标记的两项打上勾(默认的情况下,前面的勾是灰色的,要让这两项前的勾变为黑色的),单击"确定"按钮。

11.6.4　编译时出现"? C_START"等相关警告的处理

按照上面的方法处理完之后,再次编译不会出现错误信息了,但是会出现下面的警告信息:

linking...
*** WARNING L1: UNRESOLVED EXTERNAL SYMBOL

SYMBOL: ?C_START

MODULE: STARTUP.obj (?C_STARTUP)

*** WARNING L2: REFERENCE MADE TO UNRESOLVED EXTERNAL

SYMBOL: ?C_START

MODULE: STARTUP.obj (?C_STARTUP)

ADDRESS: 000DH

处理方法是在工程中加入 C51S. LIB 文件，如图 11-16 所示。C51S. LIB 文件在 Keil 安装目录下的 LIB 目录。

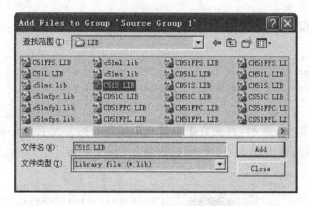

图 11-16 编译时出现"? C_START"等相关警告的处理

注意加入该文件时，文件选择框默认只显示.c 文件，需要在"文件类型"中选择 Library file（＊.lib），才能找到 LIB 文件。

思考与练习

1．MCS-51 指令系统中有哪些寻址方式？

2．什么是源操作数？什么是目的操作数？通常在指令中如何加以区分？

3．在 MOVX 指令中，@Ri 是一个 8 位地址指针，如何访问片外数据存储器的 16 位地址空间？

4．访问专用寄存器和片外数据存储器时，应采用什么寻址方式？

5．查表指令中都采用了基址加变址的寻址方式，在"MOVC A，@A＋DPTR"和"MOVC A，@A＋PC"中分别使用了 DPTR 和 PC 作基址寄存器，请指出这两条查表指令的区别？

6．编写指令完成下列功能：

（1）将 R0 的内容送到 R5；

（2）将片内 RAM 20H 单元的内容送到 30H；

（3）将片内 RAM 40H 单元的内容送到片外 RAM 的 2000H 单元；

（4）将片外 RAM 2000H 单元内容送到片外 RAM 2010H 单元；

（5）将 ROM 1000H 单元内容送到 A；

（6）将 ROM 1000H 单元内容送到片外 RAM 的 2030H 单元。

7. 已知:累加器(A)=20H,(R0)=30H,内部 RAM(30H)=56H,CY=1,写出下列每条指令的执行结果:

(1) MOV A,@R0

(2) XCH A,30H

(3) XCH A,R0

(4) XCH A,@R0

(5) SWAP A

(6) ADD A,R0

(7) SUBB A,R0

(8) INC A

(9) CPL A

(10) ANL A,30H

(11) XRL A,♯30H

(12) RLC A

8. 简述 LJMP 指令、AJMP 指令和 SJMP 用法上有何不同?

9. 阅读下列程序段,分析执行结果。

```
MOV    SP,♯30H
MOV    A,♯20H
MOV    B,♯3AH
PUSH   ACC
PUSH   B
POP    ACC
POP    B
```

上述程序段执行后,A、B 中的内容为多少?

```
MOV    A,♯08H
MOV    R2,♯66H
MOV    30H,♯0AH
MOV    R0,♯30H
ADD    A,R2
ADDC   A,@R0
```

上述程序段执行后,A 中的内容为多少?

```
       CLR    C
       MOV    31H,♯00H
       MOV    30H,♯5AH
       MOV    R2,♯08H
       MOV    A,30H
LOOP1: RLC    A
       JNC    LOOP2
       INC    31H
LOOP2: DJNZ   R2,LOOP1
       SJMP   $
```

10. 请将片外数据存储器地址为 40H~60H 区域的数据块,全部搬移到片内 RAM 的同地址区域,并将原数据区全部填为 FFH。

11. 试编程将片外 RAM 中的 30H 和 31H 单元中内容相乘，结果存在 32H 和 33H 单元中，高位存在 33H 单元中。

12. 试编写两个 16 位无符号数相减的程序。被减数放在片内 RAM 20H 和 21H 中（低字节在前），减数放在片内 RAM 30H 和 31H 单元中（低字节在前），结果存到 40H 和 41H 单元中（低字节在前）。

13. 80C51 的片内 RAM 中，已知(30H)＝38H,(38H)＝40H,(40H)＝48H,(48H)＝90H。分析下面各条指令，说明源操作数的寻址方式以及按顺序执行各条指令后的结果。

```
MOV   A,40H
MOV   R0,A
MOV   P1,#0F0H
MOV   @R0,30H
MOV   DPTR,#3848H
MOV   40H,38H
MOV   R0,30H
MOV   D0H,R0
MOV   18H,#30H
MOV   A,@R0
MOV   P2,P1
```

14. 请用位操作指令编写下面逻辑表达式的程序。

(1) P1.7＝ACC.0×(B.0＋P2.1)＋P3.2

(2) PSW.5＝P1.3×$\overline{ACC.2}$＋B.5×$\overline{P1.1}$

(3) P2.3＝P1.5×B.4＋$\overline{ACC.7}$×P1.0

15. 有哪些分支转移指令用累加器 A 中的动态值进行选择？

16. 循环结构程序有何特点？51 系列单片机的循环转移指令有何特点？何谓多重循环？编程时应注意些什么？

(1) 请编写延时 1s 的延时程序，主频为 6MHz。

(2) 请编写多字节十进制（BCD 码）减法程序。

(3) 请编写多字节无符号十进制数（BCD 码）除法程序，并画出程序流程图。

附录 A
单片机的软件模拟仿真调试

仿真是单片机开发过程中一个非常重要的环节。除了一些很简单的任务,一般产品的开发过程都要进行仿真。下面介绍如何使用 Keil μVision 环境进行软件仿真调试。进行仿真前,编辑的程序必须是已经被 C51 编译通过,即程序编译后的错误数目为 0。

1. 什么是单片机的仿真调试

仿真的主要目的是进行软件调试、排错,同时借助仿真也进行一些硬件排错。单片机程序的仿真调试一般包括下面功能:

(1) 在程序执行时跟踪变量的赋值过程;

(2) 查看内存内容;

(3) 查看堆栈的内容;

(4) 查看定时器状态;

(5) 模拟串口状态。查看这些内容的目的在于观察变量的赋值过程与变化情况,从而达到调试、排错的目的。

单片机的程序的仿真分为两种:

(1) 使用软件模拟仿真。使用 Keil C 软件来模拟单片机的指令执行过程,并虚拟单片机片内资源(端口、定时器、中断、串口),从而达到调试、排错的目的。

(2) 使用硬件仿真。硬件仿真调试需要用到仿真器,价格一般在千元以上。仿真器能够仿真单片机的全部执行情况(所有的单片机接口,并且有真实的引脚输出),并且将内部资源状态返回给计算机,这样就可以在计算机中看到单片机的内存及寄存器的状态。

2. 进入软件调试仿真界面

如果程序已经编译通过,选择 Debug→Start/Stop Debug Session 菜单项,如图 A-1 所示。该选项可以打开调试窗口(如果不想仿真了,再单击一次就退出调试窗口)。

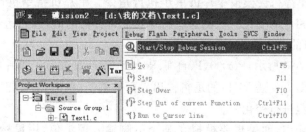

图 A-1　进入调试的菜单项

接着出现的界面就是调试窗口，如图 A-2 所示。

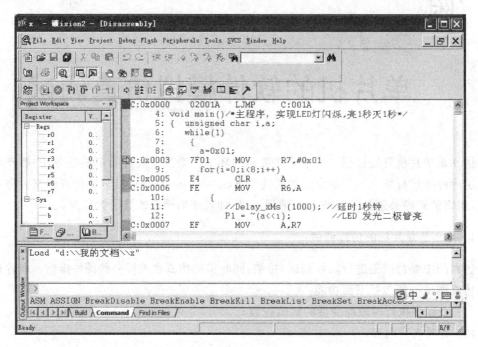

图 A-2　调试窗口

3. 使用 Keil μVision 环境进行仿真调试

1）查看特殊功能寄存器的值

图 A-2 中，左侧是 Project Workspace 窗口，窗口中 Regs 是单片机内存的相关情况值，Sys 是系统一些累加器、计数器的值，具体含义如下：

a 是累加器 ACC；

b 是寄存器 B；

dptr 是数据指针 DPTR；

states 是执行指令的数量；

sec 是执行指令的时间累计（单位秒）；

psw 是程序状态标志寄存器 PSW；

p 是奇偶标志位。

单击 ![按钮] 按钮，单片机会模拟单片机单步执行指令。单片机指令执行的过程，各特殊功能寄存器的值会有相应的变化。监测这些特殊功能寄存器的值，进而达到调试的目的。

2）模拟 I/O 口的逻辑输入/输出

进入过程如图 A-3 所示，Port 0、Port 1、Port 2、Port 3 对应于单片机的 P0、P1、P2、P3口，共 32 个针脚。图 A-4 是 P1 口的逻辑输出界面的例子，单击 ![按钮] 按钮，引脚的电平状态会随着指令的执行过程进行变化。

上面看到的是输出，如果想要模拟在某个引脚输入逻辑值，用鼠标单击 ins 对应的引脚，改变其到要求的逻辑值。

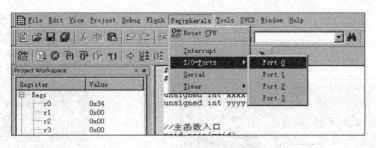

图 A-3 监测输出信号的逻辑输出

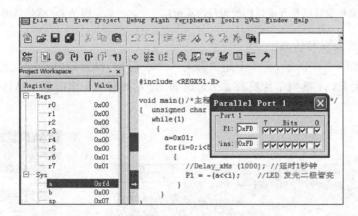

图 A-4 P1 口的逻辑输出界面

3) 中断输入的设置

进入过程如图 A-5 所示,输入值窗口例子如图 A-6 所示。选择不同的 Int Source 会有不同的 Selected Interrupt 的变化,通过选择与赋值达到模拟中断信号输入的目的。

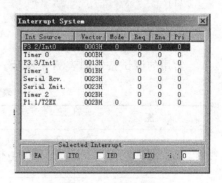

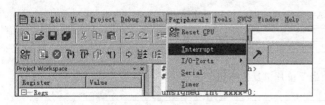

图 A-5 打开输入预设窗口   图 A-6 输入值窗口例子

4) 串口的设置与仿真

进入过程如图 A-7 所示,该菜单项可以打开串口的设置与仿真窗口。设置串口通信参数的例子如图 A-8 所示。

单击菜单中快捷方式的 按钮将会出现串口检测窗口,可以监测从串口输出的 ASCII 代码。

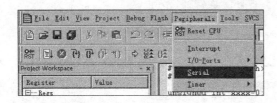

图 A-7　该菜单项可以打开串口的设置与仿真窗口　　　　图 A-8　置串口的窗口例子

5）定时器的设置与仿真

进入界面如图 A-9 所示，有 3 个定时器与 1 个看门狗，设置定时器的数量与工程选择的单片机种类有关系，51 系列单片机有 2 个定时器、52 系列有 3 个定时器。具体设置如图 A-10 所示。

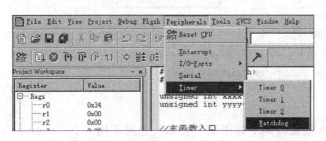

图 A-9　进入定时器的设置与仿真界面　　　　图 A-10　T1 的监控界面

4. 常用的调试按钮

常用的调试按钮如表 A-1 所示。单击按钮，单片机会模拟执行对应的功能。

表 A-1　常用的调试按钮

图标	描　　述
RST	Reset，相当于单片机复位按钮
	全速运行，相当于单片机的通电执行
	停止全速运行
	Step into，进入并单步执行

续表

图标	描 述
	Step over,逐步执行一个过程
	Step out,跳出
	执行到断点处

5. 查看 C 代码编译后生成的汇编代码

这是一个很实用的功能。单击菜单中的 按钮,功能是启动 Disassembly Windows。单击按钮后可以把 C51 语句显示出相应的汇编语言,如图 A-11 所示。可以看出此时在编辑框内除了 C 语句外,还同时出现了汇编语句,而且汇编代码与 C 语句是对应的。

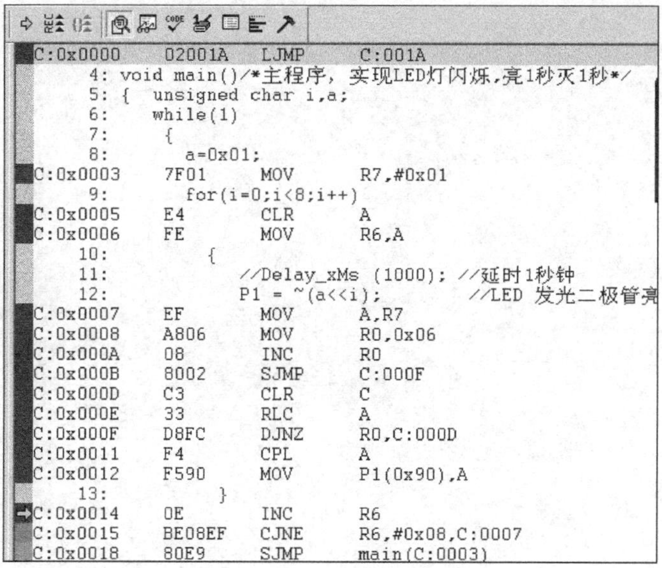

图 A-11 查看 C 代码编译后生成的汇编代码

参 考 文 献

[1] 宋彩利.单片机原理与 C51 编程[M].西安:西安交通大学出版社,2008.

[2] 王静霞.单片机应用技术(C语言版)[M].北京:电子工业出版社,2009.

[3] 刘文涛.MCS-51 单片机培训教程(C51 版)[M].北京:电子工业出版社,2005.

[4] 张永枫.单片机应用实训教程[M].北京:清华大学出版社,2008.

[5] 徐玮.C51 单片机高效入门[M].北京:机械工业出版社,2006.

[6] 靳孝峰.单片机原理与应用[M].2 版.北京:北京航空航天大学出版社,2012.

[7] 马忠梅.单片机的 C 语言应用程序设计[M].5 版.北京:北京航空航天大学出版社,2013.

[8] 沙占友.集成化智能传感器原理与应用[M].北京:电子工业出版社,2004.

[8] 郭天祥.新概念 51 单片机 C 语言教程[M].北京:电子工业出版社,2009.